Katharina Kowalewski

„Prime-Time" für die Wissenschaft?

VS RESEARCH

Katharina Kowalewski

„Prime-Time" für die Wissenschaft?

Wissenschaftsberichterstattung in den Hauptfernsehnachrichten in Deutschland und Frankreich

Mit einem Geleitwort von Prof. Dr. Winfried Göpfert

Bibliografische Information der Deutschen Nationalbibliothek
Die Deutsche Nationalbibliothek verzeichnet diese Publikation in der
Deutschen Nationalbibliografie; detaillierte bibliografische Daten sind im Internet über
<http://dnb.d-nb.de> abrufbar.

1. Auflage 2009

Alle Rechte vorbehalten
© VS Verlag für Sozialwissenschaften | GWV Fachverlage GmbH, Wiesbaden 2009

Lektorat: Dorothee Koch / Dr. Tatjana Rollnik-Manke

VS Verlag für Sozialwissenschaften ist Teil der Fachverlagsgruppe
Springer Science+Business Media.
www.vs-verlag.de

Das Werk einschließlich aller seiner Teile ist urheberrechtlich geschützt. Jede Verwertung außerhalb der engen Grenzen des Urheberrechtsgesetzes ist ohne Zustimmung des Verlags unzulässig und strafbar. Das gilt insbesondere für Vervielfältigungen, Übersetzungen, Mikroverfilmungen und die Einspeicherung und Verarbeitung in elektronischen Systemen.

Die Wiedergabe von Gebrauchsnamen, Handelsnamen, Warenbezeichnungen usw. in diesem Werk berechtigt auch ohne besondere Kennzeichnung nicht zu der Annahme, dass solche Namen im Sinne der Warenzeichen- und Markenschutz-Gesetzgebung als frei zu betrachten wären und daher von jedermann benutzt werden dürften.

Umschlaggestaltung: KünkelLopka Medienentwicklung, Heidelberg
Gedruckt auf säurefreiem und chlorfrei gebleichtem Papier
Printed in Germany

ISBN 978-3-531-16728-2

Geleitwort

Berichte aus Wissenschaft und Forschung galten lange als spröde und unverständlich. Sie waren etwas für Spezialisten. Solche Sendungen wurden im Fernsehprogramm eher versteckt und gern zur Nachtzeit oder am frühen Morgen ausgestrahlt.

Das hat sich geändert. Forschungsberichte sind populärer geworden. Wissenschaftsjournalisten erzählen heute spannende Geschichten und erläutern den wissenschaftlichen Hintergrund eher beiläufig. Zumindest ohne den Habitus eines Oberlehrers. Auch die Wissenschaftler bestehen nicht mehr auf akademischer Korrektheit und lassen „fünfe schon mal gerade sein" – wenn die Idee der Forschungsarbeit rüberkommt.

Erstaunlicherweise haben in Deutschland die Privaten Fernsehveranstalter als erste erkannt, dass man mit Wissenschaftsthemen große Zuschauerkreise ansprechen kann – wenn man sie richtig bedient. Auf einem privaten Fernsehkanal startete Ende der 90-er Jahre das erste tägliche Wissensmagazin. Und das zur besten Fernsehzeit, am frühen Abend.

Das Modell war sehr erfolgreich und fand schnell viele Nachahmer, auch unter den öffentlich-rechtlichen Sendeanstalten. Sie boten ein Jahr nach den Privatkanälen ein tägliches Wissenschaftsmagazin an, das durchaus auch tagesaktuell berichtete – und dabei die wissenschaftlichen Hintergründe nicht aussparte. Die kommerziellen Sender hatten nicht so hohe Ansprüche und nannten ihre Magazin im Untertitel „Wissensmagazin". Sie machten sich auch selten die Mühe, Wissenschaft zu erläutern sondern begnügten sich oft mit einfachen Erklärungen zum Funktionsprinzip oder zum Herstellungsprozess.

Wer sich heute über Wissenschaft und Forschung im Fernsehen informieren möchte, findet im Programm fast zu jeder Stunde ein Angebot auf den zahlreichen Kanälen. Aber er muss gezielt danach suchen. Die Frage ist: Wird auch dem Zuschauer etwas aus dem aktuellen Geschehen der Wissenschaft geboten, der nicht danach sucht? Gehört Wissenschaft, nach dem Selbstverständnis der Programmverantwortlichen, zur Kultur, über die es sich täglich zu berichten lohnt? Gehören wissenschaftliche Entwicklungen zum täglichen Basiswissen, über das der Bürger informiert sein sollte?

Am schärfsten bündeln sich diese Fragen in der einfachen Frage nach dem Stellenwert von Wissenschaft und Forschung in den Fernsehnachrichten. Pointiert gefragt: Wieviel Berichte aus der Wissenschaft gibt es in den Nachrichtensendungen zur Hauptabendzeit? Zu vermuten ist, dass es nationale Unterschiede in Europa gibt, die den unterschiedlichen Stellenwert widerspiegeln, den unsere Nationen von Forschung, Entwicklung und Technologie haben. Zu vermuten ist ferner, dass sich mit der Entwicklung der Medien im Nachkriegseuropa unterschiedliche Traditionen herausgebildet haben.

Das deutsche Fernsehsystem ist bis heute sehr stark geprägt vom englischen Rundfunksystem. Seit langem präsentieren die englischen Fernsehnachrichten Wissenschaftsberichte ihres „Science correspondent". Im deutschen Fernsehen sucht man derartige Spezialisten vergebens. Im französischen Fernsehsystem könnte man wie selbstverständlich Nachrichten aus Forschung und Technologie erwarten, weil ein Teil des Nationalstolzes sich aus den Erfolgen dieser Sparten der Kultur und der Zivilisation speist. Und Deutschland? Das Industrieland par excellence müsste doch eine breite Berichterstattung aus allen Bereichen um Wissenschaft und Bildung versprechen?

Es verspricht, spannend zu werden, sich dieses Wechselspiel von kultureller Bedeutung und aktuellem Medienecho genauer anzusehen. Dabei sollte nicht nur ausgezählt werden, wie gewichtig die Berücksichtigung von Forschung und Technik ist, sondern auch das „Wie" der Präsentation. Welche Akteure werden befragt? Welche Thematiken werden eventuell bevorzugt? Wie ist die Sichtweise: Eher fortschrittsgläubig oder eher kritisch?

Katharina Kowalewski hat in ihrer Studie die Wissenschaftsberichterstattung in den Hauptabendnachrichten in Frankreich und Deutschland untersucht. Mit dieser Publikation legt sie die erste große Untersuchung zu Wissenschaft in den Hauptfernsehnachrichten vor. Dabei wurden alle medienspezifischen und wissenschaftsspezifischen Faktoren einbezogen. Die Autorin hat überraschende Ergebnisse erzielt und kommt zu aufschlussreichen Analysen.

Winfried Göpfert

Vorwort

Welchen Stellenwert hat Wissenschaft in den Medien? Wissenschaftler publizieren ihre Forschungsergebnisse regelmäßig, aber ob die Vermittlung wissenschaftlicher Inhalte an ein breites Publikum gewährleistet wird, ist fraglich, denn Klischees und Sensationen dominieren oft die Berichterstattung in den Massenmedien.

Am Lehrstuhl für Wissenschaftsjournalismus an der Freien Universität Berlin bei Professor Winfried Göpfert lernte ich während meines Studiums die Relevanz und besondere Herausforderung der Wissenschaftsberichterstattung kennen. Eine weitere Konfrontation mit dem Thema folgte bei einem Aufenthalt an der CELSA Paris-Sorbonne. Hier kam der „vulgarisation scientifique" in den Seminaren von Professor Yves Jeanneret eine besonders große Bedeutung zu. Während in Deutschland die Verantwortung beim Wissenschaftsjournalismus liegt, nimmt in Frankreich der einzelne Wissenschaftler eine öffentliche Aufgabe wahr.

Durch die tägliche, persönliche Konfrontation mit den kulturellen Unterschieden bei der Rezeption deutscher und französischer Fernsehnachrichten wurde mir bewusst, dass das Genre Hauptfernsehnachrichten den perfekten Rahmen für eine vergleichende Untersuchung zur Wissenschaftsvermittlung bietet. Aus meinem Auslandsaufenthalt wurde konsequenterweise ein Forschungsaufenthalt.

Ich möchte durch die vorliegende Arbeit zu einer Reflektion über die Darstellung von Wissenschaft in den Fernsehnachrichten und Massenmedien anregen und dabei vor allem auch den deutsch-französischen Austausch forcieren.

An dieser Stelle möchte ich mich vor allem bei Professor Winfried Göpfert für die wissenschaftliche Freiheit und gute Betreuung dieser Magisterarbeit bedanken. In Paris wurde ich von Professor Yves Jeanneret unterstützt, der mir den französischen Forschungsstand näherbrachte. Die Mitarbeiter der Inathèque und der Cité de la Science in Paris haben mir exzellente Arbeitsmöglichkeiten angeboten. Ich möchte ebenfalls Helga Ebeling, der Wissenschaftsbeauftragten der Deutschen Botschaft in Paris danken, die mir in einem Interview einen zusätzlichen Einblick in die Thematik gab. Natürlich haben mich auch Kommilitonen, Freunde und vor allem meine Familie bei der Erstellung dieser Magisterarbeit unterstützt. Bei Christian Speelmanns möchte ich mich für die visuelle Umsetzung bedanken. Ohne diese Hilfe wäre die vorliegende Veröffentlichung nicht möglich gewesen.

Katharina Kowalewski

Inhalt

Geleitwort 5
Vorwort 9
    Abkürzungsverzeichnis 15
1 **Einleitung** 17
    1.1   Relevanz des Themas 17
    1.2   Vorgehensweise 20
    1.3   Zielsetzung 22
2 **Stellenwert der Wissenschaft und Wissenschaftsberichterstattung in Deutschland und Frankreich** 23
    2.1   Die Wahrnehmung von Wissenschaft in Frankreich und Deutschland .. 24
    2.2   Wissenschaftsjournalismus und -kommunikation zwischen PR-Auftrag und Defizitmodell 29
    2.3   Forschungsstand zur Wissenschaftsberichterstattung im Fernsehen 33
    2.3.1 Deutschland 33
    2.3.2 Frankreich 37
    2.4   Hauptunterschiede zwischen der Wissenschaftsberichterstattung im deutschen und französischen Fernsehen 40
3 **Fernsehnachrichten in Deutschland und Frankreich** 45
    3.1   Fernsehsysteme im Überblick 45
    3.2   Fernsehnachrichten in der »Prime-Time« als Untersuchungsgegenstand 51
    3.2.1 Fernsehnachrichten in Deutschland 53
    3.2.1.1   Die Tagesschau auf ARD 53
    3.2.1.2   RTL aktuell 54
    3.2.2 Journal Télévisé in Frankreich 55
    3.2.3 ARTE Info – oder die deutsch-französische Variante 58

3.2.4 Hauptunterschiede zwischen den deutschen
und französischen Nachrichten 59
3.3 Forschungsstand zu Fernsehnachrichten
mit besonderer Berücksichtigung der Konvergenz 62

4 Wissenschaft in Fernsehnachrichten **69**
4.1 Studien zur Wissenschaftsberichterstattung
in den Fernsehnachrichten 69
4.1.1 Deutschland 69
4.1.2 Frankreich 72
4.1.3 International vergleichende Studien 74
4.2 Merkmale der Wissenschaftsberichterstattung
in den Fernsehnachrichten 76
4.2.1 Definition von Wissenschaftsbeiträgen und behandelte Themen 76
4.2.2 Akteursspektrum in Wissenschaftsbeiträgen 80
4.2.3 Vermitteltes Bild der Wissenschaftler 82
4.2.4 Bewertung der Sachverhalte in Wissenschaftsbeiträgen 83
4.2.5 Nachrichtenwert 84
4.2.6 Emotionalisierung 86
4.2.7 Der Médiateur nach Cheveigné 86
4.2.8 Animationen in Wissenschaftsbeiträgen 88
4.3 Zusammenfassende Darstellung der Hypothesen zur
Wissenschaftsberichterstattung in den Hauptfernsehnachrichten 89
Hypothese 1 »Stellenwert der Wissenschaft« 91
Hypothese 2 »wissenschaftliche Themen« 92
Hypothese 3 »Handlungsort« 92
Hypothese 4 »Akteursspektrum« 93
Hypothese 5 »Animationen« 94
Hypothese 6 »Visualisierung und Emotionalisierung« 95
Hypothese 7 »Kritikfähigkeit und Vielfalt« 95
Hypothese 8 »Konvergenz« 96

5 Methodischer Teil: Analyse der Fernsehnachrichten **97**
5.1 Untersuchungsdesign 97
5.2 Inhaltsanalyse 99

5.3	Kategorienschema	101
5.4	Reliabilität und Validität	105
5.5	Statistische Methoden	107
5.6	Gegenüberstellung von Hypothesen und Kategorien	109
6	**Ergebnisse und Interpretation der Untersuchung**	**113**
6.1	Formale Merkmale	113
6.1.1	Anzahl der wissenschaftlichen Beiträge	113
6.1.2	Präsentationsformen	114
6.1.3	Länge der Beiträge	117
6.1.4	Platzierung	120
6.2	Wissenschaftliches Thema	121
6.3	Handlungsort	128
6.4	Akteursspektrum	131
6.4.1	Akteursstruktur der wissenschaftlichen Filmbeiträge im Untersuchungszeitraum	131
6.4.2	Redezeit	136
6.4.3	Rangordnung der befragten Personen	140
6.4.4	Geschlecht der befragten Personen	143
6.5	Darstellung des Wissenschaftlers	144
6.6	Tendenz der Wissenschaftsberichterstattung und Zukunftsvision	147
6.6.1	Tendenz des Ereignisses	148
6.6.2	Zukunftsvision	150
6.6.3	Rolle der Wissenschaft	151
6.7	Wissenschaftliche Information	153
6.7.1	Wissenschaftliche Hintergrundinformation in Filmbeiträgen	153
6.7.2	Schwerpunkt der Filmbeiträge	155
6.8	Hilfsmittel	157
6.9	Visualisierungsgrad	161
6.10	Emotionalisierung	165
6.11	Art der Berichterstattung	166
6.12	Nachrichtenwert und Aktualität	169
6.12.1	Dominierender Nachrichtenfaktor	169
6.12.2	Aktualität	170

7	**Hypothesenprüfung**	**173**
7.1	Prüfung von Hypothese 1 »Stellenwert der Wissenschaft«	173
7.2	Prüfung von Hypothese 2 »wissenschaftliches Thema«	177
7.3	Prüfung von Hypothese 3 »Handlungsort«	178
7.4	Prüfung von Hypothese 4 »Akteursspektrum«	179
7.5	Prüfung von Hypothese 5 »Animationen«	181
7.6	Prüfung von Hypothese 6 »Visualisierung und Emotionalisierung«	182
7.7	Prüfung von Hypothese 7 »Kritikfähigkeit und Vielfalt«	182
7.8	Prüfung von Hypothese 8 »Konvergenz«	186
7.9	Zusammenfassung der Hypothesenprüfung	191
7.10	Exkurs: Tagesschau versus Tagesthemen	194
8	**Diskussion der Ergebnisse im Hinblick auf die übergeordnete Fragestellung zur Meinungsbildung und Information über Wissenschaft in den Hauptfernsehnachrichten**	**197**
9	**Schlussbetrachtung**	**203**
9.1	Zusammenfassung	203
9.2	Methodenkritik	209
9.3	Ausblick	210
	Literaturverzeichnis	215
	Bücher und Aufsätze	215
	Internetquellen	228
	Anhang I – Wissenschaftssendungen in Deutschland und Frankreich	231
	Anhang II – Codebuch	235
	Anhang III – Musterkodierbogen	245
	Anhang IV – zusätzliche Tabellen	252
	Anhang V – Datensatz zum Exkurs Tagesschau versus Tagesthemen	257

Abkürzungsverzeichnis

ANOVA	Analysis of Variance	ISME	Information scientifique dans les médias européens
ARD	Arbeitsgemeinschaft der öffentlich-rechtlichen Rundfunkanstalten der Bundesrepublik Deutschland	ITV	Independent Television News
		La Sept	Société d'édition de programmes de télévision
ARTE	Association Relative à la Télévision Européenne	LCI	La Chaîne Info
		M6	Métropole Télévision
BBC	British Broadcasting Corporation	O.R.T.F.	l'Office de Radiodiffusion Télévision Française
BMBF	Bundesministeriums für Bildung und Forschung	PEST	Public Engagement in Science and Technology
BR3	Bayerischer Rundfunk		
BSE	Bovine Spongiforme Enzephalopathie	PUS	Public Understanding of Science
		PUSH	Public Unterstanding of Science and Humanities
CSA	Conseil supérieur de l'audiovisuel	RTL	Radiotélévision de Luxembourg
CNCL	Commission nationale de la communication et des libertés	SAT.1	Satelliten Fernsehen GmbH
		TF1	Télévision Française 1
		TNT	Télévision Numérique Terrestre
DEA	Diplôme d'études approfondies	TPS	Télévision Par Satellite
FR2/3	France 2/3	WDR	Westdeutscher Rundfunk
HACA	Haute autorité de la communication audiovisuelle	VPRT	Verband Privater Rundfunk und Telekommunikation
I. N. A.	Inathèque Institut national de l'audiovisuel	ZDF	Zweites Deutsches Fernsehen

1 Einleitung

1.1 Relevanz des Themas

Wissenschaft durchdringt heute fast alle Lebens- und Gesellschaftsbereiche (RUBERTI 1993: 7). Der wissenschaftliche und technologische Fortschritt und Schlagzeilen wie Klimawandel, Aids, Gentechnik, BSE und Vogelgrippe werden von einer Vielzahl ethischer und sozialer Probleme begleitet.[1] Zudem wird von Wissenschaftlern zunehmend eine politische und weltanschauliche Orientierungsfunktion erwartet. Aus diesem Grund ist es besonders wichtig, Informationen über Fragestellungen, Ansätze und Ergebnisse der Forschung an die Öffentlichkeit zu vermitteln (HÖMBERG 1990: 15). Wissenschaftsvermittlung ermöglicht es, dass gut informierte Bürger[2] über bessere Möglichkeiten der Reflexion verfügen, die es erlauben, eine demokratische Entscheidung zu fällen (JEANNERET 1994: 139). Das Interesse der Europäer an wissenschaftlichen Themen ist dabei deutlich höher als ihr Informationsstand, welches ein erhöhtes Informationsbedürfnis impliziert (EUROPÄISCHE KOMMISSION 2005: 125).

---

[1] Wie wichtig Wissenschaft in Europa ist, wird auch daran sichtbar, dass die letzten Untersuchungen der öffentlichen Meinung durch das Eurobarometer vor allem wissenschaftliche Themen wie die Vogelgrippe, Aidsprävention, Einstellungen gegenüber Energie und Risiko beinhalten (*EUROPÄISCHE KOMMISSION* 2005).

[2] In der nachfolgenden Arbeit wird die Berufs- und Personenbezeichnung ausschließlich in der männlichen Form angegeben. Dies geschieht aus Gründen der Lesbarkeit – selbstverständlich sind in allen Fällen sowohl Frauen als auch Männer gemeint.

Zwischen Wissenschaft und Öffentlichkeit fungieren die Medien und insbesondere das Fernsehen als Mittler: »Der größte Teil der Bevölkerung bezieht Informationen und Interpretationen über Wissenschaft und Technik vorwiegend über die Massenmedien« (HÖMBERG 1990: 7). Die Fernsehnachrichten stellen dabei die einfachste und regelmäßigste Möglichkeit dar, wissenschaftliche Informationen einer breiten Öffentlichkeit zugänglich zu machen. Daraus ergibt sich die übergeordnete Fragestellung dieser Untersuchung, inwieweit die Fernsehnachrichten dem Informationsbedürfnis in Bezug auf die Wissenschaft gerecht werden und zur Meinungsbildung beitragen.

Durch die hohe Zuschauerzahl[3] gewinnt dieses Genre an Relevanz und wird zu einem der aussagekräftigsten und interessantesten Fernsehformate für eine inhaltsanalytische Untersuchung. GÖPFERT (1996a) betont die wachsende Rolle der Informationssendungen gegenüber Wissenschaftssendungen: »So another conclusion for future science reporting could be that science reporting should be where it is important for viewers: in the news (...) – but without the lable ›science programme‹« (GÖPFERT 1996a: 373). Aufgrund der großen Bedeutung und Reichweite erscheint es verwunderlich, dass die Wissenschaftsberichterstattung in den Fernsehnachrichten so selten untersucht wird (vgl. HOPF 1995, CHEVEIGNÉ 2000, CHERVIN 2003). In Deutschland konzentriert sich die Forschung zur Wissenschaftsberichterstattung vor allem auf Wissenschaftssendungen (vgl. AUGST et al. 1982/1985, HAMM 1985, SCHOLZ 1998, HÖMBERG/YANKERS 2000, BULLION 2004). Dabei eignet sich das länderübergreifende Genre Fernsehnachrichten besonders gut für internationale Vergleiche (vgl. CHEVEIGNÉ 2005, BIENVENIDO 2006).

Die von CHEVEIGNÉ und CHEDDADI durchgeführte internationale Studie *La science dans les journaux télévisés européens* (Die Wissenschaft in den europäischen Fernsehnachrichten) kam zu dem Ergebnis, dass Wissenschaft eine geringe Präsenz in den Fernsehnachrichten hat (CHEVEIGNÉ 2005, 2006). Im europäischen Vergleich werden allerdings die französischen und

---

3   Die Hauptfernsehnachrichten auf ARD in Deutschland und TF1 in Frankreich versammeln täglich rund 9 Mio. Zuschauer vor dem Fernseher (vgl. *ZUBAYR/GEESE* 2005: 154, *COULOMB-GULLY* 1995: 7).

deutschen Zuschauer am häufigsten mit aktuellen wissenschaftlichen Themen versorgt. BIENVENIDO (2006) kam jedoch zu dem widersprüchlichen Ergebnis, dass die deutschen Fernsehnachrichten im europäischen Vergleich am wenigsten wissenschaftliche Themen senden. Aus diesem Grund ist es interessant, gerade diese beiden Länder detaillierter zu untersuchen.

International vergleichende Studien konnten bislang auf Grund von Problemen bei der Codierung und Übersetzung keine so ausreichend genauen und aufschlussreichen Ergebnisse liefern, wie es in den nationalen Studien von CHEVEIGNÉ (2000) zur Behandlung von Umweltthemen in den französischen Fernsehnachrichten und der Analyse der Wissenschaftssendungen im deutschen Fernsehen von HÖMBERG/YANKERS (2000) möglich war. Die Einbeziehung detaillierterer Untersuchungskriterien und die Herausarbeitung von Charakteristika der Wissenschaftsberichterstattung mithilfe der genaueren nationalen Studien ermöglichen für den vorliegenden Vergleich von Deutschland und Frankreich ein Mehr an Informationen, eine effektivere Analyse der Wissenschaftsberichterstattung in den Hauptfernsehnachrichten und das Schließen der hier existierenden Forschungslücke.

Das zentrale Anliegen dieser Arbeit ist die Darstellung der Wissenschaftsberichterstattung in den Hauptfernsehnachrichten, also zu der sogenannten »Prime-Time«[4], in Deutschland und Frankreich. Ausschlaggebendes Kriterium für die Auswahl der Hauptausgaben ist die Tatsache, dass sich die »Prime-Time« als zuschauerintensivste Zeit charakterisieren lässt. Gemäß dieser Logik wird der Untersuchungskorpus auch in Bezug auf öffentlich-rechtliche und private Organisationsformen weiter auf die jeweils zuschauerintensivsten Hauptnachrichtensendungen eingegrenzt. Die Auswahl der deutschen Sender ARD (öffentlich-rechtlich) und RTL (privat), der französischen Sender France2 (öffentlich-rechtlich) und TF1 (privat) ermöglicht eine doppelte Untersuchungsachse. Auf der einen Seite steht der Vergleich der Wissenschaftsberichterstattung privater und öffentlich-recht-

---

4   Unter Prime-Time wird in dieser Arbeit die abendliche Hauptsendezeit mit den im Tagesverlauf üblicherweise höchsten Einschaltquoten und Zuschauerzahlen, erfahrungsgemäß zwischen 19 und 22 Uhr, verstanden.

licher Hauptnachrichtensendungen in zwei europäischen dualen Fernsehsystemen, auf der anderen Seite der Anspruch, die Unterschiede zwischen der deutschen und französischen Art von Wissenschaftsberichterstattung in den Fernsehnachrichten zu beschreiben. Ferner wird untersucht, ob die Hauptfernsehnachrichten auf dem deutsch-französischen Sender ARTE eine Mischform von deutschem und französischem Wissenschaftsjournalismus darstellen oder eher eine Sonderstellung einnehmen.

1.2 Vorgehensweise

Die Untersuchung der Fernsehnachrichten hinsichtlich ihrer Wissenschaftsberichterstattung wird aufgrund der mangelnden Forschung zu Wissenschaftsberichterstattung in den Hauptfernsehnachrichten mit zwei gesonderten Kapiteln über Wissenschaft und die Fernsehnachrichten eingeleitet. Dabei wird der Forschungsstand in den einzelnen Kapiteln separat reflektiert.

In Kapitel 2 werden vor allem länderspezifische Unterschiede, wie der Stellenwert der Wissenschaft in der Gesellschaft, sowie Wissenschaftsjournalismus und -kommunikation behandelt. Zunächst liegt das Hauptaugenmerk in Abschnitt 2.1 auf den Unterschieden, die zwischen dem deutschen und französischen Wissenschaftsverständnis bestehen. Für die vorliegende Untersuchung ist es interessant herauszufinden, ob nationale Besonderheiten vorhanden sind, welche sich auf die Wissenschaftsberichterstattung der jeweiligen Fernsehnachrichten auswirken könnten.

Die Diskussion über die Funktionen des Wissenschaftsjournalismus, seine in der Forschung kritisierte Akzeptanz- und Vermittlungsfunktion sowie der zunehmende Einfluss der Öffentlichkeitsarbeit führen in Abschnitt 2.2 zur Frage, ob eventuell kein unabhängiger Journalismus stattfindet, sondern eine unkritische Wissensvermittlung im Vordergrund steht.

Daraufhin wird der Forschungsstand zur Wissenschaftsberichterstattung im deutschen und französischen Fernsehen dargestellt. Aufgrund des Mangels an vergleichenden Studien der Wissenschaftssendungen in Deutschland und Frankreich versucht Abschnitt 2.3 das daraus resultierende Forschungsdefizit zu beheben und formale Unterschiede in der Wissenschaftsberichterstattung beider Länder aufzuzeigen. Daraus lassen sich Anhaltspunkte für den anstehenden Vergleich der Fernsehnachrichten ableiten.

Kapitel 3 betrachtet organisationsspezifische Abweichungen und charakterisiert die dualen Rundfunksysteme in Deutschland und Frankreich. Dabei werden die Hauptfernsehnachrichten der Sender ARD, RTL, France2, TF1 und ARTE dargestellt und der Forschungsstand zu Fernsehnachrichten aufgezeigt. In diesem Zusammenhang wird näher auf die Konvergenzforschung eingegangen, da sie als theoretische Basis für die folgende Analyse dient.

Anschließend konzentriert sich Kapitel 4 auf den Untersuchungsgegenstand der Wissenschaftsberichterstattung in den Fernsehnachrichten. Nach der Darstellung der dürftigen Forschungslage in diesem Gebiet werden für die Studie relevante Merkmale von Wissenschaftsbeiträgen in Fernsehnachrichten herausgearbeitet. Das Kapitel endet mit der Hypothesengenerierung auf Grundlage der theoretischen Kapitel.

In Kapitel 5 werden das Untersuchungsdesign und das methodische Vorgehen dargestellt. Das Instrument der Inhaltsanalyse (nach FRÜH 2001) ist am besten für eine umfassende Analyse des Untersuchungsgegenstandes geeignet. Mithilfe des speziell entwickelten Kategorienschemas werden die Charakteristika der Wissenschaftsberichterstattung in beiden Ländern verglichen und zur Beantwortung der Hypothesen herangezogen. Die Aufzeichnung der Hauptnachrichtensendungen von ARD, RTL und ARTE im sechswöchigen Zeitraum vom 29. 5. bis zum 12. 7. 2006 und die Konsultation der Hauptnachrichtensendungen von France2 und TF1 an der Inathèque[5] in Paris erlauben die inhaltsanalytische Auswertung mit Hilfe des Statistikprogramms SPSS.

Die Ergebnisse werden in Kapitel 6 dargestellt und mit anschaulichen Beispielen aus dem Untersuchungskorpus hermeneutisch belegt. Die Prü-

---

5   Die Inathèque ist das Fernseharchiv des Institut National de l'Audiovisuelle (I. N. A.). Seit 1999 befindet sich die Inathèque in der Bibliothèque François Mitterand in Paris und ermöglicht Forschern Zugriff auf Fernseharchive der letzten 50 Jahre.

fung der Hypothesen erfolgt in Kapitel 7. In einem anschließenden Exkurs in Abschnitt 7.10 wird aufgrund von Auffälligkeiten in den Untersuchungsergebnissen der ARD zusätzlich das Verhältnis zwischen Tagesschau und Tagesthemen angesprochen. Kapitel 8 diskutiert die Ergebnisse im Hinblick auf die übergeordnete Fragestellung. Im letzten Kapitel werden die Ergebnisse zusammengefasst und im Gesamtkontext der Arbeit interpretiert.

Der diese Arbeit begleitende theoretische Hintergrund verlässt sich als logische Konsequenz und Herausforderung einer internationalen Vergleichsstudie nicht nur auf deutsche Literatur und Übersetzungen, sondern berücksichtigt darüber hinaus auch fremdsprachige Werke und Untersuchungen.

1.3 Zielsetzung

Das Ziel der vorliegenden Arbeit ist eine detaillierte Darstellung der Wissenschaftsberichterstattung in Deutschland und Frankreich und das Schließen der Forschungslücke im Bereich Wissenschaftsberichterstattung in den Hauptfernsehnachrichten.

Dabei soll die übergeordnete Fragestellung beantwortet werden, ob die Wissenschaft in die Prime-Time Einzug hält und die Sender die Zuschauer mit wissenschaftlichen Beiträgen versorgen und zur Meinungsbildung und Information beitragen.

Der Vergleich der Wissenschaftsberichterstattung in den Fernsehnachrichten wird anhand der Merkmale Themengebiet, Handlungsort, Akteursspektrum, Visualisierung und Emotionalisierung sowie Verwendung von Hilfsmitteln wie Animation und Grafik spezifiziert. Darüber hinaus ergeben sich aus der theoretischen Darstellung länderspezifische Fragen zum Stellenwert der Wissenschaft in der Gesellschaft und zur Tendenz der Berichterstattung. Organisationsspezifisch wird zudem geklärt, ob Konvergenz zwischen den privaten und öffentlich-rechtlichen Sendern in Deutschland und Frankreich auftritt.

2 Stellenwert der Wissenschaft[6] und Wissenschaftsberichterstattung in Deutschland und Frankreich

Im Folgenden sollen die Unterschiede in Bezug auf die Wahrnehmung der Wissenschaft und die Art und Form der Wissenschaftsberichterstattung dargestellt werden.

Die Darstellung der Wissenschaftsvermittlung und des Stellenwerts der Wissenschaft in beiden Ländern (2.1) leitet die Diskussion ein, die in Abschnitt 2.2 zu Wissenschaftsjournalismus und Wissenschaftskommunikation bearbeitet wird. Neben der Kritik am PR-Auftrag des Wissenschaftsjournalismus in Deutschland wird an dieser Stelle auch das Defizitmodell erklärt und die Frage aufgeworfen, ob die Berichterstattung immer noch nach dessen Prämissen verläuft und Kritik und Quellenvielfalt außer Acht lässt. In Abschnitt 2.3 wird der Forschungsstand zu Wissenschaftsberichterstattung im Fernsehen reflektiert. Da aus diesem ersichtlich wird, dass kein Vergleich der Wissenschaftssendungen zwischen Deutschland und Frankreich durchgeführt wurde, versucht Abschnitt 2.4 diese Forschungslücke zu schließen.

---

6 Der Begriff Wissenschaft wird bei vielen zitierten Forschern uneinheitlich verwendet. In der vorliegenden Arbeit wird eine Definition in Anlehnung an die Themengebiete von GÖPFERT (1996a: 363 f.) zugrunde gelegt, zu denen neben Natur, Grundlagenforschung, Technik und Wissenschaft als System auch Sozialwissenschaften, Umwelt, Weltall und Medizin mit einbezogen werden.

2.1 Die Wahrnehmung von Wissenschaft in Frankreich und Deutschland

Aus den historischen und kulturellen Unterschieden im Umgang mit Wissenschaft und deren Popularisierung in Deutschland und Frankreich lassen sich wichtige Schlussfolgerungen für die anstehende Inhaltsanalyse der Wissenschaftsberichterstattung in den Fernsehnachrichten ableiten.

Bemühungen, Wissenschaft an ein Laienpublikum weiterzutragen, haben in Frankreich Tradition. Zahlreiche Forscher beschäftigen sich mit der »*vulgarisation scientifique*« (u. a. RAICHVARG/JACQUES 1991). JEANNERET (1994) beschreibt die Geschichte der *vulgarisation* von ihren Anfängen bis hin zum heutigen Wissenschaftsjournalismus und kann dabei für Frankreich ein hohes Niveau dieser popularisierenden Maßnahmen feststellen. Bereits Mitte des 19. Jahrhunderts bildete sich in Frankreich eine Gruppe von Wissenschaftsautoren heraus, die populärwissenschaftliche Artikel und Bücher verfassten und vermarkteten. »*In Frankreich führte der kommerzielle Hintergrund zu einer praktischen, anwendungsorientierten Form der Popularisierung wissenschaftlicher und technischer Erkenntnisse*« (TASCHWER 2004: 86), stellt TASCHWER fest und nennt Frankreich (neben England) einen Idealtyp der Wissenschaftspopularisierung (ebd.).

Im Gegensatz zu Frankreich gab es in Deutschland keine Tradition der Wissenschaftspopularisierung. Die deutsche Historiographie liefert kaum Informationen zu diesem Thema (u. a. BAYERTZ 1985, BERENTSEN 1986, DRÄGER 1979/1984). Einzig DAUM (1998) berichtet in seinem Buch zur »Wissenschaftspopularisierung im 19. Jahrhundert« über den Erfolg populärer Wissenschaftszeitschriften. Andere Forscher wie BADER (1993) sind davon überzeugt, dass in Deutschland keine echte Wissenschaftspopularisierung stattfand, denn die Zielöffentlichkeit habe aus dem gebildeten und wohlhabenden Bürgertum bestanden. Dieses gelte gleichermaßen für öffentliche Konferenzen oder Vereinigungen wie die Urania, bei der Wissenschaftler wie Alexander von Humboldt im 19. Jahrhundert Wissenschaft popularisierten, als auch für die 1897 erschienene erste wissenschaftliche Publikation *Umschau in Wissenschaft und Technik*. Der Zugang zu Bildung wurde der breiten

Öffentlichkeit in Deutschland Mitte des 19. Jahrhunderts durch Bildungsvereine, die heutigen Volkshochschulen, ermöglicht. BADER kritisiert die Tendenz zum universitären und edukativen Ton wissenschaftlicher Vermittlung in Deutschland und folgert daraus, dass sich nur ein kleiner interessierter Teil der Bevölkerung angesprochen gefühlt und Wissenschaft den Wert einer Autorität und nicht den eines Vergnügens habe (ebd.: 85). Die Entwicklung der Umweltbewegung in Deutschland erfolgte laut BADER (ebd.: 86 f.) als eine Reaktion auf eine akademische und didaktische Wissenschaft. Der Umweltschutz sei nach GANTEN (1999: 47) seit 1969 amtlich geworden und der Begriff des Fortschritts gelte in der Öffentlichkeit als dubios und umstritten. Diese wissenschaftsskeptischen Strömungen seien, so FRÜHWALD (1999), mit der schnellen Entwicklung der sogenannten Kerntechniken in Physik und Biologie, der Atomtechnik und der Gentechnologie zu politischen und wirtschaftlichen Einflussfaktoren geworden. »*Sie haben sich in Deutschland zunächst vor allem in der grün-alternativen Bewegung konzentriert, sind aber inzwischen als eine Art fundamentalistische Grundströmung in alle Parteien und in viele gesellschaftliche Gruppierungen eingedrungen*« (ebd.: 12). Während die Grünen in Deutschland angesichts der Gefahr der Atomkraftwerke eine Abschaffung selbiger fordern, blieben ähnlich radikale Aufrufe in Frankreich in einer Minderheit, die nicht in die Regierungskreise vordringen konnten. In der Analyse eines wissenschaftlichen Fernsehbeitrags zur Atomkraft bemerkt ALLEMAND (1983: 166 f.) in Frankreich eine manipulierende und ideologisch gefärbte Art der Präsentation, in der vor allem die Befürworter zu Wort kommen, die Gefahren verharmlost und Umweltschützer nur unzureichend gezeigt werden.

Ein anderer Grund für Wissenschaftsskepsis sind die tödlichen Folgen wissenschaftlicher Entwicklungen, wie die von neurotoxischem Gas und dessen grausame Benutzung während der Zeit des Nationalsozialismus (MÜLLER-HILL 1984). Bereits während des Ersten Weltkrieges unterstützten deutsche Wissenschaftler die Kriegsbemühungen. Dabei stellten sie ihre Kompetenz nicht nur zur Entwicklung von Waffen, sondern darüber hinaus auch für Propagandazwecke zur Verfügung. Der deutsche Physiker und Chemiker Fritz Haber sagte: »*In Zeiten des Krieges gehört der Wissenschaft-*

ler der Nation, in Zeiten des Friedens gehört er der Menschheit« (CRAWFORD 1993: 37). Noch heute gehört Deutschland laut Eurobarometer zu einem der europäischen Länder, deren Bevölkerung hinter dem Wissen von Forschern und Wissenschaftlern einen Machtmissbrauch vermutet.[7] Diese negativen Erfahrungen haben das Verhältnis zwischen Wissenschaft und Gesellschaft in Deutschland nachhaltig belastet (vgl. SCHULTHEIS 2003: 127 ff., 291).[8]

Der Großteil der Deutschen zählt darüber hinaus Wissenschaft nicht zum Bestandteil ihres Kulturguts und ihrer Allgemeinbildung (BADER 1993: 87). Deshalb wird auch in diesem Zusammenhang von einer »*tiefen Kluft*« (FLÖHL 1980: 162) zwischen Wissenschaft und Öffentlichkeit gesprochen. »*Wer in Deutschland in kultivierten Kreisen etwas gelten will, der tut gut daran, damit zu kokettieren, daß er in Mathematik immer eine Fünf gehabt hat, daß er mit Thermodynamik überhaupt nichts anfangen kann und von der Technik sowieso nichts versteht*« (KOHRING 2005: 48 nach RANDOW 1967: 16).

Diese Behauptung – mit Bezug auf SNOWS (1967) Zwei-Kulturen-Hypothese – findet laut KOHRING (2005: 48) ihre Entsprechung in dem Schlagwort von der besonderen Technik- und Wissenschaftsfeindlichkeit der Deutschen. In der Zwei-Kulturen-Hypothese von SNOW stehen Naturwissenschaften, Technik und Ingenieurberufe dem im deutschen Sinne traditionell-humanistischen Bildungsideal entgegen (vgl. SNOW 1967). KALB/ROSENSTRAUCH (1999) resümieren: »*Das Verhältnis zwischen Wissenschaft und Öffentlichkeit ist problematisch, ambivalent, von Paradoxien und Misstrauen geprägt*« (ebd.: 4).

Dieser deutschen Wissenschaftsskepsis steht eine positive Grundhandlung der Franzosen gegenüber. Dieses spiegelt sich in den Ergebnissen von Umfragen der Europäischen Kommission zu Interesse, Kenntnissen und Einstellungen von Europäern bezüglich Wissenschaft und Technik wider. ZER-

---

7   70 % der Deutschen und 61 % der Franzosen stimmen dem Satz zu, dass Wissenschaftler durch ihr Wissen eine Macht hätten, die gefährlich sei (*EUROPÄISCHE KOMMISSION* 2005: 89).

8   Zu weiteren aktuellen und historischen Gründen für Akzeptanzprobleme von Wissenschaft in der deutschen Öffentlichkeit vgl. *SCHULTHEIS* (2003).

GES (1992) stellt bei der Darstellung der Ergebnisse einer 1989 durchgeführten Umfrage der Europäischen Kommission bemerkenswerte Unterschiede zwischen Frankreich und Deutschland fest. Im europäischen Vergleich lag Frankreich jedes Mal vorne, wenn es um das Interesse an wissenschaftlichen Themen ging. Über die Hälfte der Franzosen zeigten sich sehr interessiert an neuen wissenschaftlichen Entdeckungen, in Deutschland dagegen nur ein Fünftel (ebd.: 120). Neben dem höheren Interesse konnte man auch eine positivere Grundeinstellung der Franzosen zu Wissenschaft und Technik feststellen als bei den Deutschen (ebd.: 126). In einer Studie von BAUER/SCHOON (1993) zur Wahrnehmung von Wissenschaft in Europa wird ebenfalls die positive Grundhaltung der Franzosen zu Wissenschaft dem eher skeptischen Risiko- und Bedrohungsdenken der Deutschen gegenübergestellt (ebd.: 214). Während in Deutschland Wissenschaft vor allem mit angewandter Forschung assoziiert werde, bringt man in Frankreich Wissenschaft mit Grundlagenforschung in Verbindung. Dabei findet eine fast schon philosophische Reflexion über Wissenschaft statt. Deshalb ist es nicht verwunderlich, dass laut Eurobarometer die Franzosen mit 86 % am stärksten von allen europäischen Ländern der Forderung zustimmen, der Staat solle wissenschaftliche Forschung unterstützen, selbst wenn diese nicht sofort anwendbare Lösungen hervorbringe (EUROPÄISCHE KOMMISSION 2005: 78).[9]

Die optimistische Grundhaltung der Franzosen, Wissenschaft als Fortschritt und Wettbewerbsmotor zu sehen, spiegelt sich in dem kulturellen Stellenwert von Wissenschaft in Frankreich wider. Die Wissenschaftspopularisierung resultiert neben wirtschaftlichen, politischen oder industriellen Überlegungen auch aus der ideologischen Vorstellung eines festen Platzes der Wissenschaft innerhalb der französischen Kultur. Demnach sollten alle großen Ideen der Wissenschaft so geteilt werden wie andere Kulturgüter aus Literatur, Kunst und Geschichte (JEANNERET 1994: 162). Wissenschaftler müssten anerkennen, dass die Verbreitung der wissenschaftlichen Kultur ein wichtiger Teil ihrer beruflichen Verantwortung sei. In Frankreich, wo die meisten Wissenschaftler dem Staate als *civil servants* gelten, steht diese

---

9   In Deutschland beläuft sich dieser Anteil auf 76 % (*EUROPÄISCHE KOMMISSION* 2005: 78).

Pflicht seit 1993 in ihrem Arbeitsvertrag (ACKRILL/PORTER 1993: 4). Die Bemühungen der Politik, Wissenschaft der Öffentlichkeit zugänglich zu machen, lassen sich durch die hohe Anzahl von Wissenschaftsmuseen, Geldhilfen, Vereinen, Wissenschaftszentren und Ausstellungen zum Thema Wissenschaft belegen (MAITTE/LÉVY-LEBLOND 1993: 83).

In den letzten sieben Jahren scheint sich in Deutschland ein Paradigmenwechsel in der Wissenschaftswahrnehmung abzuzeichnen. Die neuesten Aufsätze sprechen von einem Wissenschaftsboom (vgl. BULLION 2004: 90, WEINGART 2006: 148), welcher mit Bemühungen des Bundesministeriums für Bildung und Forschung (BMBF) einhergeht. HORING (2003) spricht bei Wissenschafts- und Technikthemen sogar von einer Goldgrube für Verlage und Fernsehsender[10] und charakterisiert den Imagewandel von Wissenschaft folgendermaßen:

»*Wissenschaft und Forschung das klang (...) nach Physiklehrern in Pullundern und Sandalen, die im Schulfernsehen unverständliche Formeln an die Tafeln malten. (...) Jetzt sind die Forscher in Presse und Fernsehen zu neuen Stars avanciert. Science sells. Nach Frauen-, Börsen- und Männertiteln finden Verlagsmanager und Senderchefs alles rund um DNA-Sequenzen und Hunnengräber so richtig sexy*« (ebd.: 96).

Als Gründe für diesen Forschungshype nennt HORING ein Orientierungsbedürfnis und die Funktion von ernsthafter, wissenschaftlicher Information. Darüber hinaus würden Wissenschaftler aufgrund knapper Finanzen in die Medien drängen und aus ihrem Elfenbeinturm heraustreten, um die Gunst der Öffentlichkeit und Politik zu gewinnen (ebd.: 97).

Allerdings ist das Ausmaß der Wahrnehmung durch die Bevölkerung und ihre Relevanz aufgrund der föderalistischen Struktur und Organisation von diesen Projekten vermutlich geringer als im zentralistischen Frankreich

---

10 Das Phänomen der verstärkten Wissenschaftsberichterstattung im deutschen Fernsehen wird in Abschnitt 2.4 Wissenschaftssendungen in Deutschland und Frankreich aufgegriffen.

mit Paris als Mittelpunkt allen Geschehens.[11] Die Vielzahl der Akteure und Organisationen in Deutschland scheint nicht den gleichen Einfluss auf die Medien auszuüben wie zentral organisierte Kampagnen und Projekte in Frankreich, welche im Hinblick auf die Wissenschaftskommunikation Synergien nutzen und in Zusammenarbeit mit den politischen Ministerien gestalten.[12] Auf diese Weise entstehen Monumente der Wissenschaft wie die Cité de la Science in Paris, welches als Wissenschaftsmuseum nach dem Louvre in Frankreich das meistbesuchte Museum ist.

Die französischen Bürger fühlen sich aktuell im europäischen Vergleich am besten über neue Erfindungen und Technologien sowie neue wissenschaftliche Erkenntnisse informiert (EUROPÄISCHE KOMMISSION 2005: 18–21). Ob die wissenschaftsskeptischen Strömungen in Deutschland inzwischen einem höheren Stellenwert gewichen sind, soll die vorliegende Untersuchung der Beachtung von Wissenschaft in den Fernsehnachrichten klären.

2.2 Wissenschaftsjournalismus und -kommunikation zwischen PR-Auftrag und Defizitmodell

Die beschriebene Wissenschaftsfeindlichkeit der Deutschen und das Fehlen einer Wissenschaftspopularisierung führten zu einer Vertrauens- und Akzeptanzkrise des Wissenschaftssystems. Die Aufgabe der Wissenschaft, ihre Erkenntnisse an die breite Öffentlichkeit zu kommunizieren, wurde an die Wissenschaftsjournalisten delegiert (KOHRING 2005: 79). Wissenschaftsjournalismus sollte offenkundige Schwächen in der Öffentlichkeitsarbeit der Wissenschaft kompensieren.

---

11 In allen Werken, welche die beiden Kulturen vergleichen, wird der Zentralismus in Frankreich besonders hervorgehoben (vgl. HALL REED/HALL 1984: 73 f.).

12 Diese Überlegungen zur kulturellen und gesellschaftlichen Stellung von Wissenschaft in Frankreich sind im Einklang mit den Aussagen von Helga Ebeling, Abgeordnete für Wissenschaft in der Deutschen Botschaft in Paris (Gespräch vom 20. 6. 2006 in der Deutschen Botschaft in Paris).

In der Forschung wurde die Vermittlung wissenschaftlichen Wissens an die Öffentlichkeit lange Zeit mit Hilfe des Defizitmodells erklärt. Die Öffentlichkeit zeichnet sich dabei durch ein starkes Wissensdefizit gegenüber der Wissenschaft aus. Aus diesem Grund wird in einem linearen Sender-Empfänger-Modell wissenschaftliches Wissen durch Wissenschaftler selbst oder Wissenschaftsjournalisten an die Öffentlichkeit weitergeleitet. Kritisch anzumerken ist dabei, dass die Art von Vermittlung und Kommunikation auf einen reinen Übersetzungsprozess reduziert wird, eine Einwegkommunikation ohne Dialog stattfindet und Wissenschaft völlig kritiklos weitergeleitet wird (vgl. DURANT 1999). Gemäß den Prämissen des Defizitmodells wird die Öffentlichkeit nicht nur als unzureichend informiert, sondern auch als von Vorurteilen und von einem rückständigen Bewusstsein gegenüber der wissenschaftlich-technischen Entwicklung geprägt, definiert. Diese Auffassung kritisiert vor allem KOHRING (2005) und beschreibt »*den typischen Dreischritt von (1) defizitärem public understanding, (2) Notwendigkeit der Wissensvermittlung und (3) Aufgabenzuweisung für den Journalismus*« (ebd.: 159) und warnt davor, Wissenschafts-PR und Wissenschaftsjournalismus die gleiche Funktion zuzuweisen.

Des Weiteren degradiert der Autor die Idee, dass Wissenschaftler die Öffentlichkeit bestmöglich über ihre Forschung informieren müssen, um die Akzeptanz des Steuerzahlers zu erlangen, zum »*Sponsor-Argument*« (ebd.: 41). Die Tatsache, dass wissenschaftspolitische Entscheidungen in demokratisch verfassten Politiksystemen vom wissenschaftlichen und wissenschaftspolitischen Informationsstand der gesamten Bevölkerung abhängig sind, nennt KOHRING »*Demokratie-Argument*« (ebd.: 41 f.). Deren Vertretern ginge es um Akzeptanzschaffung für wissenschaftsspezifische Interessen (und deren Finanzierung). Wissenschaftspublizistik soll also gleichzeitig zur Demokratisierung und zu einer erhöhten Akzeptanz der Wissenschaftsentwicklung beitragen und wird mit einer eindeutigen politischen Leistungsanforderung konfrontiert, die keinen autonomen journalistischen Kriterien folgt (ebd.: 45). Darüber hinaus gilt inzwischen als bewiesen, dass Wissenschaftsaufklärung nicht mit Akzeptanz korreliert und sich Wissenschaftsjournalismus wie jeder andere Berichterstattungsgegenstand an journalistischen Normen orientieren sollte (GÖPFERT 1998: 230): »Wissenschaftsberichterstattung fungiert weder als Akzeptanzbeschaffer, noch als Nachhilfeunterricht« (ebd.). STUBER (2005: 45) betont, dass der Wissenschaftsjournalist mehr als eine reine Übersetzerfunktion innehat und dass auch eine vom Wissenschaftler unabhängige Wertung durch den Journalisten stattfinden sollte.

Die Prämissen des Defizitmodells galten bald als überholt und in den USA und England entwickelte sich aus dem Public Understanding of Science das Public Engagement in Science and Technology. Zeitverzögert wird in Deutschland 1999 das PUSH (Public Understanding of Science and Humanities)-Memorandum »Wissenschaft im Dialog« unterzeichnet. Nunmehr ist von einer demokratischen Öffentlichkeit die Rede, die eigene Interessen und Werte gegenüber der Wissenschaft vertritt und eine eigene Urteilsfähigkeit besitzt (ERHARDT 1999).

»Erst in jüngster Zeit ist den Propagandisten der Wissenschaft bewusst geworden, dass die paternalistischen Implikationen ihrer Öffentlichkeitskonzeption nicht mehr in die von demokratischen Partizipationsansprüchen geprägte Kultur passen« (WEINGART 2006: 155), kommentiert WEINGART die verzögerte PUSH-Initiative in Deutschland und warnt gleichzeitig davor, bei aller berechtigter Kritik über das Defizitmodell vor lauter politischer Korrektheit zu vergessen, dass sich ein Teil der Öffentlichkeit durch Unwissenheit auszeichne und nur bedingt Entscheidungen über die Zukunft fällen könne. Darüber hinaus zweifelt er an, ob der neue Dialog zu einer echten direkten Partizipation der Öffentlichkeit führe und sieht auch darin vorwiegend eine Defizitaufklärung (ebd.: 155).

Laut GÖPFERT (2004) wurde nach der PUSH-Initiative die Öffentlichkeitsarbeit in Deutschland stark ausgebaut und beherbergt Gefahren für den Wissenschaftsjournalismus, der als *»verlängerter Arm der PR«* (GÖPFERT 1990) fungiert und teilweise Pressemeldungen übernimmt und Eigenrecherche vernachlässigt. Zudem würden illegitime Formen des Einwirkens von Öffentlichkeitsarbeit und die strukturelle Schwäche des Wissenschaftsjournalismus diese Situation verstärken und folgende Gefahren beherbergen:

»Wird unabhängige Berichterstattung zunehmend durch interessengeleitete Berichterstattung ersetzt, entsteht ein verzerrter, im Eigeninteresse ge-

färbter Blick auf die Wissenschaft. (...) Die journalistische Unabhängigkeit ist aber unverzichtbar für den Beitrag zur Meinungsbildung, den Journalismus zu leisten hat« (GÖPFERT 2004: 194).

Während in Deutschland dem Wissenschaftsjournalismus zuerst eine PR-Funktion zugeschrieben wurde und nun von einer starken Öffentlichkeitsarbeit die Rede ist, beschreibt FAYARD (1988) in Frankreich die Transformation von der klassischen *vulgarisation* hin zu einer gut organisierten wissenschaftlichen Kommunikation. Diese Öffentlichkeitsarbeit wird von mehreren Akteuren gewährleistet: wissenschaftliche Institutionen und Universitäten, die ein gewisses Markenimage erzielen und sich von anderen Institutionen als Vorreiter in einer Forschungsdomäne abheben wollen; der Staat, welcher ein wachsendes Vertrauen in die Wissenschaft anstrebt, sowie private Unternehmen, die durch die wissenschaftliche Kommunikation eine indirekte Form von Werbung gewährleisten (JEANNERET 1994: 230). Der französische Staat beabsichtigt durch die Popularisierung der Wissenschaft eine Instrumentalisierung zur Kontrolle der öffentlichen Meinung und Vermittlung bestimmter Ideologien. Zur Organisation des Festivals der Industrie und Technologie 1985 wurde im Bericht deklariert:

»*Le projet a été lancé au plus haut niveau par l'establishment politique, industriel, scientifique. Les objectifs idéologiques ont été clairement affirmés: il s'agissait de réconcilier les Français avec leur industrie, de les familiariser avec de nouvelles technologies, de leur redonner le sentiment de fierté nationale allant au-devant de la crise*« (Bericht des Kulturministeriums zitiert in JEANNERET 1994: 232).[13]

Dabei ist zu beachten, dass der Staat nur einer von vielen Akteuren ist und eine wichtige Polyphonie in der Wissenschaftskommunikation herrscht (ebd.: 234). ALLEMAND (1983: 187) bemängelt, dass vor allem die fernsehme-

---

13 »Das Projekt ist auf höchstem Niveau von politischer, industrieller und wissenschaftlicher Seite gestartet worden. Die ideologischen Ziele wurden klar geäußert: Es geht darum, die Franzosen mit ihrer Industrie zu versöhnen, sie an die neuen Technologien zu gewöhnen, ihnen das Gefühl des nationalen Stolzes wiederzugeben, das (Akzeptanz)krisen weit übersteigt.«

diale Vermittlung von Wissenschaft immer ökonomisch oder politisch motiviert sei. Die Hauptaufgabe des Wissenschaftsjournalismus liege demnach nicht darin, im didaktischen oder wissenschaftlichen Sinne zu informieren, sondern dem Staat zu dienen (ebd.: 175).

Auf dieser Grundlage leitet sich für beide Länder gleichermaßen die Forschungsfrage ab, ob Wissenschaftsberichterstattung in den Hauptfernsehnachrichten in Deutschland und Frankreich nach dem Defizitmodell verläuft und ob durch die Funktionszuschreibung des Wissenschaftsjournalismus, Akzeptanz für die Wissenschaft herzustellen, die Kritikfunktion untergraben wird und keine Vielfalt vorliegt.

2.3 Forschungsstand zur Wissenschaftsberichterstattung im Fernsehen

Der folgende Abschnitt widmet sich dem Untersuchungsgegenstand Fernsehen und dem Forschungsstand zur Wissenschaftsberichterstattung. Bei der Darstellung des Forschungsstandes werden an dieser Stelle die spezifischen Studien zur Wissenschaft in den Fernsehnachrichten ausgelassen. Diese sind sehr relevant für die Inhaltsanalyse sowie die Bildung der Untersuchungskriterien und Hypothesen. Sie werden daher in Kapitel 4 gesondert dargestellt.

2.3.1 Deutschland

Da in Deutschland kaum Studien zur Wissenschaftsberichterstattung in den Fernsehnachrichten existieren, ist die Darstellung des Forschungsstandes an dieser Stelle besonders wichtig.

Vor allem die im Jahre 2000 von HÖMBERG/YANKERS durchgeführte Studie zu öffentlich-rechtlichen und privaten Wissenschaftsmagazinen bietet eine gute Orientierungshilfe für künftige Hypothesen und Untersuchungskriterien. Dabei wurden neben den Grunddaten der untersuchten Wissenschaftsmagazine auch die Themen und journalistischen Darstellungsformen inhaltsanalytisch ermittelt. Weitere Untersuchungskriterien sind die

Bewertung der Sachverhalte in Wissenschaftsmagazinen, die Einbettung der Themen in einen größeren Zusammenhang und die Dynamik der Wissenschaftsmagazine. Die Studie von HÖMBERG/YANKERS (2000) soll als handlungsleitend für die vorliegende Untersuchung gelten. Aus diesem Grund werden alle für die Wissenschaftsberichterstattung in den Nachrichten sinnvollen Kriterien übernommen, um eine gute Vergleichbarkeit zu erzielen.

Erste Untersuchungen der Wissenschaftsberichterstattung im Fernsehen reichen in die Zeit des öffentlich-rechtlichen Monopols zurück. ASPER (1979: 357) spricht den Fernsehsendern ein umfassendes Wissenschaftsverständnis zu. Bei der Untersuchung der Qualität des Programmangebots der Wissenschaftssendungen auf ARD, ZDF und BR3 stellt GRUHN (1979) allerdings fest, dass nicht alle Bereiche der Wissenschaft im gleichen Maße fernsehmedial vermittelt werden und dass die Themenbereiche Naturwissenschaften, Technik und Medizin dominieren. Diese thematische Einschränkung der Wissenschaftssendungen wurde, gepaart mit einer Verschlechterung der Sendeplätze, von HÖMBERG (1987) bestätigt. »*Wissenschaftsskepsis, Wissenschaftskritik, Wissenschaftsfeindschaft*« (HÖMBERG 1990: 7) – mit diesen Worten beginnt HÖMBERGS Situationsanalyse des Wissenschaftsjournalismus in Presse, Hörfunk und Fernsehen zu dem passend pessimistischen Titel »*Das verspätete Ressort*«. Er beschreibt organisationsspezifische Voraussetzungen der Wissenschaftsberichterstattung und diagnostiziert eine Kommunikationskrise im Verhältnis zwischen Wissenschaft und Gesellschaft (ebd.: 15).

SCHOLZ (1998) versuchte die Veränderungen in Wissenschaftssendungen in den Jahren 1992 und 1997 herauszuarbeiten und konstatierte, dass neben der gleichbleibenden Dominanz der Themen aus Natur, Medizin und Technik die Wissenschaftssendungen 1997 unterhaltsamer und verständlicher geworden sind (ebd.: 119 ff.). Darüber hinaus stellte SCHOLZ fest, dass Experten in Wissenschaftssendungen verschiedene, rekurrierende Rollen zugewiesen werden (ebd.: 122).

Ein Vergleich öffentlich-rechtlicher und privater Fernsehsender hinsichtlich der Wissenschaftsberichterstattung wurde von RIEDL (1999) durchgeführt. Demnach setzen öffentlich-rechtliche Wissenschaftsmagazine mehr Animationsfilme zur Veranschaulichung komplizierter oder nicht visualisierbarer Sachverhalte ein als private. Bei der Themenauswahl richten sich private im Gegensatz zu öffentlich-rechtlichen Sendern vor allem nach der Aktualität (ebd.: 104). BULLION (2004) stellte bei einem Vergleich der Wissenschaftssendungen *Quarks & Co* (WDR) und *Galileo* (ProSieben) kaum Unterschiede in der Machart zwischen Öffentlich-Rechtlichen und Privaten fest. Inhaltlich hatte die öffentlich-rechtliche Sendung allerdings mehr Komplexität und Informationstiefe (ebd.: 113).

Einen Überblick über die aktuelle Situation, Ausstrahlung und Einschaltquoten von Wissens- und Wissenschaftsmagazinen auf privaten und öffentlich-rechtlichen Sendern in Deutschland gibt STUBER (2005: 92–106). Er bemängelt, dass das Spektrum der Wissenschaftsberichterstattung bei den einschaltquotenträchtigen privaten Sendern nur selten über Medizin, Kommunikationstechnik, Gentechnik oder Psychologie hinausgehe (ebd.: 94).

PADE/SCHLÜPMANN (1997) untersuchten die Berichterstattung über Physik in Wissenschaftssendungen und verglichen dabei auch eine in Frankreich produzierte ARTE-Sendung mit deutschen Magazinbeiträgen. Dabei stellten sie nach subjektiven qualitativen Kriterien fest, dass die französische Art der Berichterstattung über Wissenschaft einen höheren Informationsgehalt enthielt als vergleichbare Beiträge in deutschen Wissenschaftsmagazinen.

International vergleichende Studien sind selten aufzufinden. Als einzige umfassende Studie kann hier der Vergleich deutscher und britischer Wissenschaftsprogramme von GÖPFERT (1996a) angeführt werden. Dabei wurden Inhalt und Präsentationsform von Wissenschaftssendungen über einen Zeitraum von drei Monaten untersucht. Abgerundet wurde die Studie durch Leitinterviews der Macher. GÖPFERT sieht die Domäne der Wissenschaftsberichterstattung bei den Öffentlich-Rechtlichen, verweist allerdings auf die gesteigerte Rolle von Informationsformaten für adäquate Wissenschaftsvermittlung als Konsequenz der Partialisierung des Publikums durch zukünftige kommerzielle und öffentlich-rechtliche Spartensender (ebd.: 373).

Im Bereich der Wirkungsforschung wurden Untersuchungen vorgenommen, die sich mit der Verständlichkeit und Attraktivität von Wissenschaftssendungen beschäftigten. AUGST et al. (1982) stellten bei einer Fallstudie fest, dass sich Faktoren wie komplizierte Sprache, Text-Bild-Scheren und verwirrende Struktur der Beiträge bei Rezipienten mit niedrigem Bildungsniveau negativ auf das Verständnis auswirken. Aufbauend auf diesen Ergebnissen konzipierten AUGST et al. (1985) zusammen mit dem Westdeutschen Rundfunk eine Wissenschaftssendung. In einer Folgestudie konnte bestätigt werden, dass sich durch die Reduktion von Fachtermini, Monothematik und sinnvolle Animationen die Verständlichkeit und Merkfähigkeit unabhängig vom wissenschaftlichen Vorwissen der Rezipienten steigern lassen.

Die fernsehspezifische Eigenschaft, wissenschaftliche Vorgänge anhand von Fallbeispielen zu visualisieren, wurde zum Hauptuntersuchungspunkt der Rezipientenanalyse von BROSIUS (1996). Anschauliche Fallbeispiele und Einzelfälle mit Betroffenen hätten demnach mehr Einfluss auf Urteile und Meinungen der Rezipienten als »summarische Realitätsbeschreibungen«, in denen ein Thema generell, repräsentativ und systematisch dargestellt wird.

Eine weitere Rezipientenstudie wurde von WACHAU (1999) zur Verständlichkeit von Medizinsendungen im Fernsehen vorgenommen. Die Präferenzen der Zuschauer zwischen Darstellungsformen wie Filmbeiträgen, Betroffenen- und Experteninterviews und Animationsfilmen sollten ermittelt werden. WACHAU stellte fest, dass Faktoren wie Bildungsniveau und allgemeines Interesse an Wissenschaft die Ergebnisse stark beeinflussen und es aufgrund des heterogenen Publikums keine ideale Darstellungsform für Wissenschaft im Fernsehen gebe (ebd.: 99).

Für die vorliegende Arbeit besonders interessant erscheint die Studie von HAMM (1985), die versuchte den Einfluss thematischer Aspekte auf die Gestaltung von Verbrauchersendungen des Fernsehens zu erfassen. Dabei stellte HAMM fest, dass sich bestimmte Themenschwerpunkte wie konkrete Sachverhalte leichter visuell umsetzen lassen als andere, die einen abstrakteren Charakter haben (ebd.: 71 f.). Für den Teil der Themenschwerpunkte, die kaum ikonische Qualitäten besitzen, ist die Sprache der geeignete Informationsträger und sie werden vor allem verbal vermittelt, wohingegen bei guter Visualisierbarkeit der Bildkanal eine dominierende Funktion in der Kommunikation übernimmt (ebd.: 77). HAMM definiert den Anteil der Filmhandlung bezogen auf die jeweils zugrunde liegende Filmdauer als »Visualisierungsgrad« (ebd.: 78) und erhält somit eine Vergleichsbasis für die unterschiedlichen Themenschwerpunkte (ebd.: 82). Bei der vorliegenden Untersuchung der Wissenschaftsbeiträge in den Nachrichten wird der Visualisierungsgrad der einzelnen Beiträge erhoben.

2.3.2 Frankreich

Die französische Forschung zur Wissenschaftsberichterstattung zeichnet sich durch Langzeitstudien aus, die durch die systematische Archivierung aller Fernsehprogramme, ihre thematische Einordnung und integrierte Statistikprogramme zur Fernsehforschung an der Inathèque in Paris ermöglicht werden. Die Bemühungen, gute Bedingungen für Forschung zu schaffen, sind gleichzeitig ein Beweis für das hohe Ansehen der Wissenschaft (vgl. Abschnitt 2.2).

In einer Darstellung der Geschichte der wissenschaftlichen Sendungen unterteilten FOUQUIER/VÉRON (1985) die Wissenschaftsberichterstattung in drei Epochen. Die erste Periode reicht bis 1954 zurück und umfasst die archetypische Form der Reportage, in der ein *vulgarisateur* einen Forscher, Mediziner oder Wissenschaftler interviewt. Die Wissenschaftler wurden meistens an ihrem Arbeitsplatz aufgesucht und befragt. Die zweite Richtung entstand 1966 und umfasste eine Reihe von wissenschaftlichen Sendungen, die sich in Diskussions- oder Debattenform mit den Fragen der Wissenschaft auseinandersetzte. Diese neue Generation von Wissenschaftssendungen verlässt die Krankenhäuser und Laboratorien der Wissenschaftler, um sich in Fernsehstudios einzurichten (ebd.: 17 f.) Die Vitalität und Pertinenz dieses Genres hat sich in Frankreich bis heute bewährt. In Sendungen wie *Question Science* wird eine Debatte zu einem wissenschaftlichen Thema organisiert und durch Filmbeiträge ergänzt.[14]

Die dritte Periode leitet sich von den vorausgehenden ab; der Unterschied besteht vor allem in der Rolle, die der Wissenschaftsjournalist einnimmt. Der Begriff »dritter Mann« erklärt diese starke Position, in welcher

---

14 Vgl. 2.4 Hauptunterschiede zwischen der Wissenschaftsberichterstattung im deutschen und französischen Fernsehen.

der Moderator Hauptakteur wird und den Großteil der Aussagen tätigt. Dabei wird das Fernsehstudio mit wissenschaftlichen Geräten gefüllt. Darüber hinaus ist eine Tendenz zur Selbstreferentialität zu beobachten, die sich in der häufigen Verwendung von Archivmaterial äußert (ebd.: 82 ff.). Diese Autoreferenz des Mediums Fernsehen wird auch in der Studie von BABOU (2004: 162) als aktuelle Phase bestätigt. BABOU untersucht Wissenschaftsbeiträge zum Thema Gehirn zwischen 1948 und 2000 und unterteilt die unterschiedlichen Perioden der Wissenschaftsberichterstattung nach der Wahl des Handlungsortes. Der Referenzspielraum entwickelt sich im Zeitverlauf nach den vier Kriterien wissenschaftlich, öffentlich, privat, und mediatisiert (ebd.: 162). Zwischen der Wissenschaft und der Öffentlichkeit sieht BABOU die herausragende Rolle des Fernsehens und appelliert: »*(...) que la télévision fasse correctement son travail d'information du publique, qu'elle traite plus souvent de sujets scientifiques, et tout irait mieux!*« (ebd.: 3).[15]

Trotz der starken Verankerung der Wissenschaft in der französischen Gesellschaft und den frühen Erfahrungen mit Wissenschaftspopularisierung kritisieren viele Autoren eine mangelnde Wissenschaftsberichterstattung im Medium Fernsehen. DUFRESNOY (1994) betitelt seine DEA-Dissertation »*Place des émissions scientifiques à la télévision. Pourquoi sont-elles peu fréquentes en France?*«.[16] GODILLON (1997) stellt beim Vergleich der Produktion und Programmgestaltung von Wissenschaftssendungen zwischen Frankreich und England eine Überlegenheit der englischen Wissenschaftsberichterstattung gegenüber der französischen fest. Als eventueller Grund für den Mangel fernsehmedialer Wissenschaftsvermittlung wird in der Wissenschaftspublikation *Alliage* angeführt, dass andere kulturelle Kanäle wie Buch, Presse und Radio in Frankreich wissenschaftliche Themen mit Tiefgang an die Öffentlichkeit vermitteln, während das Fernsehen aufgrund seiner dominierenden unterhaltenden Funktion nicht in dem Maße für Wissenschaftsvermittlung

---

15 »(...) das Fernsehen soll seine Aufgabe, die Öffentlichkeit zu informieren, korrekt erfüllen und öfter wissenschaftliche Themen behandeln – dann wäre alles besser!«

16 »Der Platz der Wissenschaftssendungen im Fernsehen. Warum sind sie in Frankreich so selten?«

eingesetzt werde (MAITTE/LÉVY-LEBLOND 1993: 80).

ALLEMAND (1983) konstatiert eine Überlegenheit anderer Medien zur Wissenschaftsvermittlung und bestimmt in seiner Analyse anhand von ausgesuchten Sendungen Faktoren, die wissenschaftliches Wissen verformen. Er beschreibt eine ideologisch gefärbte und reduzierte fernsehmediale Vermittlung von Wissenschaft, die durch oberflächliche Darstellung weder echte Fakten noch Wissen an den Zuschauer weitergeben kann und bei der Information zur Einflussnahme verkommt (ebd.: 146): »(...) *voir n'est pas savoir, reconnaître n'est pas connaître, entendre n'est pas comprendre*«[17] (ebd.: 157), lautet sein hartes Urteil. Allerdings werden seine Aussagen stark von JEANNERET (1994) kritisiert, denn die logische Konsequenz ALLEMANDS wäre ein Verzicht auf Wissenschaftsvermittlung im Fernsehen aus Angst vor Verzerrungen.

Die wichtigsten aktuellen Forscher der Wissenschaftsberichterstattung im Fernsehen sind CHEVEIGNÉ[18] und VÉRON. In einer Rezipientenstudie wissenschaftlicher Sendungen im französischen Fernsehen stellten sie fest, dass die Zuschauer von Wissenschaftsmagazinen sehr heterogen sind und sich ihre Präferenzen stark voneinander unterscheiden: »*That implies that, from the point of view of the public, there is no unique, ›ideal‹ form for a science program and that, indeed the term ›popularization of science‹ can have several very different meanings"* (CHEVEIGNÉ/VÉRON 1996: 231). Darüber hinaus entwickeln sie eine Matrix aus der Gegenüberstellung der Präsenz von Merkmalen von Fernsehen und Wissenschaft als Institutionen und können auf diese Weise die Wissenschaftsmagazine kategorisieren (ebd.: 233).

Aus der Darstellung des Forschungsstands geht hervor, dass kein Vergleich der deutschen und französischen Wissenschaftsmagazine vorgenom-

---

17 »Sehen ist kein Wissen, Wiedererkennen keine Kenntnis und Hören nicht gleich Verstehen.«

18 Weitere Studien zur Wissenschaftsberichterstattung von *CHEVEIGNÉ* werden in Abschnitt 4.1 separat betrachtet, da sie sich mit dem Untersuchungsobjekt Fernsehnachrichten befassen und für die Bildung der Kategorien und Hypothesen dieser Arbeit von besonderer Bedeutung sind.

men wurde. Aufgrund dieser Forschungslücke werden im folgenden Abschnitt die Hauptunterschiede deutscher und französischer Wissenschaftsberichterstattung ermittelt.

2.4 Hauptunterschiede zwischen der Wissenschaftsberichterstattung im deutschen und französischen Fernsehen

Der Forschungsstand zur Wissenschaftsberichterstattung im Fernsehen beruht zumeist auf Analysen von Wissenschaftssendungen. Deshalb werden an dieser Stelle die Unterschiede zwischen der deutschen und französischen Wissenschaftsberichterstattung anhand von Magazinen aufgezeigt, selbst wenn der Untersuchungsgegenstand dieser Arbeit die Fernsehnachrichten sind. Dies soll die Erstellung von Hypothesen zur Behandlung wissenschaftlicher Themen in den Fernsehnachrichten erleichtern. Dabei werden auch empirisch noch nicht abgesicherte Beobachtungen angesprochen.

In Deutschland wird auf den ersten Blick mehr über Wissenschaft berichtet als in Frankreich, denn fast jedes dritte Programm und zunehmend auch die Privaten senden regelmäßige Wissenschaftssendungen, während in Frankreich die Hauptsender nur sechs Magazine produzieren (vgl. Anhang I). Gründe dafür wurden bereits in der Darstellung des Forschungshintergrundes geliefert. Darüber hinaus ist zu berücksichtigen, dass der Großteil der Franzosen im Schnitt nur die Wahl zwischen sechs terrestrisch übertragenen Sendern hat.[19] Neben diesen rein wissenschaftlichen Darstellungsformen kann Wissenschaft auch in tages- oder wochenaktuellen Informationssendungen vorkommen. In diesem Fall ist sie nicht als solche gekennzeichnet, weshalb die Anzahl der tatsächlichen Berichterstattung über Wissenschaft sehr schwer messbar ist. Die Behandlung von Wissenschaft als Teil von Information wird allerdings in Frankreich aufgrund der starken Verankerung von

---

19 Vgl. Abschnitt 3.1 zum besseren Verständnis der Mediensysteme in Deutschland und Frankreich.

Wissenschaft in der Gesellschaft (2.1) stärker vermutet als in Deutschland. Das Sichten der existierenden Wissenschaftsmagazine in Frankreich an der Inathèque ermöglicht die Herausarbeitung der kulturell und geschichtlich gewachsenen Hauptunterschiede zwischen der deutschen und französischen Wissenschaftsberichterstattung. Diese Beobachtungen lassen sich durch die Erkenntnisse aus den Studien zur interkulturellen Kommunikation von HALL REED/HALL (1984) belegen.

Die **journalistischen Darstellungsformen** der deutschen und französischen Magazine sind das größte Unterscheidungsmerkmal. Während in Deutschland vor allem klassische Magazinbeiträge und Filmberichte dominieren (HÖMBERG/YANKERS 2000: 575), werden in den französischen Produktionen vor allem Diskussionsrunden und Interviews gezeigt, die sich durch eine lockere **Moderation** auszeichnen. Der klassischen Moderation, welche in den meisten Wissenschaftsmagazinen in Deutschland praktiziert wird, steht in Frankreich ein eher dialogischer Moderationsstil gegenüber. Wissenschaftssendungen wie *Question Science* oder *Savoir Plus Science* in Frankreich werden von zwei Moderatoren (meistens unterschiedlichen Geschlechts) präsentiert. Zudem sind Studiogäste ein absolutes Muss bei diesen beiden publikumswirksamen Formaten, die zur Hauptsendezeit ausgestrahlt werden.

HALL REED/HALL (1984) erklären, dass sich der Hang zur gefühlsbetonten Diskussion in Bereichen wie Wissenschaft, Kunst und Literatur äußert, die sonst eher von einer kühl-intellektuellen, vernunftbetonten Haltung dominiert sind, sobald die Franzosen emotional involviert sind:

»*Franzosen äußern sich intensiv. Diese Intensität der Gefühle bricht sich besonders auffällig in Diskussionen Bahn. Mit großer Hartnäckigkeit verteidigen sie dann ihren Standpunkt, zerpflücken leidenschaftlich die unterschiedlichen, komplexen Aspekte und steigern sich bis zur Besessenheit in das Problem hinein, bis sie es gelöst haben*« (ebd.: 99).

Aus diesem Grund kann man in Hinblick auf die Fernsehnachrichten davon ausgehen, dass mehr Akteure in den französischen Beiträgen vorkommen und die Gesamtzahl ihrer Statements auch länger ist als in den vergleichbaren deutschen Pendants.

Aus dem Diskussions- und Debattencharakter der französischen Wissenschaftsmagazine ergibt sich die **Monothematik** der französischen Wissenschaftsformate. Geladene Studiogäste und Reportagen behandeln meist ein aktuelles Thema in all seinen Facetten. Diese Tendenz lässt sich sehr gut mit dem französischen Wort »Dossier« charakterisieren. AUGST et al. (1985) betonen aufgrund ihrer Rezipientenstudien, dass sich monothematische Sendungen gut auf die Verständlichkeit auswirken. In Deutschland sind Wissenschaftsmagazine eher durch **Multithematik** gekennzeichnet, was den Vorteil hat, dass die Bandbreite der Themen größer ist und ein Gesamtüberblick der wissenschaftlichen Entwicklung gegeben wird. Multithematische Formate sind in Frankreich allerdings in Spartenkanälen zu finden.

Selbstverständlich ist in den Fernsehnachrichten in Frankreich keine Monothematik der Wissenschaftsthemen zu erwarten, aber die Beobachtungen der Wissenschaftsmagazine lassen die Annahme zu, dass die Wissenschaftsbeiträge zu einem Thema durchschnittlich länger sein müssten als in Deutschland und dass in den französischen Fernsehnachrichten mehrere Beiträge zu einem Themengebiet (Dossiers) vorkommen. Zusammenfassend lassen sich die französischen Wissenschaftsmagazine mit dem Bergriff **Sciencetainment**, einer Mischform aus Wissenschaft und Unterhaltung, charakterisieren, die HÖMBERG/YANKERS (2000: 579) in Deutschland aktuell nur bei den privaten Sendern feststellen.

In Deutschland haben sich **Wissenschaftsmagazine auf privaten Sendern** etabliert, während sich in Frankreich diese Entwicklung auf die Spartenkanäle Encyclopedia und LCI beschränkt. Auf den privaten Hauptsendern TF1 und M6 wird Wissenschaft entweder gar nicht thematisiert oder verkommt zu einer Pseudo- oder Quasiwissenschaft, die laut JEANNERET (1994: 181 f.) eher Produktinformation als wissenschaftliche Hintergrundinformation beinhaltet. In dem Wissenschaftsmagazin *e=m6*, des dem Wortspiel nach gleichnamigen privaten Senders M6, werden Themen wie der

Kauf der besten Matratze oder die schnellsten Autos als wissenschaftlich verkauft. Diese Sendereihe lässt sich mit *Galileo* auf ProSieben vergleichen, selbst wenn die Neigung, Produktinformationen und Schleichwerbung in die Sendung zu integrieren, nicht so massiv auftritt wie beim französischen Gegenspieler. An Kritik gegenüber den deutschen Wissenschaftsmagazinen der privaten Sender mangelt es nicht. Bezeichnet werden diese Formate als »(...) *Boulevardsendungen, die nur verkleidet als Wissenschaftssendungen daher kommen*« (Ranga Yogeshwar in: GÖPFERT 2006: 182) und laut WEINGART (2006) inhaltlich Folgendes bieten: »*dramatische Musik untermalt grandiose Explosionen, krabbelndes Ungeziefer erzeugt Ekel, und noch der trivialsten Mitteilung über die Tricks der Reiseveranstalter wird der Hauch detektivischer Spannung eingeblasen*« (ebd.: 150). MEIER (2006: 50) verweist allerdings auf die Vorreiterrolle privater Sender wie ProSieben in den 90er Jahren, die mit Wissenschaftsmagazinen wie *Galileo* und *Welt der Wunder* den Wissenschaftstrend zur »Prime-Time« auslösten, während die öffentlich-rechtlichen ihre Wissenschaftssendungen sehr spät sendeten oder auf Kulturkanälen ghettoisierten (vgl. auch BULLION 2004: 91). BOURNE (1992) entgegnet den Kritikern, die der Meinung sind, Wissenschaft werde trivialisiert und zu Unterhaltungszwecken instrumentalisiert: »*The decision in the near future may be this approach or nothing*« (ebd.: 76). In früheren Jahren gab es in Deutschland durchaus unterhaltungsorientierte Sendungen bei den Öffentlich-Rechtlichen wie die Knoff-Hoff-Show. GÖPFERT (1996a: 372) sieht die Einführung neuer Formate als größte Herausforderung für zukünftige Wissenschaftssendungen. ProSieben expandiert mit unterhaltenden Specials wie der »großen Galileo Show«.[20] Die formale Art der Darstellung nähert sich hierbei den französischen Magazinformen an: monothematisch, mit einer Doppelmoderation, zur Spitzensendezeit ausgestrahlt.

Zusammenfassend lässt sich feststellen, dass in Frankreich durch die Diskussionstradition mehrere Personen zu einem Thema befragt werden, monothematische Sendungen mit Dossier-Charakter dominieren und es sind Anzeichen gefunden worden, dass die privaten in Deutschland in for-

---

20 Freitag, 26. Mai 2006 20.15 Uhr auf ProSieben.

malen Merkmalen den öffentlich-rechtlichen Wissenschaftssendungen in Frankreich ähneln. Die Unterschiede, die sich zwischen der Wissenschaftsberichterstattung in Deutschland und Frankreich herauskristallisieren, sollen im Rahmen der vorliegenden Analyse auch für die Fernsehnachrichten überprüft werden.

3 Fernsehnachrichten in Deutschland und Frankreich

Nachdem in Kapitel 2 die Vermittlung von Wissenschaft im Vordergrund stand, wird nun der Untersuchungsgegenstand dieser Arbeit, die Hauptfernsehnachrichten in Deutschland und Frankreich, näher beleuchtet. Nach einer Einführung in das deutsche und französische Fernsehsystem (3.1) werden die Hauptfernsehnachrichten der einzelnen untersuchten Sender kurz charakterisiert und die Hauptunterschiede zwischen deutschen und französischen Fernsehnachrichten genannt (3.2). In Abschnitt 3.3 wird die Forschungslage zu Fernsehnachrichten skizziert und die in der Forschung oft diskutierte Konvergenztheorie genauer betrachtet. Diese dient als handlungsleitende Theorie für die vorliegende Untersuchung. Im Rahmen dieses Hintergrundkapitels besteht kein Anspruch auf einen vollständigen Vergleich der beiden Rundfunksysteme.

3.1 Fernsehsysteme im Überblick

Die als Untersuchungsgegenstand gewählten Fernsehnachrichten von ARD und RTL auf deutscher Seite, der französischen Sender France2 und TF1 sowie des deutsch-französischen Senders ARTE sind in unterschiedliche Mediensysteme eingebettet. Die Untersuchung der Fernsehnachrichten in Deutschland und Frankreich ist vor allem vor dem Hintergrund interessant, dass in beiden Ländern gleichzeitig die Umwandlung von einem öffentlich-rechtlichen Monopol zu einem dualen Rundfunksystem stattfand. Dabei beeinflusste der jeweilige politische, soziale und kulturelle Kontext die juristischen und organisatorischen Rahmenbedingungen sowie den Programminhalt und die Programmentwicklung (UTARD 2001: 90).

Nach Ende des Zweiten Weltkriegs wurde der Rundfunk in Deutschland von den Alliierten föderalistisch und öffentlich-rechtlich nach dem britischen Modell des »public broadcasting« organisiert, um einen erneuten Machtmissbrauch zu vermeiden (vgl. REICHERT 1955).

> »Dem französischen Modell eines zentralistisch-staatlichen Rundfunks stand entgegen, dass es strukturelle Ähnlichkeiten mit dem gerade zerschlagenen Großdeutschen Rundfunk aufwies und in den Händen der politisch noch unsicheren deutschen Politiker möglicherweise missbraucht werden konnte« (MATHES/DONSBACH 2003: 553).

Diese Überlegung zur französischen Organisation des Rundfunks bewahrheitete sich kurz darauf in Frankreich, wo politische Kontroll- und Zensurmaßnahmen seitens der Regierung die Geschichte des Fernsehens und vor allem der Fernsehnachrichten begleiteten. Seit 1958 war das Fernsehen unter staatlicher Kontrolle, was dazu führte, dass der Begriff *publique* (öffentlich) ad absurdum geführt wurde: »*télévision publique s'identifie à télévision politique*« (AIGUILLON 2001: 55).[21]

General de Gaulle, der 1958 die Regierung übernahm, bediente sich als erster des Mediums Fernsehen, um die Öffentlichkeit für seine Politik zu gewinnen. Dieses geschah vor allem aus seinem Misstrauen gegenüber der Presse, von der er meinte, sie sei ihm nicht gewogen. Für de Gaulle mussten Rundfunk und Fernsehen, da sie mit öffentlichen Geldern finanziert wurden, den Geist der Nation widerspiegeln. Die Ära de Gaulle und seine Herrschaft durch Radio und Fernsehen wird sogar »télécratie« genannt (vgl. BOURDON 1990, BLUM 1982). Sein Nachfolger Georges Pompidou sprach dies in einer berühmten Rede vor Journalisten öffentlich aus:

> »*Journalist beim ORTF (dem französischen Rundfunk und Fernsehamt) zu sein, ist nicht dasselbe wie anderswo. Das ORTF ist, ob man es will oder nicht, die Stimme Frankreichs. Es wird im Ausland und vom Publikum so betrachtet. (...) Wenn Sie sprechen, sprechen Sie für Frankreich, und das fordert von Ihnen eine gewisse Erhabenheit im Ton und im Geiste*« (Pompidou Zitiert in: UTARD 2001: 95).

---

21 »öffentliches Fernsehen entspricht politischem Fernsehen«.

Anfang der achtziger Jahre nimmt die Unabhängigkeit des französischen öffentlichen Fernsehens durch die Einrichtung von Privatsendern ab 1984 und durch die Gründung einer regierungsunabhängigen Kontrollinstanz im Jahr 1982, dem heutigen *Conseil supérieur de l'audiovisuel* (CSA), formal weiter zu.[22] Diese Institution hat zwar den Auftrag, die Unabhängigkeit der Medien von der Politik zu kontrollieren, fungiert aber als Organ der Politik, da ihre Mitglieder vom Staatspräsidenten, dem Präsidenten des Senats und der Nationalversammlung berufen werden. »*Die französische Medienpolitik muß dagegen als Summe der Maßnahmen verstanden werden, mit denen der Staat seine politischen Ziele in diesem Feld durchsetzt*« (GÄSSLE 1995: 12), resümiert GÄSSLE die Entwicklung in Frankreich.

Dem zentralistischen französischen System steht in Deutschland ein föderales staatsfernes gegenüber, da Medienpolitik in Deutschland unter die Rundfunkhoheit der Länder fällt (ebd.: 12). Die Medienpolitik in Deutschland ist darum bemüht, den Massenmedien Freiheit und Unabhängigkeit vom Staat zu sichern, damit diese ihre publizistischen Funktionen angemessen und ungehindert erfüllen können. Verschiedene Urteile des Bundesverfassungsgerichts begründen die rechtliche Basis für das deutsche Fernsehen. Diese stützen sich auf formaljuristische Prämissen, die bereits 1949 im Artikel 5 des Grundgesetzes festgeschrieben wurden. Verfassung und Rechtsprechung zielen darauf ab, jegliches Monopol, auch ein staatliches, auf die Verbreitung von Informationen und Meinungen zu verhindern. In der Praxis war das deutsche Fernsehen allerdings ebenfalls politischen Machtkämpfen ausgesetzt, wie an der Berufung der Intendanten deutlich wird. Demgegenüber haben in Frankreich die Journalisten oder Programmdirektoren gegen die Unterdrückung des Staates gekämpft (UTARD 2001: 89 f.).

Diese unterschiedlichen Fernsehsysteme sollen mit Hilfe von Tabelle 1 kurz dargestellt werden.

---

22 Jede Regierung versuchte sich durch die Umbenennung der Kontrollinstanz den Anschein von Unabhängigkeit zu geben. 1982 lautete der Name der Kontrollinstanz »Haute autorité de la communication audiovisuelle« (HACA). 1988 wird sie in »Commission nationale de la communication et des libertés« (CNCL) und 1989 in CSA umbenannt (*AIGUILLON* 2001: 55 ff.).

	Deutschland	Frankreich
Öffentliche Veranstalter	ARD – 1 nationales Rahmenprogramm – 8 regionale Programme ZDF Europäische Kooperations- programme: – 3SAT – ARTE Spartenprogramme: – Kinderkanal – Phönix – Alpha (BR)	France Télévision – France2 – France3 ARTE La Cinquième
Nationale private Veranstalter	RTL SAT.1 ProSieben Weitere 15 bundesweite Veranstalter	TF1 M6
Pay-TV Veranstalter	Premiere DF1	Canal+ Canal satellite numérique TPS
Sonstige Veranstalter	78 regionale und lokale Veranstalter	40 lokale Anbieter 13 Kabel- und Satellitenprogramme
Anzahl der Haushalte	33 Mio.	22 Mio.
Kabelpenetration	48 %	7 %
Satellitenpenetration	31 %	2 %
Pay-TV	Max. 6 %	25 %

Tabelle 1: Gegenüberstellung der Fernsehsysteme in Deutschland und Frankreich. Quelle: *MATTERN/KÜNSTNER* (1998: 26 f.).

Die Sender, bei denen die Fernsehnachrichten untersucht werden, sind jeweils die reichweitenstärksten privaten (TF1 und RTL) und öffentlich-rechtlichen (ARD und France2) Vollprogramme. Zusätzlich wird ARTE in den Untersuchungskorpus integriert, da die deutsch-französische Identität dieses Senders interessante Rückschlüsse bei der Untersuchung erlaubt.

Es fällt auf, dass in Deutschland durch die föderalistische Struktur mehr öffentlich-rechtliche Sender existieren. Die große Mehrheit (90 %) der deutschen Zuschauer hat die Wahl zwischen rund dreißig Programmen, die über Kabel oder Satellit empfangen werden. Im Gegensatz dazu können die Franzosen meist nur zwischen sechs Sendern wählen (DARKOW 2003: 255 f.), denn in Frankreich dominiert die terrestrische Übertragung den Fernsehmarkt. Durch die geringe Kabel- und Satellitenpenetration ist die französische Fernsehlandschaft leicht überschaubar, da die sechs terrestrisch übertragenen öffentlich-rechtlichen (France2, France 3, ARTE und La Cinquième) und privaten (TF1, M6) Sender eine dominierende Rolle spielen. Die vier größten Sender in Frankreich, TF1, FR2, FR3 und M6 machen dabei rund 90 % des Fernsehmarktes aus und andere Sender nehmen eine Nischenrolle ein, was einer oligopolen Marktstruktur entspricht. Pay-TV spielt in Frankreich eine erheblich größere Rolle als in Deutschland, wo aufgrund der Kabel- und Satellitenübertragung bereits ein größeres und reichweitenstärkeres Angebot der privaten Sender existiert (LUCHT 2006: 203).[23]

Der große Unterschied ist vor allem in der Entwicklung des privaten Sektors in Frankreich und Deutschland Mitte der 80er Jahre zu sehen, welche in beiden Ländern auf eine andere Weise ablief. In Deutschland entstanden die privaten Sender progressiv nach der Einführung des Dualen Rundfunksystems. Im Bereich Fernsehen und Rundfunk haben die öffentlich-rechtlichen Sendeanstalten einen Bildungsauftrag zu erfüllen. Das Bundesverfassungsgericht definierte diese mediale Grundversorgung erstmals 1986 im soge-

---

23 Am 31. März 2005 wurde auch die digitale Übertragungsform mit TNT (Télévision Numérique Terrestre) in Frankreich eingeführt. Dieses hat an dem Marktanteil der Hauptsender nicht viel verändert (MÉDIAMÉTRIE 2007).

nannten Niedersachsen-Urteil.[24] In Deutschland gibt es einen staatlich garantierten Anspruch auf eine Grundversorgung mit Information. Laut einer aktuellen Analyse von LUCHT (2006: 270 f.) erfüllt das öffentlich-rechtliche Fernsehen seine vorgegeben Forums-, Komplementär-, Vorbild- und Integrationsfunktion trotz oft vorgetragener Kritik.

In Frankreich wurde 1986 der zuvor öffentlich-rechtliche Sender TF1 privatisiert.[25] Dadurch entstand ein ganz anderer Deregulierungsprozess als in Deutschland, wo durch die komplementäre Einführung der privaten Anbieter ein völlig neues System geschaffen wurde (UTARD 2001: 99).

Im dualen Rundfunksystem in Deutschland finanzieren sich die öffentlich-rechtlichen Sender vor allem durch Gebühren, die ihre verfassungsrechtlich gesicherte Bestands- und Entwicklungsgarantie (BVerfGE 74: 294) gewährleisten. Frankreichs Anteil an Gebühren beim öffentlichen Fernsehen ist viel geringer und eine Finanzierung über Werbung findet in einem großen Maße statt (MATTERN/KÜNSTNER 1998: 107). Dadurch rückt der marktwirtschaftliche Aspekt in Frankreich in den Vordergrund, während man in der Bundesrepublik an der Auffassung festhält, dass Rundfunk im Wesentlichen öffentliche Bedarfsbefriedigung sei. Somit herrscht ein rivalisierender Dualismus in Frankreich, während sich eine duale Rollenverteilung in Deutschland etabliert hat (BOURGEOISE 1990: 196). BOURGEOISE spricht in diesem Zusammenhang von »*Medien als Kulturträger in Deutschland versus Medien als Mittel des Marktkampfes in Frankreich*« (ebd.: 200).

Zusammenfassend lassen sich stichwortartig folgende Charakteristika für die Mediensysteme in beiden Ländern festhalten.

Frankreich: duales Rundfunksystem, Erfahrung in der Privatisierung eines öffentlichen Anbieters, hoher Werbeanteil bei der Finanzierung öffentlicher Veranstalter

---

24 Im Urteil des Bundesverfassungsgerichts vom 4. November 1986: Entscheidungssammlung des Bundesverfassungsgericht (BVerfGe) Band: 73: 118–4.

25 Durch das Gesetz vom 30. 9. 1986 wurde TF1 an den Bauunternehmer Francis Bouygues verkauft und bereitete branchenfremden Betreibern (so auch dem Wasserkonzern Lyonnaise des Eaux heute: Vivendi) den Weg in die Kommunikationsbranche (UTARD 2001: 99).

Deutschland: duales Rundfunksystem, grundgesetzlicher Auftrag und Mischfinanzierung mit hohem Gebührenanteil bei öffentlichen Anbietern (MATTERN/KÜNSTNER 1998: 16 f.).

Angesichts des Beitrags, den die Medien zur Meinungsbildung leisten, wird die Rolle des öffentlich-rechtlichen Fernsehens in den beiden Ländern ähnlich verstanden und der politische und moralische Auftrag, Bildung, Information und Kultur zu vermitteln, gilt für Deutschland und Frankreich gleichermaßen (UTARD 2001: 98).

3.2 Fernsehnachrichten in der »Prime-Time« als Untersuchungsgegenstand

Die fünf ausgewählten Nachrichtensendungen Tagesschau, RTL aktuell, ARTE Info und die 20-Uhr-Nachrichten auf TF1 und France2 gelten innerhalb ihres Programms als die Hauptnachrichten des Tages. In der Prime-Time ausgestrahlt, erreichen sie die höchste Anzahl an Zuschauern, werden zur Imagebildung und Profilierung benutzt und gelten als Informationsaushängeschild ihrer Sender (WIX 1996: 3 f.). Die Fernsehnachrichten sind »*le premier et le seul moyen d'information pour la grande majorité des Français comme pour l'ensemble des habitants des pays industrialisés*« (COULOMB-GULLY 1995: 7 f.).[26]

Die deutschen und französischen Fernsehnachrichten bieten einen außerordentlich interessanten Untersuchungsgegenstand mit einem großen Potenzial für vergleichende Studien, denn trotz der zuvor beschriebenen kulturellen Unterschiede des Wissenschaftsbegriffs und dessen anders akzentuierte Wissenschaftsberichterstattung lässt sich eine einheitliche und standardisierte Untersuchungsbasis für eine Inhaltsanalyse finden. Das

---

[26] »Das erste und einzige Informationsmittel für den Großteil der Franzosen sowie für alle Einwohner industrialisierter Staaten.«

Genre Fernsehnachrichten zeichnet sich durch gemeinsame Merkmale aus, die sich sowohl länder- als auch senderübergreifend etabliert haben. Die Fernsehnachrichten haben eine gewisse traditionelle und konservative Codieung beibehalten, die den Wiedererkennungswert beim Zuschauer fördert. Eine wichtige Rolle spielt dabei der Nachrichtensprecher, welcher eine Kontinuitätsfunktion erfüllt (COULOMB-GULLY 1995: 8). Durch die formalen Ähnlichkeiten des Genres Fernsehnachrichten besteht eine Basis, um im Rahmen eines Vergleichs Unterschiede und Gemeinsamkeiten zwischen einzelnen Sendern zu identifizieren und zu beschreiben. In Tabelle 2 werden die Grundmerkmale der untersuchten Hauptnachrichtensendungen vorab zusammengefasst, um einen Überblick für die folgende Charakterisierung zu liefern.

Sendung	Organisationsform	Sendezeit	Reichweite in Mio.	Marktanteil in %
Tagesschau*	Öffentlich-rechtlich	20:00 h	9,73	34,7
RTL aktuell	Privat	18:45 h	3,72	17,3
TF1 20 h	Privat	20:00 h	8,80	39,2
France2 20 h	Öffentlich-rechtlich	20:00 h	5,23	23,3
ARTE Info	Öffentlich-rechtlich	19:45 h	1,1(F)	3,1 (F)
	*Einschließlich Dritte Programme, 3Sat und Phoenix			

Tabelle 2: Hauptfernsehnachrichten auf ARD, RTL, TF1, France2 und ARTE. Quelle: Eigene Darstellung mit Angaben von ZUBAYR/GEESE (2005:154) für Deutschland und Médiamétrie (2007: 2) für Frankreich.

Wie aus der Darstellung hervorgeht, handelt es sich um die jeweils reichweitenstärksten öffentlich-rechtlichen und privaten Hauptfernsehnachrichten in Deutschland und Frankreich. Im Vergleich zu den anderen Sendern hat ARTE zwar einen deutlich geringeren Marktanteil, wird aufgrund seiner besonderen binationalen Organisationsstruktur dennoch in den Untersuchungskorpus einbezogen.

3.2.1 Fernsehnachrichten in Deutschland

3.2.1.1 Die Tagesschau auf ARD

Die Tagesschau als erste Nachrichtensendung des deutschen Fernsehens versammelt seit der Erstausstrahlung 1952 unangefochten die größte Anzahl von Zuschauern vor den Bildschirmen. Bei der Vorstrukturierung gesellschaftlich relevanter Themen spielen die öffentlich-rechtlichen Angebote eine bedeutende Rolle. Die Tagesschau ist in dieser Hinsicht als Meinungsführermedium von überragender Bedeutung. Die Programmgestaltung der großen privaten Anbieter ist nach wie vor auf den Ausstrahlungszeitpunkt der Tagesschau eingestellt (LUCHT 2006: 268 f.).

Die deutschen Zuschauer sprechen der ARD auch die größte Nachrichtenkompetenz und Seriosität zu. Auf die Frage, welcher Sender die besten Nachrichten hätte, nennen zwei Drittel der deutschen Bürger die ARD. Auch bei Glaubwürdigkeit, Verständlichkeit sowie Trennung von Nachricht und Meinung liegt die Tagesschau vorne (ZUBAYR/GEESE (2005: 155 ff.). Sie besitzt den höchsten Wortanteil, liefert den Rezipienten aber gleichzeitig die ausführlichste Information, was etwa die Berichterstattungslängen betrifft (WIX 1996: 99). Die Mischform aus Meldungen, Nachrichtenfilmen und Filmbeiträgen wird »*nach dem Prinzip der abfallenden Spannung*« (STRASSNER 1982: 7) geordnet.

Die Tagesschau lässt sich als traditionelle Form der Sprechersendung klassifizieren. Der Sprecher der Tagesschau verliest einen fremdbestimmten Text mit Distanz und minimalem Einsatz von Gestik und Mimik (STRASSNER 1982: 52). Diese Distanz zum Zuschauer führt zu dem Vorwurf von STRASSNER (1982), die ARD-Nachrichten seien für den »Normalbürger« unverständlich und würden für eine Bildungselite produziert werden. Inhaltlich ist in der Hauptnachrichtensendung Politik das dominierende Themengebiet, und andere Felder der Berichterstattung, zu denen auch die Wissenschaft gehört, werden laut NETOPIL (1999: 77) vernachlässigt.

Trotz der kritischen Punkte zeigen neue empirische Studien (ZUBAYR/ GEESE 2005), dass sich die Tagesschau bis heute trotz der verstärkten Konkurrenz von Seiten privater Anbieter im Gesamtangebot des Fernsehens bewährt hat und dass nach wie vor bei den Zuschauern die Vorstellung existiert, dass hier das Wichtigste vom Tage gesendet wird.

3.2.1.2 RTL aktuell

RTL aktuell stellt in vielen Punkten den Gegensatz zur Tagesschau dar (WIX 1996: 100). Die erste RTL-Hauptnachrichtensendung ging am 2. Januar 1984 unter dem Namen »7 vor 7« auf Sendung (KATSCHINSKI 1999: 82). Die starke Unterhaltungsorientierung zeichnete sich dadurch aus, dass verstärkt Prominente als Studiogäste auftraten und in Filmbeiträgen interviewt wurden (HUH 1996: 180). Am 1. April 1988 wurden die RTL-Nachrichten in »RTL aktuell. Bilder des Tages« umbenannt (KATSCHINSKI 1999: 82). Der Name wurde später auf »RTL aktuell« verkürzt und der stark unterhaltungsorientierte Kurs zugunsten einer stärkeren Konzentration auf seriösere Informationsvermittlung aufgegeben.

Die Fernsehnachrichten auf RTL lassen sich auch als *news show* klassifizieren. Eine *news show* kennzeichnet sich durch eine verstärkte Vermischung von Informations- und Unterhaltungselementen, auch Infotainment genannt, und wird von einem Moderatorenteam präsentiert, wobei die Moderatoren untereinander einen vertrauten und familiären Umgang haben (WITTWEN 1995: 43). Dabei handelt es sich um einen *anchorman* nach amerikanischem Vorbild, mit dem sich die Zuschauer identifizieren sollen, sowie einem oder zwei Assistenten, die diesem als Dialogpartner dienen (WIX 1996: 29). RTL betreibt eine deutliche Personalisierung über den *anchorman* Peter Kloeppel und auch über andere in der Sendung auftretende Akteure. Schnelle Schnitte, kurze Berichterstattungseinheiten und wechselnde Kamerapositionen sorgen für eine hohe Dynamik der Sendung. Thematisch kam es zu einer Wendung: Die Anzahl der *soft news* ging zurück, an ihre Stelle traten mehr und mehr *hard news*. Um dem Zuschauerinteresse zu entsprechen, werden nicht nur neue Themengebiete wie Umwelt, Wissenschaft, Technik und Medizin erschlossen, sondern auch auf eine ausgewogene Themenmischung geachtet (WIX 1996: 100 f.).

3.2.2 Journal Télévisé in Frankreich

Die Merkmale der Hauptfernsehnachrichten auf TF1 und France2 werden an dieser Stelle gemeinsam beschrieben. Da die Nachrichtenredaktionen der beiden Sender bis zur Privatisierung von TF1 1984 aneinander gekoppelt waren und auch heute noch kaum Unterschiede existieren, würde eine getrennte Darstellung der Charakteristika wie bei den deutschen Sendern zwangsläufig zu Redundanzen führen.

Die Rolle der Fernsehnachrichten wird in Frankreich besonders hervorgehoben: »*le 20 h de TF1 par exemple est suivi par huit à dix millions de téléspectateurs en moyenne; quel titre de presse peut afficher de tels tirages?*« (COULOMB-GULLY 1995: 7). Es handelt sich bei den »20 heures« um einen Kampf zwischen zwei Sendern. Die Tatsache, dass beide Nachrichtensendungen keinen Namen haben, bestätigt die Theorie, dass der Zuschauer die Wahl zwischen zwei Sendern und nicht zwischen zwei Nachrichten mit einer bestimmten redaktionellen Identität fällt (MÜCHOW 2005: 66 f.).

Die Fernsehnachrichten in Frankreich sind mit 30 Minuten angesetzt. In der Praxis wird diese Zeit jedoch immer überschritten. Durchschnittlich werden 20 Beiträge behandelt, die jeweils rund anderthalb Minuten dauern (COULOMB-GULLY 1995: 90). Ein weiteres Merkmal der französischen Fernsehnachrichten ist der Diskussions- und Debattencharakter (ebd.: 29), der, wie Abschnitt 2.4 zeigt, auch in anderen Genres wie den Wissenschaftsmagazinen vorkommt und davon zeugt, dass sich kulturelle Unterschiede durchgehend in unterschiedlichen journalistischen Darstellungsformen manifestieren. Mit den Erkenntnissen aus der interkulturellen Forschung von (HALL REED/HALL 1984) und den Beobachtungen aus den Wissenschaftsmagazinen lässt sich die Länge der französischen Fernsehnachrichten erklären. Durch die »*polychrome*« (ebd.: 99) Zeiteinteilung der Franzosen (Gewohnheit, mehrere Aufgaben parallel auszuführen) laufen die Hauptfernsehnachrichten gleichzeitig zum familiären Abendessen und werden dabei Teil der Diskussion.

Die ersten Fernsehnachrichten wurden in Frankreich bereits 1949 ausgestrahlt und deckten überwiegend die Sportberichterstattung ab. Diese traditionell gewachsene Vorliebe manifestiert sich auch heute noch, wenn Sport als Aufmacher der Fernsehnachrichten vorkommt (AIGUILLON 2001: 61). Neben Sport haben aber auch Rubriken wie Freizeit/Kultur, Erziehung, Gesellschaft, Umwelt, Gesundheit, Wissenschaft und die unter dem Begriff »*fait divers*« (*soft news*) zusammengefassten Meldungen mit hohem Sensationswert über Katastrophen, Unfälle, Verbrechen und Justiz ihren festen Platz in den französischen Fernsehnachrichten. Diese Bandbreite entspricht dem französischen Kommunikationsstil und wird dem sehr dichten »Informationsnetz«[27] der Franzosen gerecht.

Die in Abschnitt 3.1 dargestellte politische Einflussnahme auf das Fernsehen wurde in erster Linie bei der täglichen Zensur der Fernsehnachrichten vorgenommen. Die Nachrichtensendungen waren durch ihre herausragende Rolle im demokratischen Prozess besonders stark vom Staat kontrolliert. Interessant ist dabei, dass die französischen Fernsehnachrichten ihre Unabhängigkeit durch die Berichterstattung über Wissenschaft demonstrierten. Der Wissenschaftler war neben Zeugen und Politikern der Einzige, der sich frei äußern durfte. Sein Wissen legitimiert ihn und er blieb frei von der Zensur der Regierenden (COULOMB-GULLY 1995: 27). Insbesondere in den 60er Jahren erlebte der Wissenschaftsjournalismus einen Boom und die pädagogische Devise des ORTF »*informer, distraire et cultiver*« (informieren, unterhalten, bilden) wurde zum Leitmotiv. Der Wissenschaftsjournalist François de Closets avancierte mit seiner Berichterstattung über wissenschaftliche Themen zu einer Berühmtheit (AIGUILLON 2001: 71). Die Domäne der Wissenschaft galt als Möglichkeit, sich journalistisch auszudrücken und wurde als Durchbruch gesehen, um das Fernsehen vom großen politischen Einfluss unter de Gaulle zu emanzipieren und den Fernsehnachrichten ihren Wahrheitsgehalt wiederzugeben (MERCIER 1996: 63). Das folgende Zitat demonstriert, inwieweit wissenschaftliche Themen in die Fernsehnachrichten Ein-

---

27 Laut HALL REED/HALL verfügen Franzosen über ein ausgeprägtes »Informationsnetz«. Während sich Informationen in Deutschland in einer wohlgeordneten Form verbreiten, stehen die Franzosen stärker miteinander im Kontakt und tauschen Informationen permanent und unsystematisch aus (HALL REED/HALL 1984: 99).

zug hielten: »*Les spécialistes comme F. de Closets et E. de la Taille instaurent un rapport nouveau entre l'information télévisé et le savoir, manifeste dans la volonté pédagogique dont font preuve ses vulgarisateurs. La visibilité de l'information passe désormais par les graphiques, les maquettes, les schémas, les courbes, voir les reconstitutions en studio*« (COULOMB-GULLY 1995: 29).[28]

Die Personalisierung des Wissenschaftsjournalisten wurde inzwischen durch die Moderation eines Hauptnachrichtensprechers ersetzt, der allerdings den Gebrauch von zahlreichen Trickfilmen und Diagrammen beibehält (AIGUILLON 2001: 72 f.) und darüber hinaus den von HALL REED/HALL beschriebenen typischen französischen Kommunikationsstil einsetzt: »*(...) sie halten Augenkontakt und benutzen sämtliche anderen Sinnesorgane; sie kommunizieren mit dem ganzen Körper, mit ausdrucksvoller Mimik und Gestik*« (HALL REED/HALL 1984: 87). Diese Beobachtung macht auch der französische Fernsehnachrichtenforscher VÉRON (1983), der eine seiner bekanntesten Studien mit »*Il est là, je le vois, il me parle*« (Er ist da, ich sehe ihn, er spricht mit mir) betitelt und somit die Essenz der französischen Fernsehnachrichten zusammenfasst. Den andauernden Augenkontakt des Nachrichtensprechers mit dem Zuschauer und ständige Live-Schaltungen charakterisiert er als besonders typisch für die französischen Hauptnachrichten und nennt dieses fundamentale Merkmal »*l'axe Y-Y*« *(die Achse Y-Y)*, auf den Augenkontakt »*les yeux dans les yeux*« (Auge in Auge) bezogen.

Die Tatsache, dass TF1 aus einem öffentlich-rechtlichen Sender entstammt, hatte die Konsequenz, dass es keinen Unterschied zwischen TF1 und Antenne2 (so die damalige Bezeichnung von France2) gab. In den Anfangsjahren kannten sich die Journalisten der beiden Sender und verarbeiteten auf die gleiche Art und Weise Informationen (MÜCHOW 2005: 189). Der Konkurrenzdruck bewirkte jedoch, dass die Programmgestaltung sich im-

---

28 »Wissenschaftler wie F. de Closets und E. de la Taille etablierten ein neues Verhältnis zwischen Fernsehnachrichten und Wissen, welches sich in den pädagogischen Bemühungen dieser Wissenschaftsjournalisten äußerte. Die Veranschaulichung der Information wird durch Hilfsmittel wie Grafiken, Modelle, Schemata, Kurven und sogar Nachstellungen im Fernsehstudio gewährleistet.«

mer mehr an den Einschaltquoten ausrichtete, zuerst bei TF1 und dann auch beim öffentlich-rechtlichen Sender France2, dessen Gebührenfinanzierung geringer ist als in Deutschland und der die Hälfte seiner Einnahmen durch Werbung erzielt (UTARD 2001: 91).

3.2.3 ARTE Info – oder die deutsch-französische Variante

ARTE wurde aus einer politischen Idee aufgrund der Initiative von François Mitterand und Helmut Kohl geboren. In Frankreich existierte zu dem Zeitpunkt La Sept, ein Kultursender mit europäischem Profil, der bei der Gründung des deutsch-französischen Gemeinschaftsprogramms 1990 an ARTE angegliedert wurde (UTARD 2001: 101). Die Finanzierung bei ARTE verläuft ausschließlich über die Rundfunkgebühr in Deutschland und Frankreich. Die Zentrale von ARTE befindet sich in Straßburg und nimmt strategische und koordinierende Funktionen wahr. Hier wird auch die aktuelle Nachrichtensendung ARTE Info hergestellt (PLOG 2002: 76). Diese dezentralisierte Wahl von Straßburg als Hauptsitz glich laut GÄSSLER (1995) im zentralistischen Frankreich einer *»revolutionären Idee«* (ebd.: 159). Der Großteil der Programme wird allerdings von ARTE France aus Paris und ARTE Deutschland mit Sitz in Baden Baden produziert (GERLACH 2004: 234). ARTE als Kulturkanal mit komplexer binationaler Struktur steht für einen deutsch-französischen Fernsehsender mit dem Anspruch, die europäische Bildungs-, Informations- und Kulturmission im Programm widerzuspiegeln (ebd.: 233). PLOG (2002) definiert das Selbstverständnis von ARTE mit den Begriffen *»Offenheit«*, *»Transparenz«* und *»Wärme«* und betont dabei den *»Respekt vor unabhängiger Meinungsbildung, vor freier Meinungsäußerung, vor kreativer Freiheit, vor kreativer Vielfalt«* (ebd.: 78).

ARTE wird in den beiden Ländern unterschiedlich wahrgenommen: Die Rezeption von ARTE entspricht dem jeweiligen Fernsehsystem (UTARD 2001: 108). In Deutschland ist ARTE ein zusätzliches Programm neben dem reichhaltigen Kabelangebot, vergleichbar mit dem Dritten Programm mit dem inhaltlichen Schwerpunkt Bildung und Kultur. Das erklärt die niedrige Einschaltquote von kaum einem Prozent. In Frankreich dagegen ist ARTE durch die terrestrische Übertragung eines der sechs landesweiten Programme und erscheint angesichts des verringerten Angebots seit dem Verkauf von TF1 als Ergänzung zum öffentlichen Fernsehen (GÄSSLER 1995: 118).

Da die deutschen und französischen Fernsehnachrichten europäische Themen vernachlässigen, versucht das europäische Nachrichtenmagazin ARTE Info über aktuelle Entwicklungen jeweils aus einer europäischen, grenzübergreifenden Perspektive zu berichten (GERLACH 2004: 238). Die Information über Europa beschränkt sich jedoch nicht auf politisch-institutionelle Berichterstattung, sondern soll auch das Alltagsleben darstellen. »*Das Europa der Menschen – unser Europa – schafft allemal mehr Identifikation als das Europa der Institutionen*« (ebd.). Die Untersuchung der Nachrichtensendung von ARTE auf die Berichterstattung über Wissenschaft ist bei einem Vergleich zwischen Deutschland und Frankreich besonders interessant. Welche Position ARTE Info, eine binationale Produktion zwischen Deutschland und Frankreich im Verhältnis zu den anderen untersuchten Sendern einnimmt, soll in der vorliegenden Untersuchung geklärt werden.

3.2.4   Hauptunterschiede zwischen den deutschen und französischen Nachrichten

Aus der Beschreibung der einzelnen Fernsehnachrichten kristallisieren sich Unterschiede zwischen den deutschen und französischen Fernsehnachrichten heraus. Trotz der idealen Voraussetzungen, die Fernsehnachrichten nicht nur auf die Wissenschaftsberichterstattung hin, sondern allgemein zu untersuchen, gibt es nur wenige Studien, welche die deutschen und französischen Fernsehnachrichten vergleichen. MÜCHOW (2005) untersucht die Fernsehnachrichten in den beiden Nachbarländern vor allem im Hinblick auf die Sequenzanalyse und das Verwenden von indirekter Rede. KOCH (1996) beschreibt nur anhand zweier ausgewählter Hauptnachrichtensendungen auf ARD und France2 die Unterschiede in der Berichterstattung beider Länder und LANDBECK (1991) versucht Inszenierungsstrategien und die Nachrichtenästhetik in französischen und deutschen Fernsehnachrichten zu ermitteln.

Die französischen Fernsehnachrichten zeichnen sich durch die geringe Bedeutung von **Auslandsberichterstattung** aus. Bei TF1 sind es gerade einmal 7 % und beim öffentlich-rechtlichen France2 ist der Anteil mit 12 % kaum höher (GERLACH 2004: 238). In Deutschland spielen dagegen Nachrichten aus dem Ausland eine herausragende Rolle. Die ARD widmet ihnen im Schnitt 40 %. Allerdings stellt GERLACH (2004) fest: »*Hier überwiegt die Berichterstattung aus den ›hot spots‹, den weltpolitischen Krisenherden*« (ebd.: 238). Eine adäquate Berücksichtigung der realen Bedeutung des asiatischen Raumes, Afrikas und Europas findet demnach entweder gar nicht oder nur bei Katastrophen statt, während Nordamerika überrepräsentiert ist (KAMPS 1998: 288).

Die starke Ausrichtung auf Frankreich in den französischen Fernsehnachrichten hat auf der einen Seite den Ursprung im Versuch, Nähe zum Zuschauer herzustellen, auf der anderen Seite ist es in Frankreich üblich, den nationalen Stolz auf die *grande nation* in den Fernsehnachrichten zum Ausdruck zu bringen (vgl. LANDBECK 1991: 165, KOCH 1996: 97 f.) Darüber hinaus sind die Gründe für diese Entwicklung in einem hohen Konkurrenz- und Kostendruck des Fernsehmarktes in Frankreich zu suchen, in dem sich aufwendige Auslandsproduktionen in Anbetracht des sinkenden Interesses von Seiten der Zuschauer kaum noch rentieren (vgl. MECKEL 1998: 257 ff.) Dieses führt zu der Annahme, dass auch die wissenschaftlichen Beiträge in den Hauptfernsehnachrichten auf der französischen Seite einen eher nationalen Kontext haben werden.

Die **Struktur der Fernsehnachrichten** in Frankreich und Deutschland ergibt sich aus unterschiedlichen Anforderungen an die tägliche, aktuelle Information. Während es in Deutschland, und vor allem in der Tagesschau darum geht, die Ereignisse des Tages als aneinandergereihte Fakten darzustellen, beschränken sich Hauptnachrichten in Frankreich nicht auf bloße Informationsvermittlung. KOCH (1996: 31) spricht dabei vom Hybridcharakter der Hauptfernsehnachrichten, die sowohl ereignis- als auch problembezogene Berichterstattung liefern und zum Teil schon einem analytischen Magazin ähneln. Die kulturellen Unterschiede der beiden Länder führen zu unterschiedlichen Darstellungsweisen in den Hauptfernsehnachrichten:

»Deutsche sind geradlinig, direkt und zitieren gern faktenbeladene Beispiele. Sie brauchen mehr Sachinformationen über einen Vorgang (...) und mehr detaillierte Hintergrundinformationen. (...) Durch ihre intellektuelle Erziehung und Ausbildung sind die Franzosen in einer mehr analytischen Betrachtung von statistischen Größen geschult. Zahlen sind für sie nicht in erster Linie Detailfakten, sondern Ausdruck dahinterstehender komplexer Zusammenhänge, Entwicklungen, Gesetzmäßigkeiten« (HALL REED/HALL 1984: 101).

Die unterschiedliche Praxis in der Gestaltung von Fernsehnachrichten führte bei der Gründung von ARTE zu gegenseitiger Kritik. GÄSSLER (1995: 147) beschreibt in ihrer Analyse der beiden Mediensysteme, dass die französische Seite die deutschen Sendungen für alt, didaktisch, minimalistisch und ernst befand. Der französische Erfindungsgeist, Ästhetizismus, Träume und lebendige Diskussionen schienen dabei zu fehlen. HALL REED/HALL (1984: 99) stellen für Deutschland und Frankreich einen unterschiedlichen Informationsfluss fest. Aus diesem Grund erhebt sich die Kritik der französischen Seite, für die eine strukturierte, klar als solche abgegrenzte Informationsvermittlung wie in Deutschland langweilig erscheint (vgl. ebd.: 49 f.). Um eben dieser Langeweile entgegenzuwirken, enthalten die französischen Fernsehnachrichten viele Live-Schaltungen, Emotionen und sind generell experimentierfreudig und variationsreich (LANDBECK 1991).

Während in Deutschland ein öffentlich-rechtlicher Sender, nämlich ARD, mit der konkurrenzlosen Tagesschau die größten Zuschauerzahlen erreicht, ist es in Frankreich der private Sender TF1, der in der Gunst der Zuschauer steht. Aufgrund dieser Feststellung bedarf es einer näheren Erläuterung der **Unterschiede zwischen öffentlich-rechtlichen und privaten Sendern** in diesen beiden Ländern. Des Weiteren lässt sich daraus die Präferenz der deutschen Zuschauer für eine objektive und informative öffentlich-rechtliche Nachrichtensendung und auf der französischen Seite der Erfolg einer privaten, emotionalen und dramaturgisch aufbereiteten Form der Fernsehnachrichten feststellen.

MÜCHOW (2005: 187) stellt fest, dass die Spaltung und die Unterschiede zwischen öffentlich-rechtlichem und privatem Sektor in Deutschland viel eher ausgeprägt sind als in Frankreich. Auf der einen Seite stehen die öffentlich-rechtlichen Sender in Deutschland, die in ihren Nachrichtensendungen vor allem durch Seriosität, Argumentationen und Erklärungen dem Zuschauer ein Bild des kritischen und objektiven Journalismus nahebringen wollen. Auf der anderen Seite gibt es die privaten Sender und auch France2, die durch Spannung, Dramaturgie, Exklusivität und Emotionen um die Gunst des Zuschauers kämpfen (LANDBECK 1991: 167 ff.).

In der Untersuchung von LANDBECK zu den deutschen und französischen Fernsehnachrichten kann man die unterschiedliche Struktur und Zielsetzung deutscher und französischer Sendungen erkennen. »*Während in Frankreich ein sehr hoher Spannungs- und Unterhaltungsanteil deutlich die Charakteristika einer Unterhaltungs- bzw. News-Show zeigt, sind solche Momente in deutschen Nachrichtensendungen rar*« (LANDBECK 1991: 130). Auffällig ist, dass die vorgetragene Beschreibung auch auf die Privaten in Deutschland zutrifft. Durch die vorausgehenden Erklärungen liegt die Hypothese nahe, die besagt, dass die Art der Berichterstattung über Wissenschaft in den französischen öffentlich-rechtlichen und privaten Fernsehnachrichten mit denen der privaten Sender in Deutschland vergleichbar ist. Die Tatsache, dass France2 sich immer mehr den kommerziellen Fernsehnachrichten von TF1 angleicht, bestätigt diese Vermutung. Aus diesem Grund wird bei der Darstellung des Forschungsstands vor allem die Konvergenz-Hypothese erläutert. Diese Theorie dient als Grundlage für die vorliegende Untersuchung.

3.3 Forschungsstand zu Fernsehnachrichten mit besonderer Berücksichtigung der Konvergenz

Die Bedeutung der Fernsehnachrichten drückt sich in der kommunikationswissenschaftlichen Forschung in einer Vielzahl von Studien aus, die Nachrichten zum Gegenstand ihrer Untersuchungen machen. An dieser Stelle soll der Forschungsstand zu Fernsehnachrichten in Deutschland und Frankreich kurz vorgestellt werden.

Bedingt durch die unterschiedliche historische Entwicklung in der deutschen und französischen Fernsehlandschaft ist ersichtlich, dass sich die französische Fernsehnachrichtenforschung vor allem mit dem Verhältnis zwischen Fernsehnachrichten und Politik befasst: »*Les nombreuses analyses portent sur les rapports télévision/pouvoir, pouvoir/télévision pour en dénoncer tous les abus*« (AIGUILLON 2001: 56).[29] Die Sammelwerke zu Fernsehnachrichten von COULOMB-GULLY (1995) und AIGUILLON (2001) räumen diesem Thema eine große Priorität ein. BOURDON (1990) und BLUM (1982) analysieren die Unterdrückung des Fernsehens und vor allem der Fernsehnachrichten unter de Gaulle. Auch später versuchen Forscher wie MERCIER (1996) den Einfluss der Politik auf die Fernsehnachrichten zu messen.

VÉRON (1981/1983) untersucht das Verhältnis zwischen dem Nachrichtensprecher und dem Zuschauer und erkennt Kommunikationsstrategien, die sich aus der Ansprache des Zuschauers durch den Nachrichtensprecher ergeben. Der Zuschauer wählt demnach nicht nur die Fernsehnachrichten, sondern auch dessen Machart:

> »*En choisissant telle ou telle chaîne, le spectateur choisit déjà un discours ›sur‹ l'actualité, et en même temps une manière à lui de la regarder. En choisissant un journal, le spectateur choisit, à la fois, l'actualité et sa mise en scène*« (VÉRON 1981: 110).[30]

Die Studien von VÉRON (1981/1983) zur Kommunikationsstrategie der Fernsehsender werden auch von CHEVEIGNÉ (2000/2005) und CHERVIN (2003) in den Untersuchungen zur Wissenschaftsberichterstattung in den Fernsehnachrichten berücksichtigt (4.1.2).

In Deutschland wurde 1966 mit PACZENSKYS Aufsatz *Lügt die Tagesschau?* eine erste kritische Studie der Fernsehnachrichten vorgelegt. Der erste Sammelband zu Fernsehnachrichten entstand unter der Leitung von STRASSNER (1975) und präsentierte erste Diskussionen mit dem Ziel, einen Leitfaden für verständliche und informative Fernsehnachrichten zu entwi-

---

29 »Viele Analysen basieren auf dem Verhältnis Fernsehen/Staat, Staat/Fernsehen, um alle Missstände und Fehlentwicklungen aufzuzeigen.«

30 »Bei der Wahl eines Senders, wählt der Zuschauer einen bestimmten Diskurs über aktuelle Ereignisse und gleichzeitig seine bevorzugte Art, diese zu sehen. Bei der Wahl einer bestimmten Fernsehnachricht wählt der Zuschauer gleichzeitig die Aktualität und dessen Inszenierung.«

ckeln. Semantische, syntaktische und linguistische Untersuchungen folgten (vgl. STRASSNER 1982, SCHMITZ 1990). Neben den Textanalysen befasst sich die Fernsehnachrichtenforschung mit dem Bild-Text-Verhältnis. WEMBER (1983) kritisiert, dass sich die in Text und Bild präsentierten Informationen oft nicht entsprechen. Er spricht in diesem Zusammenhang von Text-Bild-Scheren und warnt davor, dass die Aufmerksamkeit des Zuschauers vor allem durch Augenkitzel des Bildes beansprucht und der Informationstransport über den Text dadurch erschwert werde (ebd.: 168).

Ein weiterer Forschungsstrang sind Analysen der Qualität von Fernsehnachrichten, wobei Dimensionen wie Vielfalt, Relevanz und Professionalität untersucht werden (vgl. SCHATZ/SCHULZ 1992, FAHR 2001, MAURER 2005). FAHR unterteilt bei der Qualitätsdimension Vielfalt in Akteursvielfalt, Themenvielfalt, Vielfalt der geografischen Bezüge (FAHR 2001: 16 ff.). Diese Indikatoren können bezogen auf die Beantwortung der Forschungsfrage aus 2.2 im Hinblick auf eine ausgewogene Wissenschaftsberichterstattung der Hauptfernsehnachrichten herangezogen werden.

Die geänderten Rahmenbedingungen seit der Einführung des privaten Rundfunks führten in Deutschland zu einer neuen Ausrichtung der Forschung. Es ging weniger um die Frage, inwieweit Fernsehnachrichten überhaupt ihrer »gesellschaftlichen Aufgabe« nachkommen, als vielmehr darum, inwieweit sich öffentlich-rechtliche und private Nachrichtenangebote in dieser Hinsicht unterscheiden. HEYN (1985) stellt in seinem internationalen Nachrichtenvergleich zwischen privaten und öffentlichen Fernsehnachrichten fest, dass mehr als die Hälfte der Akteure in öffentlich-rechtlichen Nachrichten aus der Politik stammen, wohingegen bei den privaten Sendern vor allem einfache Bürger Handlungsträger sind. Darüber hinaus seien die einzelnen Nachrichtenbeiträge kommerzieller Sender kürzer als bei den öffentlichen.

KRÜGER (u. a. 1985a/1985b/1997/2006/2007) vergleicht in mehreren Studien von 1985 bis 2007 die Fernsehnachrichten der privaten und öffentlich-rechtlichen Sender und stellt fest, dass Politik bei den öffentlich-rechtlichen Sendern einen höheren Stellenwert in den Fernsehnachrichten einnimmt als bei den privaten. Diese würden vor allem Themen wie Kriminalität, Katastrophen und Unfälle, also so genannte *soft news,* aufgreifen. KRÜGER hält die öffentlich-rechtlichen Fernsehnachrichten auch für pluralistischer und neutraler, denn diese würden mehrere gesellschaftliche und politische Gruppen zu Wort kommen lassen. Zusammenfassend stellt er eine Tendenz zur Entpolitisierung, Unterhaltung, Kommerzialisierung und Perspektivreduzierung bei den privaten Anbietern fest.

Die Konvergenz-Hypothese, die 1989 von einer Forschungsgruppe um SCHATZ (1989) formuliert wurde, prognostiziert, dass der Wettbewerb dazu führe, dass sich die Programme der öffentlich-rechtlichen und der privaten Fernsehanbieter im Laufe der Zeit einander annähern würden (vgl. BARTEL 1997: 28 f.). Die Ursache dieser Konvergenz liege in dem Bestreben der konkurrierenden Fernsehanbieter, ihre Programme optimal an den Zuschauerpräferenzen auszurichten.[31] Von Konvergenz war zum ersten Mal in einer Programmuntersuchung im Rahmen der Kabelpilotprojekte, die in den Jahren 1985 bis 1988 vom Duisburger »Rein-Ruhr-Instituts für Sozialforschung und Politikberatung« durchgeführt wurden, die Rede. Hierbei stellte man fest, dass die privaten Sender »*keineswegs die ›Neuerfindung des Fernsehens‹ vorantrieben, sondern sich zunächst einmal auf die selektive Imitation der im öffentlich-rechtlichen Programm vorhandenen Strukturen und Inhalte beschränkten*« (MARCINKOWSKI 1991: 51). Die Programmpolitik der Öffentlich-Rechtlichen reagiere demnach »*überraschend defensiv und anpassend*« (ebd.: 52) – eine Entwicklung, die sich mit dem Begriff »Selbstkommerzialisierung« kennzeichnen lässt (ebd.).

BARTEL (1997) kritisiert die Formulierung der Konvergenz-Hypothese durch SCHATZ et al. (1989), da sich bei ihren Programmanalysen und vor allem bei den Informationssendungen deutliche Unterschiede zwischen den öffentlich-rechtlichen und den privaten Fernsehanbietern zeigen. Im Unterschied zu SAT.1 und RTL, bei denen Sportberichterstattung und *soft news* dominieren, sind die Nachrichtensendungen bei ARD und ZDF durch einen hohen Politikanteil und Sachlichkeit gekennzeichnet (BARTEL 1997: 29).

---

31 Einen Überblick zur Entstehung und Bedeutung der Konvergenz-Hypothese gibt der Aufsatz von *MARCINKOWSKI* (1991).

MERTEN hingegen kommt zu einem anderen Ergebnis und konstatiert, dass sich die öffentlich-rechtlichen Programme in ihrer Programmstruktur der privaten Konkurrenz angenähert haben, was er als »gerichtete Konvergenz« oder einseitige Anpassung bezeichnet. Bei den Nachrichten, die 1992 nur noch 8 % der Sendezeit in Anspruch nahmen (im Gegensatz zu 14 % 1980), trete diese Konvergenz am stärksten auf (METREN 1994).[32] PFETSCH (1996) konstatierte ebenfalls Konvergenzerscheinungen bei den Nachrichtensendungen. Die Anpassung von Seiten der Öffentlich-Rechtlichen erfolgte durch die Erhöhung der Visualisierung und bei den Privaten fand eine Annäherung an die Politikorientierung der Öffentlich-Rechtlichen statt. Diese Konvergenztendenzen im Bereich der inhaltlichen Themenselektion werden in der Studie von BRUNS/MARCINKOWSKI (1996) bestätigt. KRÜGER (1991a, 1991b, 1998) konfrontiert die Konvergenz-Hypothese mit Daten der Programmstruktur aus der Hauptsendezeit, die er im Auftrag von ARD und ZDF ermittelt hat, und stellt fest, dass eine einseitige Anpassung öffentlich-rechtlicher an kommerzielle Programmprofile nicht zu beobachten sei. Dabei blieben vor allem die öffentlich-rechtlichen Nachrichten weitgehend unverändert (KRÜGER 1998: 84).

HÖRMANN (2004) untersucht die Angleichung öffentlich-rechtlicher und privater Nachrichten am Beispiel ausgewählter Hauptnachrichtensendungen und stellt fest, dass die Tagesschau durch eine rationale Informationsverarbeitung, gepaart mit der Konzentration auf Politik und Wirtschaft und einem Höchstmaß an Distanz, jeglichen Versuchungen für eine populäre Darstellungsform der Themen nach dem Beispiel der Privaten widerstehe. Sie kritisiert allerdings den Fokus der Tagesschau auf Politik und Finanzpolitik und behauptet, dieses führe dazu, dass nicht automatisch alle gesellschaftlich relevanten Themenbereiche abgedeckt werden. »*Die Position näher am autonomen Pol des journalistischen Feldes, jedoch unter deutlichem Einfluss*

---

32 Mit seinen Mitarbeitern wertete er im Auftrag des Verbands Privater Rundfunk und Telekommunikation (VPRT) auf der Grundlage der Programmzeitschrift »HÖRZU« jeweils vier Wochen in den Jahren 1980, 1985, 1988 und 1992 die Strukturen von 14 Fernsehprogrammen aus.

des heteronomen Prinzips ›Politik‹ stehend, verhindert hier möglicherweise manchmal auch die adäquate Wahrnehmung der übrigen Themenbereiche. Der oft beschworenen ›Vielfalt‹ ist die enge Bindung an das politische Tagesgeschäft also eher abträglich« (ebd.: 239). In Bezug auf das Ausmaß der Wissenschaftsberichterstattung sind aufgrund dieser Politikfixierung der Öffentlich-Rechtlichen demnach Differenzen zu den Privaten zu erwarten.

Resümierend lassen sich in den Studien trotz der oft postulierten Konvergenzthese zwischen öffentlich-rechtlichen und privaten Sendern in Deutschland immer noch große Unterschiede feststellen, während sich in Frankreich der öffentlich-rechtliche und der private Sektor und vor allem die Sender TF1 und France2 durch den Konkurrenzdruck immer mehr annähern (MÜCHOW 2005: 187).

4 Wissenschaft in Fernsehnachrichten

Im vorangehenden Kapitel wurde die Bedeutung der Fernsehnachrichten für die deutsche und französische Kultur angesprochen. Die Untersuchung der Fernsehnachrichten in Bezug auf Wissenschaftsbeiträge ist somit von besonderer Relevanz. Die Fernsehnachrichten erreichen ein breites Publikum, vergleichbare Zuschauerzahlen sind bei Wissenschaftsmagazinen nicht zu finden. In diesem Kapitel werden zunächst der Forschungsstand in Deutschland und Frankreich sowie international vergleichende Studien dargestellt (4.1) und anschließend die für die Studie relevanten Charakteristika von Wissenschaftsbeiträgen in Fernsehnachrichten herausgearbeitet (4.2). Auf der Grundlage der theoretischen Kapitel werden schließlich die Forschungshypothesen dieser Studie formuliert.

4.1 Studien zur Wissenschaftsberichterstattung in den Fernsehnachrichten

4.1.1 Deutschland

In Deutschland fehlt in der Fernsehnachrichtenforschung oft die Spezialisierung auf Wissenschaftsberichterstattung. Was die Fernsehnachrichtenanalyse anbelangt, so könnte man ironischerweise HÖMBERGS (1990) »*Das verspätete Ressort*« in »*Das (noch) nicht existierende Ressort*« umtaufen. Die Fernsehnachrichtenanalyse verzichtet zumeist darauf, Wissenschaft als ein eigenständiges Ressort zu behandeln. Die Prozentzahlen der Wissenschaftsberichterstattung werden in der Regel zusammen mit Kultur und Religion erhoben.

In Deutschland werden einzig in den Jahresbilanzen 2005 und 2006 der Fernsehnachrichten bei ARD, ZDF, RTL und SAT.1 von KRÜGER (2006/2007) die universellen Hauptthemenkategorien konkreter anhand von Themengebieten wie Wissenschaft und Forschung beschrieben. Wissenschaft gehört allerdings nicht als einzelne Rubrik zu den zehn universellen Themenkategorien »1. Politik, 2. Wirtschaft, 3. Gesellschaft/Justiz, 4. Wissenschaft/Kultur, 5. Unfall/Katastrophen, 6. Kriminalität, 7. Human Interest/Buntes, 8. Sport, 9. Wetter, 10. Sonstiges« (KRÜGER 2007: 58), wird also wieder zusammen mit Kultur erhoben. Getrennte Prozentwerte für Wissenschaft und Kultur erscheinen nur in der Detailansicht (ebd.: 68 f.). Dabei war 2006 die Vogelgrippe ein Topthema (ebd.: 73). Wie KRÜGER selbst feststellt, ergeben sich große Unterschiede in dem Bereich Wissenschaft/Kultur, vor allem was die Differenzierung zwischen privaten und öffentlich-rechtlichen Sendern angeht: »*So wendeten RTL und SAT.1 im Themenbereich Wissenschaft/Kultur für das Thema Medizinforschung und das Thema Tiere mehr Sendezeit auf als ARD und ZDF. Dafür befassen sich ARD und ZDF ausgiebiger mit Kulturthemen, insbesondere Film, Kunst, Literatur. Auch kirchliche Themen erhielten in den öffentlich-rechtlichen Nachrichten mehr Beachtung*« (KRÜGER 2007: 72). Dieses mangelnde Bewusstsein, dass Wissenschaftsberichterstattung ein eigenständiges Themenfeld in den Hauptnachrichten sein könnte, lässt sich vor allem durch die Konzentration auf politische Berichterstattung der öffentlich-rechtlichen Sender zurückführen. NETOPIL (1999) stellte in einer Befragung der Nachrichtenmacher zu diesem Thema Folgendes fest: »*Aufgrund eines breiten Angebots an Ratgebersendungen innerhalb des Programms von ARD und ZDF, ist laut der Nachrichtenverantwortlichen dieser Bereich schon abgedeckt und muss deshalb nicht auch noch Gegenstand der Nachrichtensendungen sein*« (NETOPIL 1999: 77). Bedenkenswert ist an dieser Stelle natürlich, dass die Hauptfernsehnachrichten viel mehr Zuschauer haben als Ratgeber- oder Wissenschaftssendungen und so deshalb relevante Informationen aus der Wissenschaft den Großteil der Bevölkerung nicht erreichen, der in den Nachrichtensendungen seine Hauptinformationsquelle sieht.

STUBER (2005) untersucht die Darstellung wissenschaftlicher Themen in Fernsehnachrichten, Wissenschaftsmagazinen, Zeitungen und Publikumszeitschriften. Durch das breit angelegte Untersuchungsfeld und eine Stichwortsuche als ausschlaggebendes Kriterium für ein Einbeziehen in die untersuchte Stichprobe beleuchtet diese Dissertation allerdings nur sehr wenige Aspekte der wissenschaftlichen Berichterstattung in den Fernsehnachrichten.

Eine Analyse der Merkmale und Selektionskriterien wissenschaftsjournalistischer Berichterstattung in tages- und wochenaktuellen Sendungen des ZDF wurde von BAGUSCHE (1994) durchgeführt. Demnach spielen Nachrichtenfaktoren wie »Ethnozentrismus«, »Kulturelle Nähe« und »Personalisierung« bei der Wissenschaftsberichterstattung eine besonders große Rolle (ebd.: 102). Allerdings lassen sich die Ergebnisse, da sie auch Nachrichtenmagazine berücksichtigen, nicht auf Hauptfernsehnachrichten zurückführen.

Die einzige Studie, die sich ausschließlich mit dem Thema Wissenschaftsberichterstattung in deutschen Hauptfernsehnachrichten auseinandersetzt, ist eine Magisterarbeit von HOPF (1995). Seine inhaltsanalytische Untersuchung der Wissenschaftsberichterstattung in den Nachrichtensendungen »heute« (ZDF) und »RTL aktuell« über einen Zeitraum von sechs Wochen zeigt die geringe Bedeutung wissenschaftlicher Themen in den Hauptfernsehnachrichten. Der Anteil wissenschaftlicher Berichterstattung in aktuellen Nachrichtensendungen liegt in dieser Studie bei nur 5 % des Gesamtnachrichtenangebots, wobei den größten Teil davon Beiträge aus dem medizinischen Bereich ausmachen (HOPF 1995: 101). Beiträge, welche die hohe Selektionshürde überwinden, lassen sich gut visuell abbilden, sind auf Routineanlässe zurückzuführen, tagesaktuell, meistens aus dem Themenbereich Medizin, Umwelt oder Weltall und greifen oft auf Personalisierung zurück (ebd.: 115). Leider mangelt es dieser Magisterarbeit an einer fundierten Interpretation und das Kategoriensystem (vgl. ebd.: 141 ff.) erscheint nicht ausführlich genug. Darüber hinaus fehlen ein Codebuch sowie die Darstellung von Ergebnissen aus einigen Kategorien. Deshalb sind Vergleiche zu anderen Studien wie der von CHEVEIGNÉ (2000/2005) durch unterschiedliche Kategorienbildung und methodische Mängel nicht möglich.

Insgesamt wird deutlich, dass in Deutschland eine Forschungslücke im Bereich Wissenschaft in den Fernsehnachrichten besteht. Die wenigen Studien weisen zudem methodische Mängel auf.

4.1.2 Frankreich

Das Fernseharchiv an der Inathèque erfasst die Häufigkeit der wissenschaftlichen Themen mit den eingebauten Statistik- und Kategorieprogrammen. Fernsehnachrichtenforscher können sozusagen auf Knopfdruck alle wissenschaftlichen Themen aus den Fernsehnachrichten der letzen 50 Jahre ermitteln. Aus den technischen Möglichkeiten der Inathèque resultiert eine Überlegenheit gegenüber den deutschen Studien über Fernsehnachrichten. In Deutschland liegen aufgrund diskontinuierlicher Archivierung keine Langzeituntersuchungen vor (vgl. NIELAND/PHILIPP 1998: 308). Das I. N. A. publiziert seit 2006 Statistiken zu den Fernsehnachrichten in Frankreich (I. N. A. 2006a, 2006b, 2007) in denen unter anderen die Themenschwerpunkte Umwelt (5 % der Gesamtsendezeit), Gesundheit (4 %), Katastrophen (4 %) und Wissenschaft/Technik (3 %) und dominierende Ereignisse wissenschaftlicher Beiträge erfasst werden (I. N. A. 2006b: 2). Diese genaue Aufspaltung der für die Untersuchung relevanten Rubriken lässt bereits vermuten, dass diese Themenbereiche in den französischen Fernsehnachrichten öfter und konsequenter abgedeckt werden als in Deutschland, was sich möglicherweise auch in den Themenrubriken der deutschen Forschung widerspiegelt (wie in 4.1.1 bemerkt, bietet einzig KRÜGER (2006/2007) eine gesonderte Erfassung von Wissenschaft als eigenständige Rubrik).

In der Doktorarbeit von CHERVIN (2003) wird die Behandlung wissenschaftlicher Themen in den Fernsehnachrichten in Frankreich zwischen 1949 und 1995 dargestellt. Dabei konzentriert sich CHERVIN auf wissenschaftliche Themen aus Umwelt und Weltraum und bezieht die Berichterstattung über Medizin sowie die Sozialwissenschaften nicht in ihren Untersuchungskorpus ein (ebd.: 192). Die Untersuchungskriterien sind bei CHERVIN die wissenschaftlichen Themen, die Rolle des Médiateurs, der Handlungsort und die Auswirkung auf die Zukunft. In den Anfängen lässt sich die Wissenschaftsberichterstattung durch einen unkritischen Blickwinkel gepaart mit einer Konzentration auf das Thema Weltraum charakterisieren, welches CHERVIN als ein Synonym des unkritischen Fortschrittsdenkens deutet. In jüngster Zeit bekommt die Umweltberichterstattung mehr Gewicht und laut CHERVIN setzt eine Evaluation der Risiken ein (ebd.: 194 ff.). Die von CHERVIN untersuchten Dimensionen (Akteursspektrum, Thematik und Zukunftsvision) lassen sich auch in den Untersuchungskriterien dieser Arbeit wiederfinden.

Einen großen Beitrag, nicht nur zur Untersuchung von Wissenschaftsberichterstattung, sondern auch zur Medienforschung allgemein, lieferte die von VÉRON (1981) durchgeführte Untersuchung. VÉRON analysiert ausführlich die Berichterstattung zu einem Reaktorunfall in den Fernsehnachrichten der Sender TF1 und Antenne2 und vergleicht diese mit der Berichterstattung in Presse und Hörfunk. Zusätzlich werden Quellen und Meldungen der Nachrichtenagenturen berücksichtigt. VÉRON untersucht sowohl Aspekte der Accuracy (wahrheitsgemäße Berichterstattung) sowie die unterschiedlichen Kommunikationsstrategien, um den geführten informativen Diskurs im Detail zu vergleichen.

Wie werden Umweltthemen in den Fernsehnachrichten behandelt? Diesem Thema ging CHEVEIGNÉ (2000) in ihrer Untersuchung der Fernsehnachrichten in Frankreich nach. In dem Buch *L'environnement dans les journaux télévisés: Médiateurs et visions du monde* vergleicht CHEVEIGNÉ die Hauptnachrichtensendungen der Sender France2, France3, TF1 und ARTE auf die Aufbereitung der Umweltthemen hin. Dabei interessiert sie sich vor allem für die unterschiedlichen Strategien der Sender hinsichtlich der Themenwahl, ihrer Behandlung, der Art, wie der Zuschauer adressiert wird, und der präsentierten Weltvorstellung (ebd.: 9).

Eine vergleichbare Studie wurde zuvor von COTTLE (1996) in Großbritannien durchgeführt und bietet interessante Erkenntnisse vor allem durch die Einbeziehung von Nachrichtensendungen die morgens, mittags oder regional ausgestrahlt werden. Demnach werden nationale Umweltthemen viel öfter in den Fernsehnachrichten des Frühstücksfernsehens, mittags oder regional thematisiert. Die Hauptfernsehnachrichten der großen britischen Sender berichten lediglich über internationale *Umweltdesaster* (ebd.: 114–119).

Da die Studie von CHEVEIGNÉ (2000) als Leitfaden für diese Untersuchung gilt, werden Erkenntnisse aus ihrer Studie in Abschnitt 4.2 genutzt, um die Merkmale der Wissenschaftsberichterstattung in den Fernsehnachrichten darzustellen und daraufhin diese als Basis für die Bildung von Hypothesen und Untersuchungskriterien zu verwenden.

Abschließend lässt sich feststellen, dass trotz der vielen Möglichkeiten der Fernsehnachrichtenforschung an der Inathèque bei dem Thema Wissenschaft nur ausgewählte Teilgebiete beschrieben wurden. CHERVIN (2003) ließ die Medizinberichterstattung aus, CHEVEIGNÉ (2000) beschränkte sich auf Umweltthemen und VÉRON (1981) untersuchte nur einen Themenbereich. Aus diesem Grund ist auch auf französischer Seite eine Forschungslücke zu erkennen, die durch eine breitere Definition von Wissenschaftsbeiträgen behoben werden soll.

4.1.3 International vergleichende Studien

Die aktuellste international vergleichende Untersuchung ist von BIENVENIDO (2006) und beinhaltet die Daten aus dem Forschungsprojekt GLOBAPLUR (Globalisation and pluralism. The function of public television in the European television market), welches in den Jahren 2003 und 2004 die Fernsehnachrichten von 14 EU-Mitgliedern (außer Luxemburg) analysierte. Die vorwiegend quantitativ ausgelegte Studie bemängelt, dass Wissenschaftsberichterstattung in den europäischen Fernsehnachrichten eine marginale Rolle (2,37 %) zukommt und dass vor allem Themen wie Politik und Sport dominieren (ebd.: 103). Frankreich ist dabei das Land mit den meisten wissenschaftlichen Beiträgen. Die Berichterstattung über Medizin macht sogar 8,36 % der Gesamtbeiträge der Fernsehnachrichten aus (gegenüber 1,08 % in Deutschland). Die Themengebiete Gesundheit und Umwelt sind europaweit thematisch zwar auf dem Vormarsch, allerdings werden diese Beiträge nicht immer mit wissenschaftlichen Informationen versehen (ebd.: 104). Diese Entwicklung steht im Widerspruch zu dem großen Interesse der Europäer an Wissenschaft. Die Qualität der Wissenschaftsmeldungen korreliert laut BIENVENIDO stark mit der Beitragslänge. Dabei schneidet Deutschland im internationalen Vergleich mit einer durchschnittlichen Länge von 62 Sekunden am schlechtesten ab, während die Beiträge in Frankreich eine durchschnittliche Länge von 81 Sekunden haben (ebd.: 108).

Die von CHEVEIGNÉ und CHEDDADI durchgeführte internationale Studie *La science dans les journaux télévisés européens* (Die Wissenschaft in den europäischen Fernsehnachrichten) des Netzwerkes ISME[33] zur Wissenschaftsberichterstattung in Fernsehnachrichten in Europa untersuchte im Jahr 1994 vor allem die Themenstruktur und die Rolle des Médiateurs, womit die Kommunikationsstrategie der Medien gemeint ist (CHEVEIGNÉ 2005/2006).

CHEVEIGNÉ (2006: 89) stellte eine erhöhte Anzahl von Wissenschaftsbeiträgen in Frankreich und Deutschland (vor allem bei TF1 und RTL) fest. Die deutschen Sender zeigen mehr wissenschaftliche Themen aus dem internationalen Handlungsraum (ebd.). Darüber hinaus stellt CHEVEIGNÉ einen Unterschied zwischen Sendern fest, die technische (z. B. ZDF) und medizinische Themen (wie RTL, France2) bevorzugen (ebd.: 90).

Wie aus der Studie hervorgeht, existiert keine einheitliche Berichterstattung über wissenschaftliche Themen während der Hauptnachrichtensendungen in Europa. Nur wenige wissenschaftlich relevante Themen finden den Einzug in alle untersuchten Nachrichtensendungen. Vereinzelt treten Themen in allen Ländern auf, allerdings ist die Wahrscheinlichkeit, dass sie von allen Sendern beleuchtet werden gering (CHEVEIGNÉ 2006: 85). Selbst innerhalb eines Landes, in diesem Fall Frankreich, existiert nach Meinung von CHEVEIGNÉ (2000) kein Konsens, zumindest was die Berichterstattung über Umwelt angeht (ebd.: 49). Diese Feststellung wird auch in der Studie von COTTLE (1993) bestätigt. In den britischen Sendern BBC und ITV werden drei Viertel der Meldungen über Umwelt nur in jeweils einer Nachrichtensendung thematisiert.

Leider werden neben den Themengebieten, dem Handlungsort und der Rolle des Médiateurs bei den Untersuchungsergebnissen keine weiteren Kriterien ausführlich beschieben, was womöglich auf die Codier- und Überset-

---

33 Information scientifique dans les médias européens (Wissenschaftliche Information in den europäischen Medien).

zungsschwierigkeiten zurückzuführen ist. Darüber hinaus bezieht sich CHEVEIGNÉ (2005/2006) auf Daten aus dem Jahr 1994.

Es lässt sich feststellen, dass die international vergleichenden Studien nie die Ausführlichkeit einer nationalen Studie erreichen. Aufgrund der Vielzahl untersuchter Nationen kann man von Verzerrungen durch Sprachschwierigkeiten allein schon beim Codieren ausgehen. Die vorliegende Studie beschränkt sich auf Deutschland und Frankreich und hofft durch diese Abgrenzung fundiertere Ergebnisse zu erhalten.

4.2 Merkmale der Wissenschaftsberichterstattung in den Fernsehnachrichten

Aufgrund der Heterogenität der vorgestellten Studien hinsichtlich der Definition von Wissenschaftsbeiträgen und der untersuchten Merkmale sollen an dieser Stelle die wichtigsten Charakteristika der Wissenschaftsberichterstattung in den Fernsehnachrichten aus der Forschung herausgearbeitet, kritisch beleuchtet und durch eigene Beobachtungen ergänzt werden. Aus diesen Merkmalen lassen sich wichtige Implikationen für die Bildung von Hypothesen und die Untersuchungskriterien für die Inhaltsanalyse ableiten.

4.2.1 Definition von Wissenschaftsbeiträgen und behandelte Themen

In der Forschung werden oft unterschiedliche Definitionen von Wissenschaftsbeiträgen in den Fernsehnachrichten verwendet. Dieses führt zu unterschiedlichen Aussagen über Häufigkeit und Merkmale der Wissenschaftsberichterstattung, die sich nicht vergleichen lassen. Aus diesem Grund ist es besonders wichtig, von vornherein zu entscheiden, welche Beiträge als wissenschaftlich qualifiziert werden und welche nicht in die Untersuchung einbezogen werden.

Stark mit der Definition von Wissenschaftsbeiträgen verbunden ist die Frage nach den behandelten Themen, die bei einer Analyse der Wissenschaftsberichterstattung erfasst werden. In der internationalen Studie von CHEVEIGNÉ (2006: 90) wurden nur die Bereiche Medizin, Technologie, Umwelt und Grundlagenforschung in den Untersuchungskorpus aufgenommen.

Bei der vorliegenden Studie besteht allerdings der Anspruch, Wissenschaftsberichterstattung detaillierter zu beschreiben und mehr Wissenschaftsdisziplinen einzubeziehen. Die Kriterien, nach denen Wissenschaftsgebiete unterteilt werden, leiten sich aufgrund der Vergleichbarkeit aus der Studie von GÖPFERT (1996a) ab:

»1. Natural sciences

Natural history, life science, biology, ecology, paleontology, geography, geology, earth-history, meteorology

2. Medicine

Medical diagnosis, medical treatment, medical technology, preventive medicine, pharmacology, veterinary medicine, health, nutrition, public health, genetics, genetic engineering

3. Technology

Energy, information technology, computing, biotechnology, applied sciences, industrial production techniques, technical devices, agriculture, engineering, traffic, military R&D

4. Social sciences

Sociology, politics, economics, market research, psychology, psychiatry (social aspects), anthropology, ethnology, education, archaeology, social geography, traffic (social aspects), technology assessment, peace studies, parapsychology (social/psychological aspects)

5. Environment

Natural disasters, waste management, resources exploitation, resources depletion, nature conservation, endangered species, global warming, biosphere, population growth, urban planning, hazardous substances, radiation risks

6. Pure science

Basic research, physics, chemistry

7. Science in society
History of science, scientific method, science policy and legislation, research funding, science education, lives of scientists, dissemination of scientific knowledge, public understanding of science, ethics

8. Space
Cosmology, astronomy, space technology

9. Others« (Göpfert 1996a: 363 f.).

In der Untersuchung zur Eignung von Wissenschaft als Nachrichtenstoff von HOPF (1995) wurden die behandelten Themen ebenfalls nach GÖPFERT (1996a) abgeleitet und die folgende Definition von Wissenschaftsbeiträgen formuliert:

»Beiträge sind der Wissenschaftsberichterstattung einzuordnen und damit als Untersuchungseinheit zu identifizieren, wenn:

– Ursprüngliche, d. h. unabhängig von den Medien stattfindende Ereignisse (z. B. Naturschauspiele, Katastrophen, Unglücke, Skandale, Epidemien) unter Zuhilfenahme von mit wissenschaftlichen Methoden erzielten Erkenntnissen betrachtet und/oder die Bedeutung dieser Ereignisse für die Natur, insbesondere den Menschen erläutert,

– Wissenschaftler oder Vertreter wissenschaftlicher Einrichtungen in ihrer Eignung als solche zu Wort kommen oder zitiert,

– Die Planung, der Verlauf, die Ergebnisse oder die Anwendung von Forschung oder die gesellschaftliche Bedeutung wissenschaftlicher Tätigkeit dargestellt werden oder

– Forschungspolitik, die Förderung von Forschung oder die gesellschaftliche Bedeutung wissenschaftlicher Forschungstätigkeit thematisiert wird und

– Sie aus den Themenbereichen Natur, Medizin, Technik, Sozialwissenschaften, Umwelt, Grundlagenforschung, Wissenschaft als System oder Weltraumforschung stammen.

Außerdem muß die für Wissenschaftsbeiträge verwendete Zeit mindestens ein Drittel der gesamten Beitragslänge (inklusive Moderation) betragen, um zu gewährleisten, daß der Beitrag wissenschaftliche oder mit wissenschaftlichen Mitteln erzielte Informationen nicht nur am Rande enthält« (HOPF 1995: 12).

Die Definition von HOPF erscheint durch die Ein-Drittel-Hürde relativ streng. So ist es fast verwunderlich, dass bei dieser Einteilung in der Studie mehr als 5 % der Beiträge als wissenschaftlich klassifiziert werden konnten. Darüber hinaus ist die Entscheidung, ob ein Beitrag genug wissenschaftliche Information enthält, nicht intersubjektiv nachprüfbar und für eine Inhaltsanalyse nicht geeignet. Bei der vorliegenden Studie wird die Definition von HOPF beibehalten, allerdings wird die Ein-Drittel-Zeithürde nicht beachtet. Auch CHEVEIGNÉ (2005) verzichtet auf die Einführung einer prozentualen Zeithürde.

HÖMBERG/YANKERS (2000: 576) fragen sich in ihrer Analyse von Wissenschaftsmagazinen, mit welchen anderen Disziplinen die wissenschaftlichen Themen in Verbindung gebracht werden. Diese Einbettung der wissenschaftlichen Themen in einen größeren Zusammenhang erscheint für die Fernsehnachrichten überflüssig, da man davon ausgehen kann, dass die meisten Fernsehnachrichten einen aktuellen wirtschaftlichen, politischen, rechtlichen oder sozialen Bezug haben. Ob die Wissenschaft dabei eine herausragende Rolle spielt, ist zu bezweifeln. Trotzdem ist es wichtig, dass Wissenschaft aufgrund der großen Reichweite in den Fernsehnachrichten vorkommt und nicht in den Spartenkanälen oder Wissenschaftsmagazinen verschwindet.

Eine Untersuchung der Wissenschaftsberichterstattung der größten Tageszeitungen Europas von FAYARD (1993) stellt die Relevanz eines großen Rezipientenkreises heraus. Demnach ziehen es manche Journalisten vor, nicht nur für das Wissenschaftsressort innerhalb der Zeitung, sondern auch für andere Rubriken zu schreiben, um die maximale Anzahl an Rezipienten zu erreichen.

Anspruchsvolle Wissenschaftsbeiträge werden auch im Medium Fernsehen vorwiegend von wissenschaftlich vorgebildeten und interessierten Zuschauern rezipiert. BONFADELLI (1980) spricht in diesem Zusammenhang über eine mögliche Ausdehnung der Wissenskluft durch eine selektive Nutzung der Medien von Rezipienten mit unterschiedlichen Bildungsniveaus. Um eine größere Zielgruppe anzusprechen und nicht nur ein bereits wissenschaftsorientiertes und -interessiertes Publikum, bedarf es der Präsenz von wissenschaftlichen Themen außerhalb der Wissenschaftsrubrik. GÖPFERT (1998: 230 f.) warnt aus diesem Grund vor einer Ghettoisierung der Wissenschaften in den Medien.

In der vorliegenden Studie werden auch alle Umweltkatastrophen und technischen Katastrophen als wissenschaftliche Themen definiert. CHEVEIGNÉ (2000) kann in ihrer Studie zu den Umweltthemen in den französischen Fernsehnachrichten eine Fokussierung auf sogenannte »schlechte Nachrichten« (ebd.: 57) feststellen. Wissenschaftsberichterstattung wird oft mit Risiko- und Katastrophenberichterstattung in Verbindung gebracht. HÖMBERG/YANKERS (2000: 588) konstatieren, dass bei den Wissenschaftsmagazinen der privaten Sender in Deutschland überwiegend negative Ereignisse wie Naturkatastrophen, Epidemien und Flugzeugunglücke einen Anlass zur Berichterstattung bieten.

Vor allem bei Katastrophenmeldungen wäre eine wissenschaftliche Einordnung besonders wichtig für die Rezipienten. Eine unzureichende Information über Katastrophen wird von KNIEPER (2006), der die Tsunami-Berichterstattung als einen »*traumatischen Stressor*« für die deutsche Bevölkerung charakterisiert, als besonders gefährlich eingestuft. Er fordert von den Informationsmedien mehr Sorgfalt bei Berichterstattung über Katastrophen und realistische Risikoeinschätzungen für einen Wiederholungs- oder ähnlichen Fall (ebd.: 64 f.). Aus diesem Grund soll in der vorliegenden Analyse untersucht werden, ob Wissenschaftsbeiträge Hintergrundinformationen liefern.

4.2.2 Akteursspektrum in Wissenschaftsbeiträgen

In den wissenschaftlichen Beiträgen in Fernsehnachrichten können unterschiedliche Personengruppen befragt werden. CHEVEIGNÉ (2000: 65) unterteilt bei ihrer Untersuchung der französischen Fernsehnachrichten die Handlungsträger in Wissenschaftsbeiträgen in die Bezugsgruppen Politiker, Experten, Verbände, vox populi und Korrespondent. Das wichtigste Ergebnis ihrer Studie war, dass vor allem die O-Töne von Einzelpersonen immer mehr in Wissenschaftsbeiträgen vorkommen. Sie spricht in diesem Zusammenhang vom *Reality-Show*-Zeitalter. Medizinische Debatten, die vor zwanzig Jahren noch von Experten geleitet wurden, werden laut CHEVEIGNÉ heute mit Betroffenen durchgeführt, die zumeist Aussagen machen, die ihren Unmut zum Ausdruck bringen (ebd.: 68). Diese Evolution von der öffentlichen in die Privatsphäre beobachtet CHEVEIGNÉ sowohl beim privaten Sender TF1 als auch beim öffentlich-rechtlichen France2 (ebd.: 67). Dagegen ist bei der in Großbritannien durchgeführten Studie von COTTLE (1993) dieser Trend zu einer vermehrten Heranziehung der vox populi nicht bemerkbar. Die Verteilung nähert sich einem institutionellen, der öffentlichen Sphäre entsprechenden Profil an, in denen Aussagen von Politikern überwiegen: Politiker (38 %), Experten (26 %), Verbände (15 %) und vox populi (13 %).

CHEVEIGNÉ (2000) gelingt es, das Akteursspektrum noch genauer zu beschreiben, indem sie für jede Bezugsgruppe drei unterschiedliche Rangordnungen vergibt. Mit der Verfeinerung des Kriteriums »Experte« ergeben sich dazu Schlussfolgerungen für das vermittelte Bild von Wissenschaftlern. Die Studie zeigt, dass sich hinter den Experten kaum Wissenschaftler, sondern eher Praktizierende eines wissenschaftlichen Berufszweiges verbergen (ebd.: 68). Darüber hinaus gehen die Stellungnahmen der befragten Experten vor allem auf den Ablauf von Ereignissen und auf die sofortigen Konsequenzen für den Menschen ein. Die wissenschaftlichen, technischen und historischen Gründe oder der Kontext, in den das Phänomen einzuordnen sei, werden selten spezifiziert (ebd.).

In Deutschland existiert keine gesonderte Studie, in der das Akteursspektrum in Wissenschaftsbeiträgen genauer untersucht wird. HÖRMANN (2004) bemängelt im Hinblick auf Experteninterviews in ihrer Analyse der Fernsehnachrichten die Tatsache, dass bei ARD in den O-Tönen vor allem Politiker oder Vertreter parteinaher Organisationen zu Wort kommen und dieses nicht dem journalistischen Anspruch entspricht, über gesellschaftspolitische Fragestellungen umfassend zu informieren: »*Interviews mit Experten könnten zu vielen Themen mehr Erhellendes beitragen als Aussagen von Politikern, die stets auch aus ihrer Position im journalistischen Feld heraus argumentieren*« (ebd.: 240). Eine ausgewogene und objektive Berichterstattung muss demnach versuchen, alle Gruppen gleichermaßen zu berücksichtigen.

Somit ist die Quellenvielfalt gewährleistet und die Qualität des Beitrages steigt (vgl. FAHR 2001).

Die Studien zur Wissenschaftsberichterstattung in den Fernsehnachrichten belegen ebenfalls eine Unterrepräsentanz von Frauen. In nur vier der von HOPF (1995: 106) untersuchten 86 wissenschaftlichen Beiträgen kamen Wissenschaftlerinnen vor. Die französische Studie von CHEVEIGNÉ (2000: 68) erlaubt aufgrund einer genaueren Kategorisierung ein differenzierteres Bild über die Verteilung der Geschlechter. Auf TF1 und France2 waren in den Bezugsgruppen der Politiker und hochrangigen Experten kaum Frauen interviewt worden. Lediglich unter den Einzelpersonen besteht ein relativ ausgewogenes Geschlechterverhältnis (ebd.). Ob sich dieses in der vorliegenden Studie ebenfalls bewahrheitet und ob eine unterschiedliche Verteilung der Repräsentation der Geschlechter in Deutschland und Frankreich herrscht, soll durch die Inhaltsanalyse ermittelt werden.[34]

4.2.3 Vermitteltes Bild der Wissenschaftler

Das Image der Wissenschaft wird vielmals über die laufenden stereotypen Bilder vermittelt, in denen Wissenschaftler porträtiert werden. HAYNES (2003) untersucht die stereotype Darstellung von Wissenschaftlern in der westlichen Kultur und stellt fest, dass Medien zumeist ein negatives Bild von Wissenschaftlern zeichnen. Die verwendeten Stereotype schienen sich dabei ständig zu wiederholen. HAYNES identifiziert sieben Stereotype, die er vor allem der Literatur entnahm: 1. der böse Alchemist, à la Frankenstein, 2. der edle Wissenschaftler, 3. der leicht verrückte Wissenschaftler, 4. der unmenschliche Forscher, 5. der Wissenschaftler als Abenteurer, 6. der böse, schlechte, gefährliche Wissenschaftler und 7. der hilflose Forscher, unfähig die Ergebnisse seiner Arbeit zu kontrollieren (ebd.: 244).

Aufgrund solcher Stereotypen ergibt sich laut WALDEGRAVE (1993) ein von Vorurteilen und Ignoranz gegenüber der tatsächlichen wissenschaftli-

---

34 Laut Eurobarometer würden knapp drei Viertel der Europäer (74 %) gerne mehr Frauen in der Wissenschaft sehen (*EUROPÄISCHE KOMMISSION*: 105 ff.).

chen Arbeit geprägtes Bild des Wissenschaftlers. WALDEGRAVE plädiert dafür, dieser verzerrten Wahrnehmung entgegenzuwirken (ebd.: 11 f.). WEINGART (2006) sieht in der außerordentlichen Stabilität und Kontinuität stereotyper Darstellung den Ausdruck einer tiefsitzenden Ambivalenz gegenüber Wissenschaft und plädiert dafür, die Kontinuität, Intensität und gegebenenfalls die Veränderung von Stereotypen, die populäre Medien reproduzieren, zu erforschen, um Aufschluss über die Erwartungen und Befürchtungen, die der Wissenschaft entgegengebracht werden, zu bekommen (ebd.: 195). Stereotype repräsentieren hinter einer vereinfachten Darstellungen eine Vielzahl von komplexen Ideen und unterdrückten Ängsten. Der Wissenschaftsphilosoph Roszak kommentiert den Hang zur Stereotypisierung in der Wissenschaft folgendermaßen: »*In most of these images of our popular culture resides a legitimate public fear of the scientist's stripped-down, depersonalised conception of knowledge – a fear that our scientists, well-intentioned and decent men and women, all will go on being titans who create monsters"* (Theodore Roszak in: HAYNES 2003: 253).

Neben der stereotypen Darstellung kann man Wissenschaftler anhand des Handlungskontexts näher charakterisieren. In den französischen Langzeitstudien zur Wissenschaftsberichterstattung hat sich die Einteilung der Referenzspielräume in einen wissenschaftlichen, öffentlichen und privaten Kontext durchgesetzt (vgl. FOUQUIER/VÉRON 1985, CHERVIN 2003, BABOU 2004). In Deutschland wurde die Darstellung der Wissenschaftler als Privatperson impliziert auch im PUSH-Memorandum »Dialog Wissenschaft und Gesellschaft« gefordert: »*Wissenschaft kommt meist anonym daher; dass sie von Menschen – mit all ihren persönlichen Stärken und Schwächen – gemacht wird, geht dabei unter*« (STIFTERVERBAND FÜR DEUTSCHE WISSENSCHAFT 1999: 58). CHERVIN geht davon aus, dass die Darstellung des Wissenschaftlers im privaten Kontext zukünftig dominieren wird.

4.2.4   *Bewertung der Sachverhalte in Wissenschaftsbeiträgen*

Die Forderung nach einer kritischen Berichterstattung über Wissenschaft wird in beiden Ländern geäußert; in Deutschland fordert KOHRING (2004/2005) eine Kritik- und Kontrollfunktion des Wissenschaftsjournalismus. HANEL (1994: 12) spricht in diesem Zusammenhang sogar von einer Degenerierung der Wissenschaftsberichterstattung zum Resultatjournalismus. Kritikfrei und ohne Hinterfragung werde oft eine »Die Wissenschaft hat festgestellt«-Berichterstattung praktiziert. In der Untersuchung von HÖMBERG/YANKERS (2000: 576) zu den Wissenschaftsmagazinen in Deutschland konnte eine vorwiegend positive Bewertung der Sachverhalte in den untersuchten Wissenschaftsmagazinen festgestellt werden. Als Unterscheidungskriterien benutzte HÖMBERG/YANKERS (2000: 576) negative Tendenz, positive Tendenz, neutrale Tendenz und nicht eindeutig.

In der Untersuchung der französischen Fernsehnachrichten auf Umweltberichterstattung hin werden Wörter wie Katastrophe, Natur und Umwelt ausgezählt und bewertet. Diese lassen auf die Tendenz der Berichterstattung schließen (CHEVEIGNÉ 2000: 58 f.). CHEVEIGNÉ stellt fest, dass TF1 eine starke Dramatik der Meldungen vorzieht, da das Wort Katastrophe oft in den Meldungen vorkommt, und eine eher distanzierte Form der Berichterstattung bei France2, wo von Umwelt gesprochen wird, ohne diese explizit zu nennen (ebd.: 59).

LANDBECK (1991: 130) konstatiert, dass bei risikobehafteten Umweltthemen in Frankreich der Faktor Beruhigung eine sehr große Rolle spielt, und zeigt am Beispiel der Tschernobyl-Berichterstattung, dass die französischen Fernsehnachrichten versuchen, in ihrer Darstellung das Ereignis zu verharmlosen.

4.2.5 Nachrichtenwert

Unter den bisherigen Studien zur Wissenschaftsberichterstattung in den Fernsehnachrichten bezieht sich nur die Studie von BAGUSCHE (1994) auf den Nachrichtenwert. Der Nachrichtenwert ist laut SCHULZ (1976) eine journalistische Hilfskonstruktion zur Erleichterung der notwendigen Selektionsentscheidung. Dabei lassen sich die Merkmale von Meldungen mithilfe von Nachrichtenfaktoren ermitteln. Bei der vorliegenden Analyse wird dabei der Faktorenkatalog von SCHULZ (1976: 32 ff.) angewandt. SCHULZ nahm als Ausgangspunkt die Faktorenliste von GALTUNG/RUGE (1965), die sich vor allem aus der Wahrnehmungspsychologie ableitet, und überarbeitete diese, um bei Inhaltsanalysen eine hohe Operationalisierbarkeit der empirischen Indikatoren zu erreichen. HÖMBERG (1996: 92) behauptet, dass die gängigen Nachrichtenwerte in vielen Punkten dem Berichtsobjekt Wissenschaft wenig angemessen sind. RUSS-MOHL (2003) erklärt anhand des Beispiels Medizin, wieso es Nachrichtenwerte sind, die über die Selektion eines wissenschaftlichen Themas entscheiden:

> »Nachrichtenwerte – also: Verwertungsinteressen der Medien – bestimmen, welche Wissenschaftsthemen öffentliche Resonanz finden. Die Themen- und Nachrichtenauswahl folgt immer weniger der Logik des Wissenschaftssystems. Denn auch beim Dauerbrenner Gesundheit sind es ja nicht etwa langweilige Themen wie Kopfschmerzforschung, Zahnersatz oder Orthopädie, denen die Medien Aufmerksamkeit schenken – sondern Fragen von Leben und Tod: zum Beispiel Krebsforschung, BSE und Aids« (RUSS-MOHL 2003: 1 f.).

STUBER (2005) folgend orientiert sich Journalismus an den Kriterien Neuigkeit, Sensation, Einfachheit und Kürze, während in der Wissenschaft Wahrheit, Genauigkeit, Methodik und Überprüfbarkeit von zentraler Bedeutung sind (ebd.: 45). »*Die Nachrichten brauchen frische Neuigkeiten, während die Wissenschaft auf einem Verstehen basiert, das sich langsam entwickelt*« (HARTFORD 1999: 38), bestätigt auch HARTFORD. Diesen Ansatz versucht BAGUSCHE (1994) empirisch zu überprüfen und stellt die folgende Hypothese auf: »*Wissenschaftsjournalistische Beiträge sind nicht auf aktuelles unvorhersehbares Geschehen zurückzuführen. Der Nachrichtenfaktor ›Überraschung‹ spielt keine Rolle*« (BAGUSCHE 1994: 40). Denn wissenschaftliche Themen seien Langzeitthemen, hätten selten einen überraschenden Charakter, welches schon im Wesen der Wissenschaft verankert sei (ebd.: 39 f.). Kritisch anzumerken ist, dass diese Hypothese von BAGUSCHE möglicherweise unberechtigt falsifiziert wurde, denn sie koppelte den Nachrichtenfaktor Überraschung mit dem Kriterium Aktualität, welches eine Grundeigenschaft der Nachricht ist, ohne dass Dynamik vorliegen muss. Darüber hinaus werden durch die Möglichkeit der Mehrfachcodierung bei den Nachrichtenfaktoren auch solche codiert, die nur marginal vorkommen und keine dominierende

Rolle innehaben (vgl. ebd.: 96 f.). Aus diesem Grund soll ein Versuch unternommen werden, die Nachrichtenfaktoren als Kategorie ohne Mehrfachnennung mit aufzunehmen und das Kriterium Aktualität separat zu erfassen.

4.2.6 Emotionalisierung

In den Themenkategorien Medizin und Katastrophen, die in die Definition der Wissenschaftsbeiträge in der vorliegenden Untersuchung fallen, besteht die Gefahr der Emotionalisierung durch Bilder. Schockierende Bilder von Operationen, abschreckende Krankheitsbilder, körperliche Verunstaltungen und die Darstellung von Opfern nach Katastrophen werden in Großaufnahme gezeigt. Diese Entwicklung hin zum Sensationsjournalismus, der gegen die journalistische Ethik und Bestimmungen des Presserats verstößt, sieht STUBE (2005: 154) mit der Einführung der privaten Sender in Deutschland verbunden. In Frankreich wird den Fernsehnachrichten nicht nur auf privater Seite ein Hang zum Sensationsjournalismus vorgeworfen (LANDBECK 1991: 170). BROSIUS (1993) stellt in Experimenten zur Wirkung emotionaler Filmsequenzen fest, dass emotionale Bilder in Nachrichten die am Lernen orientierte Rezeption des Nachrichtentextes behindern und sogar dazu führen, dass der Zuschauer aufgrund der Bilder falsche Schlussfolgerungen zieht. »*Die Rezipienten, die die emotionalen Bilder gesehen hatten, überschätzten das Ausmaß des angesprochenen Problems, indem sie auf Fragen nach Anzahl der Betroffenen, Opfer, etc. überhöhte Zahlen nannten*« (BROSIUS 1998: 224). Aus diesem Grund soll die vorliegende Studie zeigen, inwieweit wissenschaftliche Themen zu Zwecken der Emotionalisierung genutzt werden.

4.2.7 Der Médiateur nach Cheveigné

Basierend auf den Studien zur Nachrichtenforschung von VÉRON (1981/1983), formuliert CHEVEIGNÉ (2000) die Rolle des Médiateurs bei der Wissenschaftsvermittlung. Médiateur ist der Sender einer (wissenschaftlichen) Information an den Zuschauer (Empfänger) und reduziert sich in den Fernsehnachrichten nicht nur auf den Nachrichtensprecher, sondern ist eine kollektive Größe aller Beteiligten an der Entstehung der zu vermittelnden Information. Diese Beziehung zwischen Médiateur und Empfänger unterscheidet CHEVEIGNÉ in Kommunikationsmodelle, bei denen der Médiateur auf der einen Seite als wissend oder unwissend auftreten und auf der anderen entweder versucht Wissenschaft zu erklären oder nicht (ebd.: 28).

Der Unterschied besteht vor allem in einer symmetrischen oder asymmetrischen Art der Kommunikation. In einer Rezipientenstudie von CHEVEIGNÉ/VÉRON (1996) stellte sich heraus, dass ein starker Unterschied zwischen Zuschauern besteht, die eine asymmetrische Kommunikation gutheißen, und anderen, die den lehrenden Ton dieser nicht mögen und eine symmetrische, quasi-freundschaftliche Beziehung mit den Wissenschaftlern bevorzugen (CHEVEIGNÉ 2000: 29). Der Vorschlag eines bestimmten Kommunikationsvertrags ermöglicht laut CHEVEIGNÉ eine Meta-Analyse über die Rolle des Mediums und impliziert einen Kommentar über die Kommunikationssituation und die Weltanschauung (ebd.: 30).

Zur Vereinfachung macht CHEVEIGNÉ die Unterscheidung zwischen einem starken und einem verwischten Médiateur. Ein starker Médiateur zeichnet sich demnach dadurch aus, dass er sein Wissen exponiert, sich zwischen den Zuschauer und das Geschehen stellt und Ereignisse nach subjektiven Kriterien bewertet und interpretiert (ebd.: 72 f.). Ein verwischter Médiateur zitiert mehr Quellen, ist um Distanz bemüht und überlässt dem Zuschauer eine Beurteilung des Ereignisses. Im gleichen Zuge, in dem die Sender ihren Médiateur konstruieren, wählen sie das Zielpublikum aus. Ein starker Médiateur entspricht einem Zuschauer, der Probleme hat, Fakten in einer Welt zu interpretieren, die ihm manchmal als bedrohlich erscheint. Der Rezipient des verwischten Médiateurs ist währenddessen in der Lage, die präsentierten Fakten selbst einzuordnen und zu interpretieren. Dabei stellt CHEVEIGNÉ für TF1 einen starken und für France2 ein verwischten Médiateur fest (ebd.: 73).

Kritisch anzumerken, ist, dass CHEVEIGNÉ das Konzept des Médiateurs noch nicht für Inhaltsanalysen operationalisiert hat. Die Begründung der Weltanschauung und der Rolle der Berichterstattung erfolgt bei CHEVEIGNÉ immer aufgrund von Einzelbeispielen. Die Kategorisierungen enthalten zum Teil sich widersprechende Merkmale, so ist eine Bewertung des Sachverhalts nicht zwangsläufig mit einem starken Médiateur zu vereinbaren, denn selbst bei einer distanzierten Form der Berichterstattung wie auf ARD, die eher dem schwachen Médiateur entspricht, nimmt zum Beispiel der Korrespondent oft eine bewertende Rolle ein, welche eher auf das Profil des starken Médiateurs passt. Darüber hinaus lässt sich die wichtige Kritik- und Kontrollfunktion von Wissenschaftsjournalismus nicht explizit mit der Rolle des Médiateurs nach CHEVEIGNÉ prüfen.

Da es unmöglich erscheint, den Médiateur nach CHEVEIGNÉ inhaltsanalytisch adäquat zu erfassen, werden an dieser Stelle die Expertenrollen nach SCHOLZ (1998: 104) eingeführt. SCHOLZ analysierte die Expertenrolle nach den Ausprägungen Bewerter, Berater, Lehrer, Beispielgeber, Erklärer, Aufklärer und Beschwichtiger. Aufgrund einer geringen Fallzahl der Experten in Wissenschaftsbeiträgen war diese Einteilung der Expertenrollen bei SCHOLZ in Bezug auf die Wissenschaftler nicht aufschlussreich. Diese Dimensionen können allerdings im Rahmen der Inhaltsanalyse von Wissenschaftsbeiträgen in den Fernsehnachrichten zu Erkenntnissen führen, vor allem wenn man diese Kategorien nicht auf die Wissenschaftler beschränkt, sondern den Grundton eines Beitrags wiedergeben möchte.

4.2.8 Animationen in Wissenschaftsbeiträgen

Grafiken und Trickfilme sind besonders sinnvolle Mittel zur Darstellung von komplizierten wissenschaftlichen Zusammenhängen. Dabei können Trickdarstellungen oder animierte Paintbox-Sequenzen die Verständlichkeit bei schwer filmbaren Sachverhalten fördern und durch Grafiken lassen sich statistische Aussagen untermalen. GÖPFERT (1996b: 161) warnt allerdings davor, diese nicht mit Informationen zu überlagern und rät generell davon ab zu viele Trickfilme und Info-Grafiken in einen Beitrag zu bauen.

NETOPIL (1999) prophezeit eine verstärkte Wissenschaftsberichterstattung in den Fernsehnachrichten und basiert ihre Annahmen vor allem in Bezug auf technische Hilfsmittel der Visualisierung: »*Auch eine stärkere Betonung von jetzt noch unüblichen Themenbereichen wie Wissenschaft, Medizin,*

Forschung, Computer usw. scheint absehbar zu sein. Mit Hilfe der sich immer weiterentwickelnden Computertechniken wird es auch möglich werden, diese unter Umständen relativ komplizierten Themengebiete visuell darzustellen und dem Zuschauer somit auch zugänglich zu machen« (ebd.: 78).

Während in Deutschland das Verwenden von Schemas, Diagrammen und Trickfilmen in wissenschaftlichen Sendungen meistens positiv bewertet wird, kritisiert VÉRON (1981) die Verwendung von unverständlichen pädagogischen Hilfsmitteln wie Trickfilmen, Diagrammen bei der Vermittlung wissenschaftlicher Inhalte. Die Welt der Wissenschaften wird laut VÉRON aufgerufen, ohne dass ein reeller didaktischer Wert entsteht. In seiner Untersuchung der Berichterstattung auf TF1 und Antenne2 stellt er fest, dass wissenschaftliche Erklärungen durch Grafiken und Animationen lediglich untermalt werden und als Legitimation des wissenschaftlichen Diskurses dienen (ebd.: 131).

4.3 Zusammenfassende Darstellung der Hypothesen zur Wissenschaftsberichterstattung in den Hauptfernsehnachrichten

Um den Theorieteil abzuschließen, werden an dieser Stelle die Hypothesen dargestellt, die sich aus den theoretischen Hintergründen in Kapiteln 2, 3 und 4 generieren lassen.

Um die teilweise komplizierten theoretischen Konstrukte besser zu verstehen, wird anhand eines Diagramms versucht aufzuzeigen, welche Faktoren auf die Darstellung der Wissenschaft in den Hauptfernsehnachrichten wirken.

In dem Diagramm in Abbildung 1 spiegelt sich der theoretische Teil der Arbeit wider. Rechtecke stellen manifeste (beobachtete) und Ovale latente (nicht-messbare) Variablen dar. Während die Indikatoren für das Konzept *Darstellung der Wissenschaft in Fernsehnachrichten* dem klassischen sozialwissenschaftlichen Messschema entsprechen, verschlingen sich die Variablen *Land* und *Organisationsform* mit einer Reihe von latenten Größen, die strenggenommen keine empirische Ermittlung der aufgezeichneten Zusammenhänge erlauben. Das Diagramm dient vielmehr dem heuristischen Zweck, plausible Vermittlungsketten zwischen beiden unabhängigen Variablen und dem untersuchten Konzept zu entwerfen und die theoretischen Grundlagen für die ferner aufgestellten Hypothesen schematisch zusammenzufassen. Dabei ist interessant, ob sich organisationsspezifische oder länderspezifische Unterschiede auf die Wissenschaftsberichterstattung auswirken.[35]

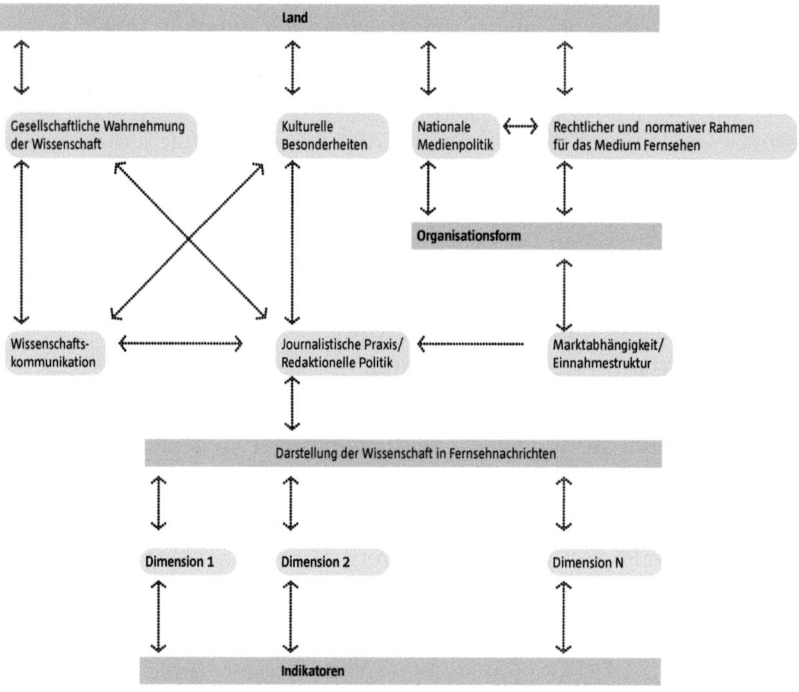

Abbildung 1: Intervenierenden Variablen auf die Darstellung der Wissenschaft in den Fernsehnachrichten. Quelle: Eigene Darstellung.

---

35 Bei den länderspezifischen Hypothesen wird der deutsch-französische Sender ARTE unberücksichtigt gelassen.

Die übergeordnete Fragestellung, ob die Wissenschaft in die Prime-Time Einzug hält und die Sender die Zuschauer mit wissenschaftlichen Beiträgen versorgen und zur Meinungsbildung und Information beitragen, lässt sich anhand der folgenden Hypothesen konkretisieren:

Hypothese 1   »*Stellenwert der Wissenschaft*«

Der hohe Stellenwert der Wissenschaft in Frankreich (vgl. Abschnitt 2.1) und dessen Wissenschaftspopularisierung, »*vulgarisation scientifique*« (vgl. JEANNERET 1994) führen zu der Annahme, dass **Wissenschaft in Frankreich zum Kulturgut gehört und fester Bestandteil der Gesellschaft ist.** In Deutschland wird Wissenschaft von der Öffentlichkeit negativer aufgefasst als in Frankreich, wobei der Mangel an Wissenschaftspopularisierung, die Verflechtung mit dem militärischen Bereich sowie die Umweltbewegung als Gründe genannt werden (vgl. BADER 1993, SCHULTHEIS 2003). Diese Feststellung lässt sich durch den Vergleich der Wissenschaftssendungen in Deutschland und Frankreich in Abschnitt 2.4 sogar noch verstärken. Durch die Vorliebe der Franzosen, ein bestimmtes Thema in Diskussionen oder Dossiers zu behandeln,[36] kann man davon ausgehen, dass die Beiträge in Frankreich im Durchschnitt länger sein werden, mehr Akteure darin vorkommen und diesen auch mehr Redezeit zukommt als in Deutschland. Darüber hinaus ist nicht auszuschließen, dass die Gewohnheit zu monothematischen Wissenschaftssendungen in Frankreich auch dazu führt, in den Fernsehnachrichten mehrere Beiträge zu einem bestimmten Thema einzurichten oder gar ein festes Wissenschaftsdossier in die Berichterstattung einzuplanen. **Aus diesem Grund kann man von folgender Hypothese zum »Stellenwert der Wissenschaft« ausgehen:**

---

36   Dieses wird auch in den Darstellungen von interkulturellen Besonderheiten der Franzosen bestätigt (vgl. *HALL REED/HALL* 1984).

Hypothese 1.   Wissenschaft wird in den französischen Hauptfernsehnachrichten öfter und ausführlicher thematisiert als in Deutschland.

Hypothese 2   »wissenschaftliche Themen«

Aufgrund der Ergebnisse des internationalen Vergleiches der Wissenschaftsberichterstattung in den Fernsehnachrichten (CHEVEIGNÉ 2005) kann man davon ausgehen, dass die behandelten wissenschaftlichen Themen (4.2.1) von Land zu Land variieren.

Hypothese 2a: Es gibt keine gemeinsame deutsch-französische Agenda von Wissenschaftsmeldungen in den Fernsehnachrichten.

Bereits der Vergleich der Wissenschaftsmagazine in Abschnitt 2.4 deutet auf Unterschiede in der Art, Themen zu behandeln, hin. In der deutschsprachigen Forschung wird vor allem auf die Dominanz der Themenbereiche Natur, Technik und Medizin verwiesen (SCHOLZ 1998: 119 ff./HÖMBERG 1987). Für die Wissenschaftsberichterstattung in den Hauptfernsehnachrichten stellt HOPF (1995: 115) fest, dass zumeist Medizin, Umwelt oder Weltall thematisiert werden. Umwelt- und Medizinthemen nehmen laut BIENVENIDO (2006) eine dominierende Stellung in den europäischen Fernsehnachrichten ein und CHEVEIGNÉ (2006) konstatiert eine besondere Berücksichtigung von Themen aus den Bereichen Medizin und Technik. Insgesamt lässt sich folgende Hypothese annehmen:

Hypothese 2b: Die Themenbereiche Umwelt, Medizin und Technik dominieren.

Hypothese 3   »Handlungsort«

Die Hauptunterschiede zwischen den deutschen und französischen Fernsehnachrichten in Abschnitt 3.2.4 weisen darauf hin, dass die französischen

Fernsehnachrichten öfter aus dem nationalen Umfeld über Ereignisse berichten (GERLACH 2004: 238). Die Tatsache, dass es dabei auch um nationalen Stolz geht (vgl. LANDBECK 1991: 165), verstärkt die Konzentration auf die eigene Nation vor allem in Bezug auf Wissenschaft, denn wie aus Abschnitt 2.1 hervorgeht sind die Franzosen besonders stolz auf ihren wissenschaftlichen Fortschritt. Die Ergebnisse der Studie von CHEVEIGNÉ (2006: 89) zeigen zudem, dass die deutschen Sender einen höheren Anteil internationaler Wissenschaftsbeiträge sendeten (RTL mit 61 % und ZDF mit 73 %) als die französischen, wo bei über der Hälfte aller Beiträge Frankreich der Handlungsort war.

Hypothese 3:   Die Berichterstattung über Wissenschaft ist in den französischen Hauptfernsehnachrichten nationaler als in den deutschen ausgerichtet.

Hypothese 4   »Akteursspektrum«

Aus den Ausführungen zum Akteursspektrum in der Wissenschaftsberichterstattung über Fernsehnachrichten in Abschnitt 4.2.3 führen vor allem die Ergebnisse aus der handlungsleitenden Studie von CHEVEIGNÉ (2000) zu der Annahme, dass Wissenschaftler selten in den Beiträgen französischer Hauptfernsehnachrichten befragt werden. Dieses kann für alle Sender generalisiert werden.

Hypothese 4a: Hochrangige Wissenschaftler werden seltener in Interviews befragt als andere Akteure.

Darüber hinaus bemerkt CHEVEIGNÉ (2000), dass die französischen Sender verstärkt O-Töne von Einzelpersonen verwenden. In den deutschen Studien zu Fernsehnachrichten lässt sich dieses bei den privaten Sendern ebenfalls beobachten (HEYN 1985). In Deutschland wurde das Akteursspektrum von Wissenschaftsbeiträgen in Fernsehnachrichten noch nie untersucht, trotzdem kann man von folgender Hypothese ausgehen:

Hypothese 4b: Der Anteil der Einzelpersonen bei RTL und auf französischen Sendern ist relativ hoch.

HÖRMANN (2004) stellt bei der ARD einen Mangel an Experteninterviews und eine Dominanz politischer Akteure fest. Aus diesen Beobachtungen leitet sich folgende Hypothese ab:

Hypothese 4c: ARD konzentriert sich durch die starke politische Ausrichtung auf Aussagen hochrangiger Politiker.

Hypothese 5   »Animationen«

Die Verwendung von Trickfilmen wird in Rezipientenstudien zu Wissenschaftssendungen als positiv bewertet, wenn es darum geht, das Verständnis beim Zuschauer zu erhöhen (WACHAU 1999). In Frankreich ist die Verwendung der Animationen aufgrund der großen Bedeutung des Wissenschaftsjournalismus in den Hauptfernsehnachrichten historisch fest verankert. In der deutschen Nachrichtenforschung wird ebenfalls die Ansicht vertreten, dass durch Animationen komplizierte Sachverhalte besser dargestellt werden könnten. NETOPIL (1999: 78) geht davon aus, dass dieses in Zukunft verstärkt vorkäme. Aus der Charakterisierung der Hauptfernsehnachrichten in Deutschland geht hervor, dass RTL aktuell offener für Veränderungen ist als die Tagesschau, die sich durch eine konservative Darstellungsweise auszeichnet. Es ist davon auszugehen, dass private Sender technische Neuerungen in der Darstellungsform ihrer Hauptfernsehnachrichten schneller umsetzen. Aus diesen Überlegungen lässt sich folgende Hypothese zu der Verwendung von Animationen ableiten:

Hypothese 5:   Animationen werden bei RTL und den französischen Sendern in den Wissenschaftsbeiträgen verstärkt eingesetzt.

Hypothese 6   »Visualisierung und Emotionalisierung«

Die Tagesschau wird als Sprechersendung charakterisiert (3.2.1.1). Aus diesem Grund ist davon auszugehen, dass der Visualisierungsgrad bei der Tagesschau deutlich unter dem der anderen Sender liegt. Auf der anderen Seite wird die französischen Fernsehnachrichten oft eine sensationelle Machart vorgeworfen (LANDBECK 1991: 170). Diese Kritik wird in Deutschland auch an den privaten geübt (3.4, 4.8). Durch diese Feststellungen zur Visualisierung und Emotionalisierung lässt sich die folgende Hypothese generieren:

Hypothese 6:   Ein erhöhter Emotionalisierungs- und Visualisierungsgrad der Wissenschaftsbeiträge tritt in Frankreich und bei RTL auf.

Hypothese 7   »Kritikfähigkeit und Vielfalt«

Aufgrund mangelnder Öffentlichkeitsarbeit von Seiten der Wissenschaft wurde dem Wissenschaftsjournalismus in Deutschland eine PR-Funktion zugeschrieben, um die Akzeptanz- und Vermittlungskrise zwischen Wissenschaft und Gesellschaft zu beheben. KOHRING (2005) bemängelt, dass durch diese Instrumentalisierung journalistischer Wissenschaftsberichterstattung eine Kommunikation nach den Prämissen des Defizitmodells stattfindet, indem es vor allem um Akzeptanzschaffung ginge. Dabei findet kein unabhängiger Wissenschaftsjournalismus, der eine Kritik- und Kontrollfunktion erfüllt, statt. In Frankreich scheint vor allem der fernsehmediale Wissenschaftsjournalismus laut ALLEMAND (1983: 175,187) unter einem starken Druck der zentral organisierten und teilweise politisch und ökonomisch motivierten Öffentlichkeitsarbeit zu stehen. GÖPFERT (2004) sieht diese Gefahr der starken PR inzwischen auch für Deutschland gegeben. Kritik und eine ausgewogene Darstellung unterschiedlicher Meinungen, Themen und Handlungsorte, die nicht immer nur für Akzeptanz der Wissenschaft werben, sind Indikatoren für eine unabhängige Wissenschaftsberichterstattung. Aus diesem Grund soll die Tendenz und Vielfalt der Wissenschaftsberichterstattung untersucht werden. Bei der Ausgewogenheit der Quellen, Themen und

Handlungsorte wird in Anlehnung an FAHR (2001) die Qualitätsdimension Vielfalt geprüft. In Bezug auf Abschnitt 2.2 lässt sich Hypothese 7 ableiten:

Hypothese 7: Die Vermittlung der Wissenschaft verläuft in Deutschland und Frankreich immer noch nach den Prämissen des Defizitmodells, das sich durch einen Mangel an Kritik und einer unausgewogenen Berichterstattung bemerkbar macht und vor allem der Akzeptanzschaffung dient.

Hypothese 8 »Konvergenz«

Aus der Darstellung der unterschiedlichen Mediensysteme in Deutschland und Frankreich in Abschnitt 3.1 resultiert die Feststellung, dass sich der Unterschied zwischen den öffentlich-rechtlichen und privaten Organisationsformen in Deutschland stärker manifestiert als in Frankreich. In Abschnitt 3.3 wurde aus diesem Grund die Konvergenztheorie näher erläutert, denn diese soll als theoretische Basis für die Annahme dienen, dass in Frankreich eine gerichtete Konvergenz von Seiten der öffentlich-rechtlichen hin auf die privaten Fernsehnachrichten stattfindet.[37] Verstärkt wird diese Behauptung durch die in Frankreich durchgeführte Studie von CHEVEIGNÉ (2000) zu Umweltberichterstattung in den Hauptfernsehnachrichten in Frankreich, die sich dadurch auszeichnet, dass die Sender TF1 und France2 keine nennenswerten Unterschiede in den untersuchten Kategorien aufwiesen. Für die Überprüfung dieser Hypothese sollen sämtliche Analysekriterien im Hinblick auf Konvergenz untersucht werden.

Hypothese 8: Zwischen den französischen öffentlich-rechtlichen und privaten Fernsehnachrichten besteht Konvergenz. In Deutschland ist im Gegensatz dazu keine sichtbare Konvergenz bemerkbar.

---

37 Allerdings ist die *Richtung* der Konvergenz mit den Analyseinstrumenten dieser Studie nicht überprüfbar.

5 Methodischer Teil: Analyse der Fernsehnachrichten

Nach der Generierung der Forschungshypothesen wird im methodischen Teil das Instrument Inhaltsanalyse erläutert und die Kategorien werden vorgestellt, mit deren Hilfe die Prüfung der Hypothesen erfolgt.

5.1 Untersuchungsdesign

Fernsehnachrichten sind ein komplexes Untersuchungsobjekt, das sich für eine Vielzahl von Untersuchungen eignet. Um einen einwandfreien und gut vergleichbaren Untersuchungskorpus bei Fernsehnachrichten zu erstellen, nennt CHEVEIGNÉ (2000) vier Richtlinien:
- »*Erfassung gleicher Daten, um dieselbe Aktualität wiederzugeben*
- *Das Hauptnachrichtenspektrum abdecken: alle großen Sender in die Stichprobe einbeziehen, ohne die kommerziellen Nachrichten unter dem Vorwand diese wären nicht ›gut‹ auszuschließen*
- *Vergleichbare Ausgaben der Fernsehnachrichten wählen*
- *Eine Untersuchungsperiode wählen, die lang genug ist, um bestätigen zu können, dass die Beobachtungen reproduzierbar sind*« (ebd.: 132).[38]

---

[38] »Retenir les mêmes dates pour être face à la même actualité. Couvrir la gamme offerte: les chaînes principales (...) en n'éliminant surtout pas les chaînes ou les journaux ›populaires‹ sous prétexte qu'ils ne sont pas ›bons‹ Retenir les éditions comparables, occupant le même espace de concurrence. Prélever un corpus couvrant une période assez longue pour confirmer que les observations sont bien reproductibles«.

Die Eigenschaften und Merkmale der Fernsehnachrichten als **Untersuchungsgegenstand** erfüllen die von Cheveigné geforderten Kriterien, die für eine vergleichende Studie voraussetzend sind.

Die Grundgesamtheit der vorliegenden Untersuchung setzt sich aus den wissenschaftlichen Beiträgen der Hauptnachrichtensendungen auf ARD, RTL, France2, TF1 und ARTE in dem **Untersuchungszeitraum** vom 30. 5. bis zum 12. 7. 2006 zusammen. Der relativ lange zusammenhängende Untersuchungszeitraum entspricht einer Klumpenauswahl. Die Hauptnachrichten auf ARD, RTL und ARTE wurden dabei auf VHS-Kassetten aufgezeichnet und später auf DVD-Format überspielt. Die Hauptfernsehnachrichten auf TF1 und France2 der Untersuchungsperiode wurden dagegen im französischen Fernseharchiv der Inathèque in Paris gesichtet und ausgewertet. Dabei werden nur Beiträge berücksichtigt, die der Definition in 4.2.1 entsprechen, also einer der Themenkategorien Natur, Medizin, Technik, Sozialwissenschaften, Umwelt, Grundlagenforschung, Wissenschaft (System), Weltall, Umweltkatastrophe, technische Katastrophe oder einer sonstigen wissenschaftlichen Disziplin angehören.

Zur Beantwortung der Fragestellung und der daraus abgeleiteten Hypothesen wird die Untersuchungsmethode Inhaltsanalyse angewandt. Dafür wird ein spezielles Kategoriensystem entworfen. Die Ergebnisse werden in Codierbögen erfasst und in das Statistikverarbeitungsprogramm SPSS 13.00 übertragen und statistisch ausgewertet. Die Tabellen werden teilweise in Excel kopiert, um Grafiken zu erstellen.

Was eine Analyse der Fernsehnachrichten schwirig macht, ist zum einen das bewegte Bild und zum anderen der ephemere Charakter von Fernsehnachrichten. Das Untersuchungsmaterial muss aufgenommen, ohne und mit Ton mehrmals gesichtet werden, um durch diese Gewöhnungs- und gleichzeitige Distanzierungsphase vom Zuschauer zum Beobachter zu werden (CHEVEIGNÉ 2000: 35).

Die Repräsentanz einer Stichprobe kann man nur dann überprüfen, wenn die Verteilung von einigen miterhobenen Strukturmerkmalen auch für die Grundgesamtheit bekannt ist. In diesem Fall müssten Daten zu Parametern der Wissenschaftsnachrichten in Deutschland und Frankreich aus anderen Studien vorliegen. Dieses ist leider nur bedingt der Fall, denn, wie Abschnitt 4.1 darstellt, gibt es nur wenige Studien zu Wissenschaftsberichterstattung in den Fernsehnachrichten.

5.2 Inhaltsanalyse

An dieser Stelle soll das systematische Vorgehen bei der Entwicklung eines inhaltsanalytischen Forschungsvorhabens kurz dargestellt werde. Die Schritte des Forschungsprozesses richten sich dabei nach FRÜH (2001), der die Inhaltsanalyse wie folgt definiert:

»*Die Inhaltsanalyse ist eine empirische Methode zur systematischen, intersubjektiv nachvollziehbaren Beschreibung inhaltlicher und formaler Merkmale von Mitteilungen; (häufig mit dem Ziel einer darauf gestützten interpretativen Inferenz)*« (ebd.: 25).

Durch die Zerlegung von Texteinheiten in inhaltliche und formale Kategorien wird eine statistische Erfassung ermöglicht, die intersubjektiv nachvollziehbar ist.

Die im Anschluss an diese Ausführungen präsentierte methodische Vorgehensweise bei der vorliegenden Untersuchung lehnt sich dabei an die Systematik von FRÜH an, ohne dabei jedoch jeden seiner angesprochenen Arbeitsschritte in voller Konsequenz zu berücksichtigen. FRÜH unterscheidet in seinen Ausführungen vier Phasen des methodischen Vorgehens:

Standardisierter Untersuchungsablauf der Inhaltsanalyse (FRÜH 2001: 96)

Forschungsinteresse

Methodenwahl

Inhaltsanalyse
1. Planungsphase
   a) Problemstellung
   b) Problemplanung
   c) Hypothesenbildung

2. Entwicklungsphase
   a) Theoriegeleitete Kategoriebildung: Explikation der Hypothesen; Bestimmung von Art und Struktur der Explikation der Daten (Dimensionen; Variablen; Skalenniveau); Hauptkategorien
   b) Empiriegeleitete Kategoriebildung: Operationale Definition der Kategorien und Codierregeln; Bestimmung der Analyse-, Codierer- und Kontexteinheiten; Unterkategorien
3 Testphase
   a) Probecodierung
   b) Codierung mit Validitäts- und Reliabilitätstests
4. Anwendungsphase
   a) Aufbereitung der Daten und Datenerfassung
   b) Datenkontrolle und Datenbereinigung
   c) Auswertung (per EDV mit statistischen Rechenverfahren)

Interpretation und Bericht (ggf. mit Inferenzen auf Kommunikator und/oder Rezipient)

5.3 Kategorienschema

Um eine systematische und wissenschaftlich korrekte Inhaltsanalyse durchzuführen, müssen die Kategorien trennscharf, erschöpfend, eindimensional, ausschließlich, valide und unabhängig voneinander sein (FRÜH 2001: 88 f.). Das Kategorienschema dieser Inhaltsanalyse orientiert sich an den zuvor vorgestellten Studien zur Wissenschaftsberichterstattung. Insbesondere in Abschnitt 4.2 ist in den Merkmalen der Wissenschaftsberichterstattung auf besonders wichtige Kategorien Bezug genommen worden. Komplizierte Kategorien wie der Médiateur nach CHEVEIGNÉ wurden erklärt und Merkmale der Wissenschaftsberichterstattung wie Emotionalisierung, Animation und Nachrichtenfaktoren angesprochen. Deshalb fällt die Beschreibung des Kategorienschemas an dieser Stelle kurz aus und es wird auf das Codebuch im Anhang II verwiesen.

Die Kategorien V1 bis V4 lassen sich als formale Merkmale zusammenfassen und beinhalten unter anderem die Länge des Beitrags (V2), die Länge der Moderation (V2.1), die Platzierung (V3), durch die angegeben wird, ob der Wissenschaftsbeitrag eher ein Aufmacher oder Rausschmeißerthema ist (vgl. HOPF 1995), sowie die Präsentationsform (V4), wobei in Meldung, Nachrichtenfilm und Filmbeitrag unterschieden wird.

Die wissenschaftlichen Themen (V5) werden aufgrund der Vergleichbarkeit zu anderen Studien in Anlehnung an die Inhaltskategorien nach GÖPFERT (1996a: 363 f.) erfasst, zu denen Natur, Medizin, Technik, Sozialwissenschaften, Umwelt, Grundlagenforschung, Wissenschaft (System), Weltall und sonstige Wissenschaften zählen (vgl. auch SCHOLZ 1998: 215 f.). Es erschien sinnvoll, bei Hauptfernsehnachrichten die Kategorien Umweltkatastrophe und technische Katastrophe aus den Hauptkategorien zu extrahieren und somit Verzerrungen in den Verteilungen der Themen zu vermeiden. Bei Fernsehnachrichten ist durch die starke Ausrichtung an den Nachrichtenfaktoren eine stärkere Berichterstattung über Katastrophen zu erwarten als in anderen Formaten wie zum Beispiel Wissenschaftssendungen. Die Ausführungen in Abschnitt 4.2.1 zu den Merkmalen von Wissenschaftsberichterstattung weisen darauf hin. In V5.1 wird das Thema als String-Variable spezifiziert. Somit können konkrete Beispiele bei der Darstellung der Ergebnisse genannt werden. Dadurch lässt sich auch die Frage nach einer gemeinsamen Agenda der Wissenschaftsberichterstattung, die bei dem europäischen Vergleich von CHEVEIGNÉ (2005) eine große Rolle spielte und sich in Hypothese 3 widerspiegelt, besser beantworten.

Kategorie V6.1 befasst sich mit dem Handlungsort, wobei National, Europa, Nordamerika, Asien und Australien unterschieden werden. Bei ARTE gelten Beiträge als national, wenn Deutschland oder Frankreich Handlungsort sind. In V6.2 wird der Bezug zu einem Land festgehalten. Bei einem nationalen Thema kann es vorkommen, dass auf andere Länder verwiesen wird. Umgekehrt kann ein Thema im Ausland auf nationale Auswirkungen Bezug nehmen. Durch die vermuteten geringen Fallzahlen werden unter der String-Variablen V22 eventuelle Kommentare zum Handlungsort und auch sonstigen Kategorien notiert.

In der Kategorie Akteursspektrum (V7) wird eine spezielle Matrix entworfen, in der sowohl die Bezugsgruppe (V7.1), Rangordnung (V7.2), Geschlecht (V7.3) und die Redezeit in Sekunden pro unterschiedlichen Auftritte (V7.4 bis V. 7.8) erfasst werden. Denn manche Personen kommen in einem Beitrag mehrmals vor. In den meisten Studien wird mit einfacher Mehrfachcodierung gearbeitet. Viele Kriterien können deshalb nur selten berücksichtigt werden. Die Erfassung der Akteure in Wissenschaftsbeiträgen erfolgt aus diesem Grund in einer separaten SPSS-Tabelle und auf einem zusätzlichen Codierbogen. Die fünf Bezugsgruppen Politiker, Experten, Verbände/Interessengruppen, Einzelpersonen und Korrespondent, in welche die Handlungsträger eingeteilt werden, leiten sich aus der nationalen Studie von CHEVEIGNÉ (2000) zu Umweltberichterstattung in den Fernsehnachrichten ab (4.2.3). Aufgrund des Pretests wurden allerdings private Unternehmen zu den Handlungsträgern hinzugefügt, um eine differenziertere Klassifizierung zu erreichen.

Die Kategorien V8 Bild des Wissenschaftlers und V9 Darstellung des Wissenschaftlers charakterisieren den Wissenschaftler im Beitrag genauer, als es im Akteursspektrum durch die Bezugsgruppe Experten möglich war. Bei der Operationalisierung der Stereotypen nach HAYNES (2003: 244), lassen sich dessen Einteilungen für das Anwendungsgebiet Fernsehnachrichten vereinfachen und für Kategorie V8 Stereotypes Bild des Wissenschaftlers enger fassen (1. Retter/Erlöser, 2. herzloser Forscher, 3. leicht verrückter Professor, 4. sonstiges stereotypes Bild). Um die Darstellung des Wissenschaftlers in den Hauptfernsehnachrichten genauer zu beschreiben, wird in V9 codiert, ob der Wissenschaftler in einem wissenschaftlichen, öffentlichen oder privaten Kontext gezeigt wird (vgl. CHERVIN 2003, BABOU 2004). Diese Kategorien können bei der Beantwortung des Fragenkomplexes nach der Wissenschaftskommunikation der in Kapitel 2 aufgeworfen wurde, helfen. Negative Stereotypenbilder können, wie WEINGART (2006) feststellt, auf eine tief verwurzelte Krise hindeuten. Die Darstellung des Wissenschaftlers im privaten Rahmen deutet darauf hin, dass sich hinter Wissenschaftlern auch Persönlichkeiten verstecken (STIFTERVERBAND FÜR DEUTSCHE WISSENSCHAFT 1999: 58).

Die folgenden Kategorien befassen sich mit der Tendenz (V10), Zukunftsvisionen (V11) und der Rolle der Wissenschaft (V12) und bilden die Merkmale der Tendenz. Die Tendenz des Ereignisses (V10) wird nach HÖMBERG/YANKERS (2000) mit negativ, positiv, neutral und nicht eindeutig erfasst und seine Codieranleitungen werden im Codebuch mit aufgenommen. Die von CHERVIN (2003) aufgestellte Kategorie Zukunftsvision (V11) nimmt die Ausprägungen Fortschritt, Risiko/Gefahr und keine Zukunftsvision erkennbar an. Die Rolle der Wissenschaft (V12) kann als helfend/problemlösend oder hilflos/problemschaffend angesehen werden (in Anlehnung an HOPF 1995: 142). Durch diesen Kategorienkomplex kann herausgefunden werden, wie die Wissenschaft in den Fernsehnachrichten beschrieben wird.

Die Kategorie Wissenschaftliche Information (V13) ermittelt, ob wissenschaftliche Hintergrundinformationen geliefert werden. In der Kategorie Schwerpunkt (V14) kann zum einen der Prozentteil der wissenschaftlichen Beiträge ermittelt werden, dessen Schwerpunkt auf der wissenschaftlichen Information liegt. Zum anderen dient diese Kategorie auch dazu, die sonstigen Beiträge, deren Schwerpunkt nicht die Wissenschaft ist, in *hard news* und *soft news* einzuteilen. Dieses ist in den Studien zur Konvergenztheorie ein starker Indikator, der öffentlich-rechtliche und private Sender unterscheidet (in Anlehnung an HOPF 1995: 142).

Die Verwendung von Hilfsmitteln (V15) wie Animation, Grafiken, Computerbildschirmen, Archivmaterial und speziellen Landkarten wird in einer weiteren Kategorie als Zusatzdatensatz erfasst.

Der Visualisierungsgrad (V17) nach HAMM (1985) und die Abbildbarkeit der Themen (V16) (ebd.: 75) sollen aufzeigen, inwieweit wissenschaftliche Beiträge visuell umgesetzt werden. Der Visualisierungsgrad berechnet sich als Quotient aus der Visualisierung (in s) und Gesamtdauer des Beitrags (in s).

Die Gefahr des Sensationsjournalismus, die bei bestimmten wissenschaftlichen Themen gegeben ist, wie aus Abschnitt 4.2.6 hervorgeht, soll mit der Kategorie Emotionalisierung (V18.1) erfasst werden. Aufgrund von schockierenden Darstellungen, die bereits im Pretest vorkamen, wurde speziell für diese Inhaltsanalyse in Anlehnung an den Visualisierungsgrad von HAMM (1985) der Emotionalisierungsgrad (V18.1) neu entwickelt. Dieser Indikator zeigt, wie viele emotionalisierende Bilder in Bezug auf die Länge des Beitrags vorkommen.

In der Kategorie Art der Berichterstattung (V19) wird versucht, die Rolle der Berichterstattung im Sinne des Médiateurs nach CHEVEIGNÉ (2000: 28) zu ermitteln. Diese Kategorie wird erstmals in einer Inhaltsanalyse operationalisiert, um die gesamte Ausrichtung eines Beitrags zu erfassen. CHEVEIGNÉ beschreibt den Médiateur meistens qualitativ. Die Art der Berichterstattung wird in dieser Studie aus den Expertenrollen wie Bewerter, Berater, Lehrer, Beispielgeber, Erklärer, Aufklärer, Beschwichtiger nach SCHOLZ (1998: 104) abgeleitet, die sich in dem Fall nicht auf die Darstellung des Wissenschaftlers, sondern auf den Grundton des gesamten Beitrags beziehen.

Darüber hinaus wird auch der jeweils dominierende Nachrichtenfaktor (V20), dem die Wissenschaftsbeiträge zugrunde liegen, erfasst. Letztendlich wird gemessen, ob die wissenschaftliche Berichterstattung einen tagesaktuellen Anlass (V21) hat. Diese Kategorie wurde nach dem Pretest vor allem durch die Präsenz von nicht aktuellen Themen in Frankreich zusätzlich eingeführt.

5.4 Reliabilität und Validität

Bei Inhaltsanalyse besteht oft das Problem, Validität gegen Reliabilität abwägen zu müssen. Dabei meint man mit Validität (Gültigkeit), ob das methodische Instrumentarium auch tatsächlich das misst, was der Forscher messen will. Das in der Forschungsfrage anvisierte theoretische Konstrukt soll durch die Inhaltsanalyse angemessen erfasst werden. Sollte die Inhaltsanalyse wesentliche Aspekte herauslassen oder sogar etwas völlig anderes messen, gilt sie als nicht valide.

Reliabilität (Verlässlichkeit) betrifft dagegen die Präzision und unmissverständliche Beschreibung des methodischen Instrumentariums und dessen korrekte Anwendung. Kriterium für die Reliabilität ist die Reproduzierbarkeit der durch die Inhaltsanalyse gewonnenen Ergebnisse (FRÜH 2001: 108).

Die systematische Überprüfbarkeit und Nachvollziehbarkeit der Untersuchung (Validität) kann durch ein detailliertes Codebuch sichergestellt werden. Das Codebuch zu der in dieser Arbeit durchgeführten Inhaltsanalyse befindet sich im Anhang II. Auf alle Untersuchungseinheiten wurde dasselbe Kategorienschema angewendet. Darüber hinaus wurden Materialauswahl, Untersuchungszeitraum und die Analysekategorien mit Definitionen dokumentiert. Zur Vervollständigung und Änderung des Kategorienschemas wurde ein Pretest an 30 Beiträgen durchgeführt, die sich aus den Hauptfernsehnachrichten der ersten Woche des Untersuchungszeitraums auf allen fünf Sendern zusammensetzten. Dabei wurden Kategorien wie Schnittgeschwindigkeit, Bildeinstellungswechsel und auch die Länge der Sequenzen in Sekunden, Bandbreite kürzeste–längste Sequenz in Sekunden aufgrund des zu großen Aufwandes im Vergleich zu einer kleinen Erkenntnis entfernt. Andere Kategorien wie der Médiateur nach CHEVEIGNÉ, die zuvor noch nie inhaltsanalytisch untersucht wurden, konnten operationalisiert werden.

Die Verlässlichkeit einer Untersuchung lässt sich dabei anhand von Reliabilitättests überprüfen. Wird von denselben Codierern dasselbe Textmaterial in zeitlichem Abstand erneut verschlüsselt und kommen dabei dieselben Ergebnisse zustande, spricht man von einer Intracoder-Reliabilität.

Mit Intercoder-Reliabilität ist gemeint, dass verschiedene Codierer dasselbe Textmaterial erfassen und die Inhaltsanalyse trotzdem zu denselben Ergebnissen führt. Sind Kategorien und Codierregeln eindeutig definiert, so sollten sie bei mehrfacher Anwendung auf dasselbe Material immer zu denselben Ergebnissen führen. Das Ergebnis des Reliabilitättests sagt nichts über die Qualität der gewählten Indikatoren aus, sondern nur etwas über die Qualität der Messvorschriften und deren Anwendung. Der Reliabilitätstest weist durch eine numerische Kennzahl aus, wie exakt und sorgfältig sich die in den Definitionen vorgegebenen Mitteilungsmerkmale mit dem Instrument erfassen lassen (FRÜH 2001: 177). In der vorliegenden Untersuchung wurde beim Intracoder-Reliabilitätstest von jeweils vier wissenschaftlichen Beiträgen pro Sender ein Koeffizient von r = 0,98 ermittelt. Dieses deutet auf eine hohe Verlässlichkeit der durchgeführten Inhaltsanalyse hin. Bei einem Reliabilitätskoeffizienten von r = 1,0 läge eine perfekte Reliabilität vor. Da der Autor des Codebuches und Kategorienschemas gleichzeitig die Beiträge selbst codiert, kann man bei einer hohen Intracoder-Reliabilität auch auf die Validität der Inhaltsanalyse schließen.

Die Überprüfung der Intercoder-Reliabilität beschränkte sich auf zwei Untersuchungstage der Sender RTL, ARD und ARTE.[39] Die Werte für die Anzahl der Codierungen der beiden Codierer und die Anzahl der übereinstimmenden Codierungen wurden in die folgende Formel eingesetzt:

$CR = 2Ü/C_1 + C_2$ $2 \times 116/123+121 = 0,95$

CR = Codierer-Reliabilität
$Ü$ = Anzahl der übereinstimmenden Codierungen
C_1 = Anzahl der Codierungen von Codierer 1
C_2 = Anzahl der Codierungen von Codierer 2

Bei der Intercoder-Reliabilität ergab sich ein Reliabilitätskoeffizient von 0,95.

---

39 Aufgrund der Analyse der französischen Sender in den Archiven der Inathèque in Paris und der Schwierigkeit, einen perfekt zweisprachigen Test-Codierer zu finden, wurde auf einen Intercoder-Reliabilitätstest für alle Sender verzichtet.

Vor allem bei Kategorien mit mehreren Ausprägungen, wie Rolle des Médiateurs und dominierender Nachrichtenfaktor, treten trotz der detaillierten Beschreibungen im Codebuch nicht immer identische Resultate auf. Allerdings liegt bei den anderen Kategorien eine nahezu perfekte Reliabilität vor.

5.5 Statistische Methoden

In der Inhaltsanalyse werden interessierende Dimensionen des Untersuchungsgegenstands als numerische Größen erfasst. Mithilfe statistischer Methoden werden die in den Hypothesen formulierten Zusammenhänge empirisch überprüft. Dabei können sowohl Unterschiede in Indikatorenausprägungen zwischen den unabhängigen Faktoren oder deren Kombinationen beobachtet, als auch die Geltung dieser Effekte für die Grundgesamtheit der Untersuchungsobjekte getestet werden. Die Grundgesamtheit und gleichzeitig der beanspruchte Geltungsbereich für die Hypothesen sind alle Wissenschaftsbeiträge der Hauptfernsehnachrichten in den ausgewählten deutschen, französischen und deutsch-französischen Sendern.

Die Auswahl geeigneter statistischer Verfahren hängt von den Eigenschaften der gesammelten Daten, z. B. Verteilungsmerkmale und Vollständigkeit, sowie vom Skalenniveau der gebildeten Variablen ab. Im vorliegenden Studiendesign wurden die beiden unabhängigen Variablen – Land und Organisationsform – auf nominalem Messniveau erhoben, mit jeweils drei bzw. zwei Ausprägungen. Die abhängigen Variablen sind sowohl nominal- als auch intervallskaliert. Bei nominalskalierten Variablen wird der Chi-Quadrat-Test durchgeführt, bei intervallskalierten die Varianzanalyse ANOVA (Analysis of Variance) angewendet. Beide Tests haben gemeinsam, dass sie von einer Nullhypothese ausgehen, die behauptet, dass die jeweilige anhängige Variable keine Unterschiede zwischen den Kategorien der unabhängigen Faktoren in der Grundgesamtheit aufweist. Das für die Auswertung verwendete statistische Paket SPSS liefert in den Testergebnissen die Wahrscheinlichkeit, dass die in der Stichprobe beobachteten Zusammenhänge zwischen den abhängigen und unabhängigen Variablen zufälliger Natur sind. Dieser so genannte p-Wert soll konventionell 5 % nicht überschreiten, damit die Nullhypothese statistisch sicher abgelehnt und die entdeckten Effekte verallgemeinert werden können.

Der Chi-Quadrat-Test wird auf zwei kreuztabellierte kategoriale Variablen angewendet und überprüft die Gleichheit der Verteilungen von der Zielvariable zwischen den Kategorien der unabhängigen Variable. Die Testlogik entstammt der Überlegung, dass im Falle der statistischen Unabhängigkeit die Verteilungen von einer Variablen innerhalb der Kategorien der anderen Variable gleich sein sollten. Solange die Unterschiede mathematisch gesehen unter einem kritischen Wert bleiben, besteht statistische Unabhängigkeit auf der Populationsebene. Jedem Chi-Quadrat-Wert entspricht die Wahrscheinlichkeit, ihn per Zufall beobachtet zu haben. Die Ablehnung einer Hypothese beruht auf p-Werten kleiner als 5 %. Die Gültigkeit der inferenzstatistischen Aussagen im Rahmen des Chi-Quadrat-Tests ist an eine Voraussetzung geknüpft: Die absoluten Zellhäufigkeiten müssen eine Mindestgröße von wenigstens fünf aufweisen (HELLMUND et al. 1992: 300 ff.).

Im Unterschied zum Chi-Quadrat-Test impliziert das Studiendesign von ANOVA eine metrisch skalierte abhängige Variable. Darüber hinaus ist die Anzahl der Faktoren nicht mehr auf einen beschränkt. Das Ziel dieses statistischen Prozederes liegt in der Untersuchung, ob die Differenzen zwischen den Mittelwerten von der abhängigen Variablen, berechnet für jede Kategorie der unabhängigen Variablen, zufallsbedingt sind. Wichtig ist, dass ANOVA nicht nur die Wirkung einzelner Faktoren zu testen erlaubt, sondern zugleich auch deren Interaktionseffekte. ANOVA kann allerdings keine Auskunft über signifikante Mittelwertunterschiede zwischen zwei ausgewählten Faktorstufen geben, denn dieses Verfahren ist lediglich für Differenzen zwischen irgendwelchen und nicht allen Gruppenmittelwerten sensibel. Für paarweise Vergleiche ist man auf zusätzliche so genannte Post-hoc-Tests angewiesen. In der vorliegenden Untersuchung wird der Scheffe-Test für die Land-Variable relevant, weil diese drei Ausprägungen hat. Für die Variable Organisationsform, die aus zwei Kategorien besteht, wird der F-Test angewandt.

Der F-Test vergleicht alle Gruppenmittelwerte untereinander. P-Werte für den jeweiligen F-Test geben die Wahrscheinlichkeit an, mit der alle kalkulierten Mittelwerte in der Population identisch sind. P-Werte über 0,05 bedeuten, dass die beobachteten Unterschiede in den Mittelwerten zufallsbedingt und somit nicht auf die Population anwendbar sind. P<0,05 weist darauf hin, dass Mittelwerte auch in der Grundgesamtheit unterschiedlich sind. Der Sheffe-Test vergleicht hingegen Gruppenmittelwerte paarweise. P-Werte für den jeweiligen Sheffe-Test beziehen sich auf die Wahrscheinlichkeit, mit der von den Differenzen zwischen den jeweiligen Paaren von Mittelwerten auf die entsprechenden Differenzen in der Population geschlossen werden darf. Als statistisch abgesichert gelten auch hier die p-Werte unter 0,05. Bei p<0,05 für Frankreich und Deutschland kann man davon ausgehen, dass die Unterschiede in den Mittelwerten zwischen Frankreich und Deutschland, die für unsere Stichprobe berechnet wurden, auch grundsätzlich für alle Beiträge in diesen Ländern gelten. Die formalen Voraussetzungen für die Varianzanalyse sind umfangreicher als im Falle des Chi-Quadrat-Tests. Die abhängige Variable muss normalverteilt sein und die Intragruppen-Varianz darf sich nicht zwischen den Faktorstufen verändern (HELLMUND et al. 1992: 300 ff.). Allerdings zeigen sich die Testergebnisse robust gegen moderate Verletzung dieser Kriterien.

5.6 Gegenüberstellung von Hypothesen und Kategorien

Vor der Darstellung der Ergebnisse aus der inhaltsanalytischen Untersuchung wird in der Hypothesen-Kategorien-Matrix gezeigt, welche Kategorien bei der Prüfung der einzelnen Hypothesen herangezogen werden.

Hypothesen	Kategorien
1. Wissenschaft wird in den französischen Hauptfernsehnachrichten öfter und ausführlicher thematisiert als in Deutschland.	Formale Merkmale (V1-V4): Länge des Beitrags (V2), Platzierung (V3), Präsentationsformen (V4) Themen (V5), wissenschaftliche Hintergrundinformation (V13), Schwerpunkt (V14) Länge der Statements Aktualität (V21)
2. Es gibt keine gemeinsame deutsch-französische Agenda von Wissenschaftsmeldungen in den Fernsehnachrichten. Die Themen Umwelt, Medizin und Technik dominieren.	Behandelte Themen (V5) und deren Spezifizierung (V5.1)
3. Die Berichterstattung über Wissenschaft ist in den französischen Hauptfernsehnachrichten nationaler als in den deutschen ausgerichtet.	Handlungsort (V6.1), geografischer Bezug (V6.2)
4. Hochrangige Wissenschaftler werden seltener in Interviews befragt als andere Akteure. Der Anteil der Einzelpersonen bei RTL und auf französischen Sendern ist relativ hoch. ARD konzentriert sich durch die starke politische Ausrichtung auf Aussagen hochrangiger Politiker.	Akteursspektrum (V7)
5. Animationen werden bei RTL und den französischen Sendern in den Wissenschaftsbeiträgen verstärkt eingesetzt.	Hilfsmittel (V15)
6. Ein erhöhter Emotionalisierungs- und Visualisierungsgrad der Wissenschaftsbeiträge tritt in Frankreich und bei RTL auf.	Visualisierung (V16), Visualisierungsgrad (V17), Emotionalisierung, Emotionalisierungsgrad (V18)

7. Die Vermittlung der Wissenschaft verläuft in Deutschland und Frankreich immer noch nach den Prämissen des Defizitmodells, das sich durch einen Mangel an Kritik und eine unausgewogene Berichterstattung bemerkbar macht und vor allem der Akzeptanzschaffung dient.	*Kritikfähigkeit*: Tendenz des Ereignisses (V10), Zukunftsvision (V11), Rolle der Wissenschaft (V12), Stereotypes Bild des Wissenschaftlers (V8), Darstellung des Wissenschaftlers (V9), Rolle des Médiateurs (V19) *Vielfalt*: Akteursspektrum (im Hinblick auf Ausgewogenheit der Quellen) (V7), Themen (V5), Handlungsort (V6)
8. Zwischen den französischen öffentlich-rechtlichen und privaten Fernsehnachrichten besteht Konvergenz. In Deutschland ist im Gegensatz dazu keine sichtbare Konvergenz bemerkbar.	Da es sich um eine Meta-Hypothese handelt, die von der Wissenschaftsberichterstattung in den Fernsehnachrichten auch auf die Hauptfernsehnachrichten allgemein schließen möchte (Inferenzstatistik), werden alle Kategorien auf Konvergenz geprüft.

6 Ergebnisse und Interpretation der Untersuchung

An dieser Stelle werden die Ergebnisse aus der Inhaltsanalyse vorgestellt und interpretiert.[40] Für ein besseres Verständnis werden an manchen Stellen konkrete Beispiele geliefert.

6.1 Formale Merkmale

6.1.1 Anzahl der wissenschaftlichen Beiträge

Insgesamt wurden in dem Untersuchungszeitraum von 42 Tagen auf den Sendern ARD, RTL, France2, TF1 und ARTE in den jeweiligen Hauptnachrichtensendungen 323 Beiträge erfasst, die der Definition von Wissenschaftsbeiträgen dieser Untersuchung entsprachen. Davon stammen 108 Beiträge aus Deutschland, mit 42 Beiträgen bei den öffentlich-rechtlichen Fernsehnachrichten Tagesschau und 66 bei den privaten RTL aktuell Hauptnachrichten. In Frankreich wurden 180 wissenschaftliche Beiträge codiert, wovon 95 bei TF1 und 85 bei France2 in den Hauptfernsehnachrichten vorkamen. ARTE Info kam im Untersuchungszeitraum auf insgesamt 35 Beiträge. Die Werte aus der Gesamtzahl der Beiträge weisen darauf hin, dass in Frankreich insgesamt mehr wissenschaftliche Themen in den Fernsehnachrichten vorkommen. Allerdings muss man an dieser Stelle bemerken, dass die Hauptfern-

---

40 Die Darstellung der erhobenen Ergebnisse aus der Inhaltsanalyse orientiert sich an der im Codebuch vorgegebenen Reihenfolge.

sehnachrichten in Frankreich auch fast doppelt so lang sind wie in Deutschland. Um eine genauere Aussage darüber zu machen, in welchem Land und auf welchen Sendern mehr über Wissenschaft berichtet wird, muss eine Unterscheidung in Präsentationsformen vorgenommen werden.

6.1.2 Präsentationsformen

Die Verteilung der wissenschaftlichen Beiträge auf Präsentationsformen (V4) gibt Aufschluss darüber, wie die einzelnen Sender über Wissenschaft berichten. Natürlich spiegelt sich in diesem Fall die Struktur der Hauptfernsehnachrichten wider. Wie bereits aus Kapitel 3 hervorgeht, ist zum Beispiel die Tagesschau eher eine Sprechersendung und dort kann man von einem Mehr an Meldungen ausgehen. An der Wahl der Präsentationsform wird aber auch deutlich, welchen Stellenwert die Berichterstattung über Wissenschaft hat und welche Sender länger über Wissenschaft berichten, denn ein wissenschaftliches Thema in einer Meldung beträgt nur wenige Sekunden, wohingegen ein Filmbeitrag meistens zwei Minuten dauert.

	Tagesschau		RTL aktuell		TF1		France2		ARTE Info	
	abs.	%	*abs.*	%	*abs.*	%	*abs.*	%	*abs.*	%
Sprechermeldung	10	24	1	2	2	2	1	1		
Bebilderte Meldung	1	2	2	3	8	8	6	7		
Kurzbeitrag	16	38	24	36	5	5	4	5	10	29
Filmbeitrag	15	36	39	59	80	84	74	87	25	71
Gesamt	42		66		95		85		35	

Tabelle 3: Anteil der Präsentationsformen. Basis: alle Wissenschaftsbeiträge des Untersuchungszeitraums.

Aus der Tabelle zu den Präsentationsformen geht wie vermutet hervor, dass zwischen den Sendern aufgrund der unterschiedlichen Struktur und Konzeption der Fernsehnachrichten unterschiedliche Verteilungen im Hinblick auf die Präsentationsform existieren. Bei den französischen Sendern, RTL und ARTE dominiert die Präsentationsform Filmbeitrag. Mit 87 % auf

France2 und 84 % auf TF1 sind diese Werte sogar extrem hoch. Das bedeutet, dass es kaum Kurzbeiträge oder Meldungen zu wissenschaftlichen Themen in Frankreich gibt. Die Werte von ARTE ähneln diesem französischen Profil mit 71 % Filmbeiträgen. Allerdings existieren keine Meldungen im Untersuchungszeitraum und der Nachrichtenfilm kommt in 29 % der Beiträge vor. Bei RTL liegen Filmbeiträge bei 59 % und Kurzbeiträge bei 36 %.

Eine absolute Ausnahme im Vergleich zu den anderen Sendern stellt die Tagesschau dar. Bei Sprechermeldungen, die bei der ARD einen Anteil von 24 % darstellen, wird dies besonders deutlich. Alle anderen Sender zeichnen sich dadurch aus, dass Meldungen nur einen kleinen Prozentsatz der Berichterstattung ausmachen, und falls Meldungen vorkommen, handelt es sich um bebilderte Meldungen und nicht um Sprechermeldungen.

Insgesamt lässt sich festhalten, dass in der Tagesschau im Untersuchungszeitraum in elf Meldungen, 16 Kurzbeiträgen und 15 Filmbeiträgen über Wissenschaft berichtet wird. Rechnet man die kurzen Meldungen heraus, macht das nur 31 wissenschaftliche Beiträge auf ARD im Untersuchungszeitraum. Im Vergleich zu den anderen Sendern kann man feststellen, dass die Wissenschaftsberichterstattung in den Hauptfernsehnachrichten von ARD unterrepräsentiert ist. Im Vergleich zu Frankreich wird dies besonders deutlich, denn dort werden auf TF1 95 und France2 85 Filmbeiträge zu wissenschaftlichen Themen im Untersuchungszeitraum gesendet. Konnte bei der Darstellung der Anzahl der wissenschaftlichen Themen noch nicht signifikant bestätigt werden, dass der Stellenwert von Wissenschaft in Frankreich höher ist als in Deutschland, wird dies nach der Darstellung der Präsentationsformen möglich. Selbst wenn man beachtet, dass die französischen Fernsehnachrichten doppelt so lang sind, wird deutlich, dass in Frankreich viel mehr Filmbeiträge zu Wissenschaft in den Hauptfernsehnachrichten gesendet werden.

Zur Veranschaulichung der zusätzlichen Erkenntnis in Bezug auf die Beiträge durch die Darstellung der Präsentationsformen wird in der folgenden Grafik die durchschnittliche Anzahl der Beiträge pro Tag und Sender mit Einbeziehung aller Präsentationsformen und nur bei Filmbeiträgen erfasst.

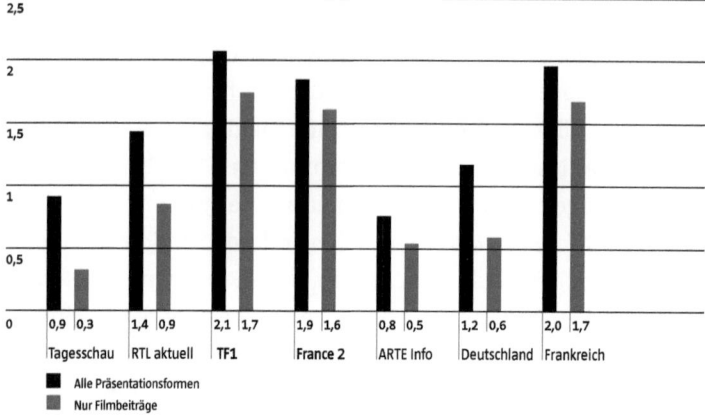

Abbildung 2: Durchschnittliche Anzahl der wissenschaftlichen Beiträge pro Tag im Untersuchungszeitraum.

Aus der Darstellung wird deutlich, dass im Schnitt im Untersuchungszeitraum in Frankreich zwei wissenschaftliche Beiträge pro Tag und in Deutschland nur ein wissenschaftlicher Beitrag pro Tag in den Hauptfernsehnachrichten gesendet wird. ARTE kommt durchschnittlich auf 0,8 Beiträge pro Tag. Wenn man allerdings nur die Filmbeiträge berechnet, die länger sind und in denen eine intensivere potenzielle Auseinandersetzung mit dem Thema Wissenschaft möglich ist, verändern sich diese Werte. Während die durchschnittliche Anzahl von Filmbeiträgen pro Tag mit 1,7 für Frankreich nahezu unverändert hoch bleibt, wird der durchschnittliche Werte für Deutschland im Vergleich zu allen Präsentationsformen nahezu halbiert und beträgt 0,6. Dieses ist vor allem auf die Tagesschau zurückzuführen, wo die durchschnittliche Anzahl wissenschaftlicher Filmbeiträge pro Tag nur 0,3 beträgt. Sogar das Verhältnis zu ARTE verändert sich, wenn man von der Berücksichtigung aller Präsentationsformen absieht und nur die Filmbeiträge berechnet. ARTE sendet demnach jeden zweiten Tag einen Filmbeitrag zum Thema Wissenschaft und ARD bildet das Schlusslicht dieser Untersuchung.

6.1.3 Länge der Beiträge

Nach der Darstellung der Präsentationsformen soll an dieser Stelle die Länge der Wissenschaftsberichterstattung in den Hauptfernsehnachrichten in Deutschland und Frankreich (V2, V2.1) dargestellt werden.

In absoluten Zahlen ergeben sich 2226 Sekunden Sendezeit über wissenschaftliche Themen auf ARD, 5280 Sekunden auf RTL und auf französischer Seite 8645 Sekunden auf TF1 und 9435 Sekunden auf France2. ARTE kommt auf eine Länge von 3500 Sekunden wissenschaftlicher Berichterstattung im Untersuchungszeitraum. Hierbei lässt sich klar feststellen, dass in Frankreich das Thema Wissenschaft eine größere Rolle in den Hauptfernsehnachrichten spielt, denn selbst wenn man die Gesamtlänge der Wissenschaftsberichterstattung auf TF1 und France2 halbiert, um eventuelle Bias durch längere Gesamtdauer der Hauptfernsehnachrichten zu vermeiden, ergeben sich Werte von 4717 Sekunden für France2 und 4322 Sekunden. Diese Werte sind demnach immer noch doppelt so hoch wie bei der Tagesschau.

Um die Beobachtungen statistisch zu untermauern, wird auch die durchschnittliche Länge der Wissenschaftsberichterstattung insgesamt und die durchschnittliche Länge von Filmbeiträgen und Moderation ermittelt.

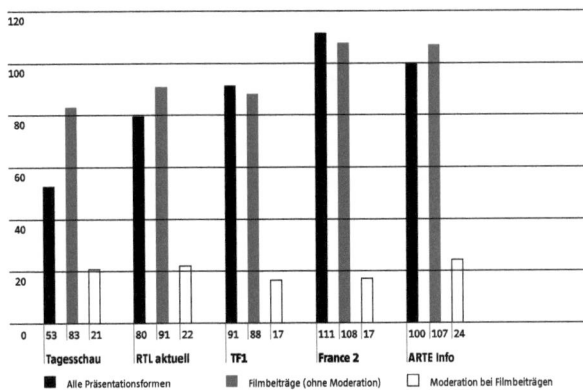

Abbildung 3: Durchschnittliche Länge der Beiträge, der Filmbeiträge ohne Moderation und der Moderation von Filmbeiträgen.

Die durchschnittliche Länge der Wissenschaftsberichterstattung pro Beitrag hatte bei ARD mit 53 Sekunden den niedrigsten Wert. Bei ARTE und France2 dauert ein Beitrag zum Thema Wissenschaft durchschnittlich doppelt so lange. Dieses liegt an dem hohen Anteil von Meldungen bei ARD, denn wenn man nur die durchschnittliche Länge der Filmbeiträge berechnet, kommt die Tagesschau auf 83 Sekunden. Die Filmbeiträge von RTL liegen durchschnittlich bei 91 Sekunden, auf TF1 bei 88. Die Beiträge auf ARTE erreichen, wenn man die Moderation dazurechnet im Schnitt eine Länge von 131 Sekunden. Dieses zeigt, dass immer, wenn ARTE über Wissenschaft berichtet, die Filmbeiträge im Vergleich zu den anderen Sendern länger sind und aus diesem Grund potenziell mehr Informationen enthalten können. Ähnlich hohe Werte weist France2 auf, wo Filmbeiträge im Mittel 125 Sekunden dauern. Ein Blick in den Untersuchungskorpus zeigt allerdings, dass die Länge der Filmbeiträge im Schnitt deshalb höher ist, weil France2 mindestens einmal die Woche ein Wissenschaftsdossier sendet. Damit ist ein Beitrag gemeint, der eine Art festen Sendeplatz in den Fernsehnachrichten hat und sich dadurch auszeichnet, dass er viel länger ist als normale Beiträge. Am 11. 6. 2006 dauerte ein Wissenschaftsdossier zum Thema Verkehrstechnik 246 Sekunden. Diese Wissenschaftsspecials werden als solche vom Nachrichtensprecher angekündigt: »C'est le dossier de notre émission« (Hier das Dossier unserer Sendung). In den Untersuchungszeitraum fielen neun solche Dossiers,[41] was beweist, dass Wissenschaft zumindest bei France2 einen festen Platz in den Hauptfernsehnachrichten einnimmt.

Insgesamt lässt sich feststellen, dass die Erklärung, wie lang über ein wissenschaftliches Thema berichtet wird, vor allem in länderspezifischem Umgang mit dem Thema begründet ist. Die im Folgenden dargestellten ANOVA-Ergebnisse bestätigen dieses.

---

41 5. 6. 2006, 186 Sekunden zum Weltumwelttag; 7. 6. 2006, 193 Sekunden zum Balkansee; 12. 6. 2006, 185 Sekunden zum Thunfischfang; 15. 6. 2006, 179 Sekunden zu erneuerbaren Energien; 19. 6. 2006, 145 Sekunden zu Riesenbaumstämmen in den USA; 20. 6. 2006, 254 Sekunden zum Thema Selbstvertrauen; 29. 6. 2006, 217 Sekunden zu Nahtoderfahrungen; 1. 7. 2006, 160 Sekunden zur Nanotechnologie; 11. 7. 2006, 246 Sekunden zu Verkehrstechnik.

	Alle Präsentationsformen	Filmbeiträge (mit Moderation)
P, F-Test		
Land	0,000	0,068
Organisationsform	0,568	0,304
Land*Organisationsform	0,000	0,006
Post-Hoc (Sheffe), p**		
Deutschland-Frankreich	0,000	0,700
Deutschland-binational	0,003	0,020
Frankreich-binational	0,996	0,041

Tabelle 4: Darstellung der ANOVA-Ergebnisse zur Prüfung der Signifikanz organisationsspezifischer und länderspezifischer Unterschiede.

Für die Interpretation der Ergebnisse und für die spätere Prüfung der Hypothesen in der vorliegenden Untersuchung sind vor allem die p-Werte des F-Test und des Sheffe-Test von Belang. Für die durchschnittliche Länge aller Beiträge (alle Präsentationsformen) ergibt sich ein signifikanter Zusammenhang für einen Unterschied nach Herkunftsland. Die p-Werte liegen nämlich bei 0,00 und sind statistisch signifikant. Für die Länge der Filmbeiträge lässt sich kein signifikanter Einfluss zwischen den Ländern feststellen. Die p-Werte betragen hier 0,068 und 0,700.

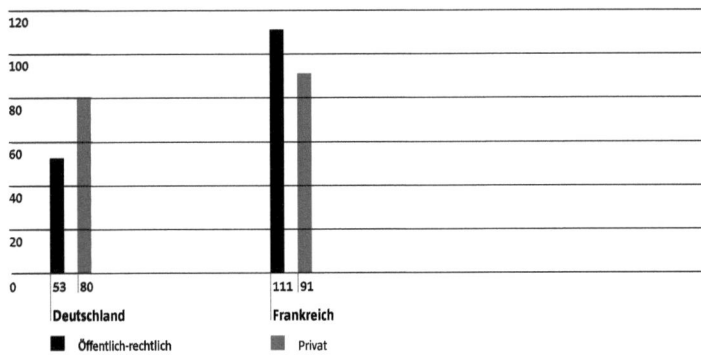

Abbildung 4: Gegenüberstellung der durchschnittlichen Länge aller Wissenschaftsbeiträge im Untersuchungszeitraum.

Bei allen Präsentationsformen gilt, dass die Organisationsform keinen statistisch signifikanten Einfluss auf die Länge der Beiträge ausübt. Es gibt keine Unterschiede in der Länge zwischen den öffentlich-rechtlichen und privaten Sendern. Deshalb lässt sich nicht generell länderübergreifend sagen, dass sich private und öffentlich-rechtliche Organisationsformen im Hinblick auf die Länge der Thematisierung von Wissenschaft in den Hauptfernsehnachrichten ähneln. Entscheidend ist hingegen, in welchem Land die Beiträge ausgestrahlt werden (Frankreich länger als Deutschland). Zusätzlich ist der Interaktionseffekt von Bedeutung: der Abstand zwischen den öffentlich-rechtlichen und privaten Sendern hinsichtlich der Länge ist variabel zwischen Deutschland und Frankreich.

6.1.4 Platzierung

Als letztes formales Merkmal wurde die Platzierung der wissenschaftlichen Beiträge (V3) ermittelt. Sie wird in der folgenden Tabelle dargestellt.

		Erster bis dritter Beitrag	*Letzter Beitrag*	*an sonstiger Stelle platzierter Beitrag*
Tagesschau	Abs.	1	14	27
	In %	2	34	64
RTL aktuell	Abs.	4	12	50
	In %	6	18	76
TF1	Abs.	11	14	70
	In %	12	15	73
France2	Abs.	3	18	64
	In %	4	21	75
ARTE Info	Abs.	6	8	21
	In %	17	23	60

Tabelle 5: Platzierung der Wissenschaftsbeiträge. Land (Chi-Quadrat-Test)p=0,106, Organisationsform (Chi-Quadrat-Test) p=0,120.

Die Verteilung der Platzierung wissenschaftlicher Themen ist besonders in Hinblick auf die sogenannten Aufmacher, erster bis dritter Beitrag, interessant. Hierbei ergibt sich, dass vor allem bei ARTE mit 17 % die Hauptfernsehnachrichten mit einem wissenschaftlichen Thema eröffnet werden. Am 31. Mai 2006, am Tag der UN-Sondersitzung zu HIV/Aids, eröffnete ARTE Info als einziger Sender die Nachrichten mit diesem Thema. Auch auf TF1 werden elf der insgesamt 95 wissenschaftlichen Beiträge am Anfang behandelt, welches ebenfalls auf eine wichtige Stellung der wissenschaftlichen Informationen schließen lässt. Der Vorwurf, wissenschaftliche Themen wären Rausschmeißer und würden als letzter Beitrag platziert werden, kann nicht bestätigt werden. Allerdings soll die Kategorie Platzierung auf Grund der niedrigen Fallzahlen nicht überbewertet werden, denn wie zum Beispiel bei France2 verbergen sich in den an sonstiger Stelle platzierten Beiträgen die Dossiers, die ebenfalls einen hohen Stellenwert der Wissenschaftsberichterstattung innehaben. Die Aussagekraft dieser Kategorie ist demnach nur beschränkt, was sich auch in den Ergebnissen des Chi-Quadrat-Test widerspiegelt. In diesem Fall gibt es keine signifikanten Unterschiede in der Platzierung der Beiträge zwischen den Ländern oder Organisationsformen.

6.2 Wissenschaftliches Thema

Die Verteilung der wissenschaftlichen Themen (V5) in den Hauptfernsehnachrichten in Frankreich und Deutschland hängt natürlich von den Ereignissen in der Untersuchungsperiode ab. Allerdings fällt auf, dass die einzigen Themen, die immer auf allen Sendern in der Untersuchungsperiode vorkamen, aus dem Themengebiet Umweltkatastrophe oder technische Katastrophe stammten. Eine Überschwemmung in Indonesien, ein Metrounglück in Spanien, ein Erdbeben in Japan sowie der drohende Ausbruch des Vulkans Merapi wurden von allen Sendern thematisiert. Abgesehen von dieser Agenda der internationalen Katastrophen wird wissenschaftliche Aktualität zwischen den beiden Ländern unterschiedlich definiert und es werden andere Ereignisse in den Fernsehnachrichten gezeigt. Selbst neue internationale wissenschaftliche Erkenntnisse aus der Medizin, wie neue Impfstoffe gegen Krebs, finden keinen Einzug in alle Fernsehnachrichten. Der UN-Wüstenbericht wurde nur bei der ARD thematisiert. Dafür widmeten France2 und ARTE dem Thema Aids nach der Weltaidskonferenz gleich mehrere Beiträge, während auf den anderen Sendern nur Kurzbeiträge vorkamen oder gar keine Berichterstattung stattfand.[42] Diese unterschiedliche Agenda bei der Berichterstattung spiegelt sich in der unteren Grafik wider, in der alle Sender im Bezug auf die Themengebiete dargestellt werden.

Name der Sendung	Natur	Medizin	Technik	Sozialwissenschaften	Umwelt	Grundlagenforschung	Weltall	Umweltkatastrophe	technische Katastrophe
Tagesschau	4,0	5,0	3,0		6,0		5,0	16,0	3,0
%	9,5	11,9	7,1		14,3		11,9	38,1	7,1
RTL aktuell	13,0	15,0	2,0	2,0	2,0		11,0	15,0	6,0
%	19,7	22,7	3,0	3,0	3,0		16,7	22,7	9,1
TF1	18,0	23,0	14,0	4,0	14,0	1,0	2,0	13,0	6,0
%	18,9	24,2	14,7	4,2	14,7	1,1	2,1	13,7	6,3
France2	12,0	24,0	10,0	2,0	15,0		2,0	13,0	7,0
%	14,1	28,2	11,8	2,4	17,6		2,4	15,3	8,2
ARTE Info	2,0	9,0	3,0		5,0		2,0	12,0	2,0
%	5,7	25,7	8,6		14,3		5,7	34,3	5,7

Tabelle 6: Verteilung der wissenschaftlichen Themen der Beiträge. Land (Chi-Quadrat-Test), p=0,001, Organisationsform (Chi-Quadrat-Test), p=0,151.

In der Grafik zu der Verteilung der wissenschaftlichen Themen fällt auf den ersten Blick auf, dass die Verteilung der Themen bei den französischen Sendern nahezu identisch ist. Medizin dominiert mit 24 % bei TF1 und mit 28 % bei France2 die Berichterstattung. Einzig bei den Inhaltskategorien Umwelt und Natur tauchen kleine Unterschiede auf. France2 berichtet mehr über

---

42 31. 5. 2006, ARTE widmete dem Thema Aids drei Beiträge, France2 ebenfalls.

Umwelt, zu 18 % und TF1 zieht Naturthemen mit 19 % vor. Darüber hinaus hat TF1 auch mehr Beiträge zum Thema Technik, während dafür die Werte für Umwelt- und technische Katastrophen bei France2 leicht erhöht sind. Sozialwissenschaften spielen in der Wissenschaftsberichterstattung bei beiden Sendern nur eine untergeordnete Rolle.

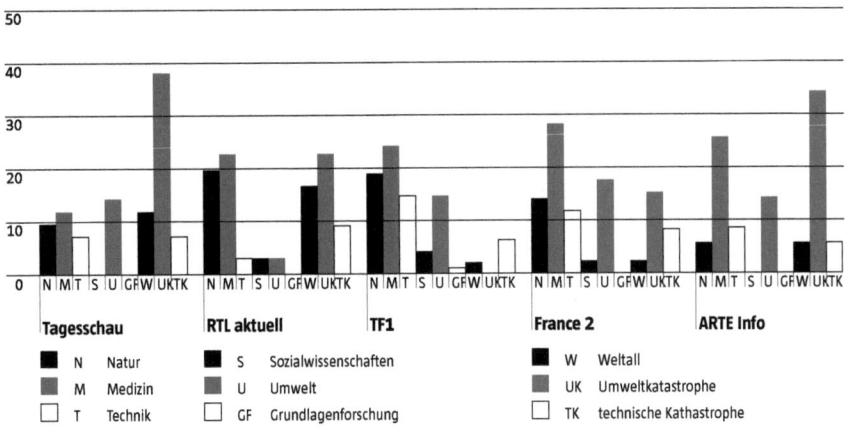

Abbildung 5: Prozentuale Verteilung der wissenschaftlichen Themen. Basis: alle wissenschaftlichen Beiträge im Untersuchungszeitraum.

Die anderen Sender weisen dafür ein differenzierteres Bild auf. RTL berichtet über Medizin, Natur, Umweltkatastrophen und Weltall nahezu gleich oft (17–23 %). Auffällig ist der relativ niedrige Wert bei der Berichterstattung über Umwelt und Technik (jeweils 2 %).

Bei der ARD und auf ARTE dominiert die Berichterstattung über Umweltkatastrophen mit 38 % der Beiträge bei der Tagesschau und 34 % bei ARTE. Allerdings berichtet ARTE auch in 26 % der Beiträge über Medizin und dieser Themenbereich nimmt die zweitwichtigste Position ein, während bei der Tagesschau die Werte für die Inhaltskategorien Natur, Medizin, Technik, Umwelt, Weltall und technische Katastrophe relativ gleich verteilt sind und zwischen 7 und 14 % schwanken.

Die Themenbereiche Sozialwissenschaften und Grundlagenforschung sind auf allen Sendern unterrepräsentiert oder erst gar nicht im Untersuchungszeitraum vorgekommen.

Der Signifikanztest beweist, dass die Unterschiede zwischen Deutschland und Frankreich in Bezug auf die Wahl der wissenschaftlichen Themen als statistisch abgesichert gelten können. Beim Chi-Quadrat-Test kommt man auf einen p-Wert von 0,001, deutlich unter 0,005 und somit signifikant. Auf der anderen Seite kann man mit ziemlicher Sicherheit sagen, dass die Organisationsform privat und öffentlich-rechtlich keinen Einfluss auf die Verteilung der wissenschaftlichen Themen hat, denn der p-Wert liegt hier bei 0,151.

Um ein besseres Verständnis dafür zu haben, wie wichtig ein bestimmtes Thema war und wie lange es thematisiert wurde, soll die folgende Tabelle noch einmal die Verteilung der wissenschaftlichen Themen in Bezug auf die Sendezeit darstellen. Diese erlaubt eine bessere Interpretation der thematischen Inhaltskategorien.

	Natur	*Medizin*	*Technik*	*Sozialwissenschaften*	*Umwelt*	*Grundlagenforschung*	*Weltall*	*Umweltkatastrophe*	*technische Katastrophe*
Tagesschau	178	335	81		436		271	720	193
%	8,04	15,13	3,66		19,69		12,24	32,52	8,72
RTL aktuell	1087	1449	236	259	164		694	906	456
%	20,70	27,59	4,49	4,93	3,12		13,22	17,25	8,68
TF1	1442	2348	1411	471	1445	147	33	769	608
%	16,62	27,07	16,27	5,43	16,66	1,69	0,38	8,87	7,01
France2	1253	3044	1300	286	1942		113	926	603
%	13,23	32,15	13,73	3,02	20,51		1,19	9,78	6,37
ARTE Info	190	1331	320		637		39	809	174
%	5,43	38,03	9,14		18,2		1,11	23,11	4,97

Tabelle 7:   Verteilung der wissenschaftlichen Themen nach zeitlichem Volumen.

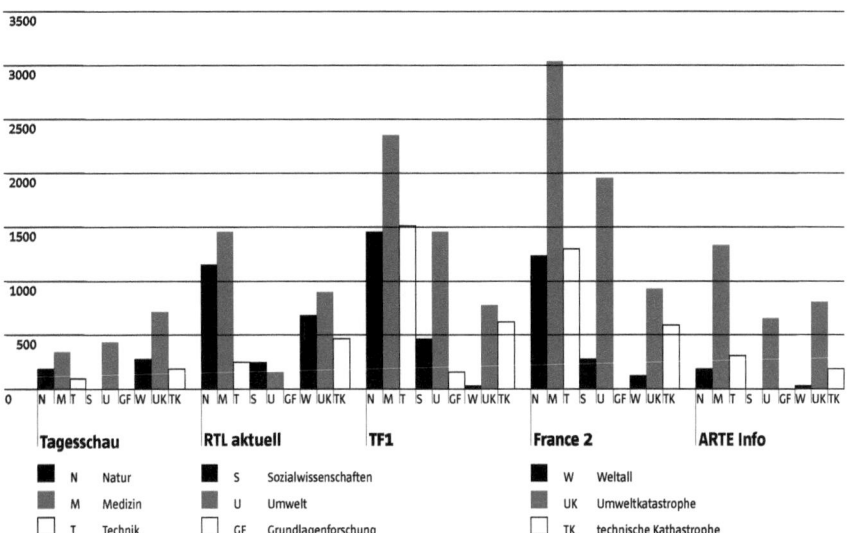

Abbildung 6: Verteilung der wissenschaftlichen Themen nach aggregiertem zeitlichem Volumen in Sekunden.

Aus der Grafik wird sofort ersichtlich, dass die französischen Sender der Berichterstattung über Wissenschaft viel mehr Zeit widmen. Aus den Ergebnissen in Abschnitt 6.1.3 geht hervor, dass das zeitliche Volumen für Wissenschaftsberichterstattung in Frankreich größer ist. Dieses lässt sich nicht allein durch die Sendezeit begründen, die bei den französischen Sendern länger ist als bei den deutschen. In der Darstellung der Themen in Bezug auf die Sendezeit wird deutlich, dass bei der Tagesschau der Anteil an wissenschaftlicher Berichterstattung im Vergleich zu den anderen Sendern verschwindend gering ist. Wenn man von der Berichterstattung über Katastrophen absieht, bei der umstritten ist, ob diese als wissenschaftlich einzuordnen ist, bleibt nur eine Senderzeit von 1301 Sekunden. Dieser Wert ist bei allen anderen Sendern viel höher. Im Vergleich wird bei France2 7938 Sekunden über wissenschaftliche Themen berichtet, wenn man die Katastrophen nicht beachtet. Dieser sehr hohe Wert für France2 liegt vor allem an den in 6.1.3 bereits angesprochenen Dossiers. Diese lassen sich in erster Linie in die Themenbereiche Medizin, Umwelt und Technik einordnen. Besonders bei

ARTE macht sich bei der Darstellung des zeitlichen Volumens bemerkbar, dass Katastrophenmeldungen kürzer behandelt werden und dafür die Medizin- und Umweltberichterstattung im Vergleich zu der Darstellung in Tabelle 6 an Bedeutung gewinnt.

Bei der Berichterstattung zu einzelnen Themenfeldern fallen weitere drastische Unterschiede auf. Medizin wird zum Beispiel nur 335 Sekunden bei der Tagesschau thematisiert. Bei RTL liegt dieser Wert bei 1449 und auch ARTE zeigt ein ähnliches Volumen für die Medizinberichterstattung. Betrachtet man die französischen Sender, so wird dort im Untersuchungszeitraum fast zehn mal so lang über Medizin berichtet als bei der Tagesschau. Medizin erweist sich somit als absolutes Top-Thema auf allen untersuchten Sendern, bis auf ARD.

Das alte Vorurteil, Deutschland wäre tendenziell eher geneigt über Umwelt zu berichten als Frankreich, kann an dieser Stelle nicht bestätigt werden. In Frankreich rangiert die Umweltberichterstattung an zweiter Stelle und erreicht ein viel höheres Volumen als in Deutschland. Dabei wird in französischen Beiträgen oft festgestellt, dass Umweltschutz und umweltfreundlichere Energien im Ausland und vor allem in Deutschland weiter entwickelt sind.[43] Ein Großteil der Filmbeiträge zu Umweltthemen zeigt überwiegend anschauliche Beispiele, wie Umweltschutz oder Umweltfreundlichkeit in Frankreich durchgeführt wird. In diesem Zusammenhang wird von erneuerbaren Energien bis hin zur umweltfreundlichen Klinik[44] in den Beiträgen berichtet. Diese Beiträge sollen höchstwahrscheinlich dazu dienen, die positiven Entwicklungen aufzuzeigen an denen sich die Bürger ein gutes Beispiel nehmen können. Unkritisch bleibt dieses Themenfeld allerdings nicht, denn die beiden französischen Sender zeigen auch negative Entwicklungen und greifen Themen wie Flussverschmutzung und bedrohte Tierarten auf. Es scheint eine hohe Sensibilität für das Thema zu existieren und dieses könnte ein Indiz dafür sein, dass die alten klischeebehafteten Unterschiede in der

---

43 TF1, 17. 6. 2006, Filmbeitrag zum Thema Windenergie, 100 Sekunden; France2, 6. 6. 2006, Beitrag zu Solaranlagen und Umweltschutz auf deutschen Stadien, 105 Sekunden.
44 TF1, 30. 5. 2006, 107 Sekunden.

Umweltauffassung zwischen den beiden Ländern bald der Vergangenheit angehören. Insgesamt gilt die Berichterstattung über Umwelt in Frankreich als exemplarisch. Leider wird bei der Tagesschau nur in drei Filmbeiträgen das Thema Umwelt aufgenommen.[45] Vor allem der Beitrag zum UN-Wüstenbericht ist dabei von hoher Qualität und enthält viele Informationen. Leider gehört er eher zur absoluten Ausnahme. Bei ARTE wird bei der gleichen Länge der Fernsehnachrichten an sich sowohl über Medizin als auch über Umwelt mehr berichtet, als es bei der Tagesschau der Fall ist. RTL zieht im Untersuchungszeitraum andere Themen wie Natur und Weltall der Berichterstattung über Umwelt vor. Dieses kann allerdings aufgrund der geringen Fallzahlen nicht verallgemeinert werden. Ebenfalls stark vom Untersuchungszeitraum abhängig sind die hohen Werte beim Thema Natur, denn RTL, TF1 und France2 haben verstärkt über ein Thema aus dem *Soft-News*-Bereich berichtet, welches sich in beiden Ländern zeitgleich mit anderen Protagonisten abspielte. In Deutschland wurde der Problembär Bruno zu einem Dauerbrenner, dem acht Beiträge gewidmet wurden. In Frankreich hieß der Bär Balou, wurde von den französischen Medien und vor allem den Fernsehnachrichten aber nicht weniger beachtet. ARTE resümierte dieses exzessive Interesse in einem ironisierenden Filmbeitrag.[46]

Ein Indiz für eine unterschiedliche national bedingte Berichterstattung bietet das Thema Weltall. Galt es früher noch als absoluter Dauerbrenner, so erklärt sich die verstärkte Berichterstattung auf deutscher Seite vor allem durch die Teilnahme eines deutschen Astronauten auf der Cape Canaveral. Auf französischer Seite wird dagegen die seltene Form der Meldungen und Kurzbeiträge für die Berichterstattung über diese Weltraumfahrt genutzt. Aus diesem Grund erscheint der Anteil der Berichterstattung über Raumfahrt, wenn man die Ausstrahlungszeit mit einbeziehen noch geringer als das Vorkommen des Themas in Tabelle 6.

45　ARD, 4. 6. 2006, UN-Wüstenbericht, 125 Sekunden; ARD, 28. 6. 2006, Luftverschmutzung, 121 Sekunden; ARD, 5. 6. 2006, Umweltverschmutzung in China, 113 Sekunden.

46　ARTE, 26. 6. 2006, Beitrag zu den Bären in Deutschland und Frankreich, 93 Sekunden.

Fazit: Das zeitliche Volumen, welches für ein wissenschaftliches Thema von den einzelnen Sendern aufgebracht wird, eignet sich am besten, um Rückschlüsse auf Themenpräferenzen der Sender zu ziehen. RTL berichtete im Untersuchungszeitraum überwiegend über Medizin und Natur. Die Themenbereiche Umweltkatastrophen und Weltall folgten. Durch die vielen Meldungen und Kurzbeiträge auf ARD werden viele Themen nur angerissen und ihre Darstellung ist im Vergleich zu den anderen Sendern sehr kurz. Rechnet man Katastrophenmeldungen heraus, bleibt kaum noch Wissenschaftsberichterstattung im Untersuchungszeitraum übrig. Umwelt-, Medizin- und Weltallthemen werden bevorzugt, allerdings sind diese Werte marginal im Vergleich zu denen, die bei den französischen Fernsehsendern gemessen werden konnten. In Frankreich dominieren die Themen Medizin und Umwelt, gefolgt von Natur und Technik.

6.3 Handlungsort

Das folgende Schaubild zeigt die relativen Häufigkeiten in Bezug auf den Handlungsort (V6.1) der Wissenschaftsberichterstattung in den Hauptfernsehnachrichten in Deutschland und Frankreich. Darüber hinaus wird in dem Balkendiagramm auch ein eventueller Bezug zu anderen Ländern (V6.2) dargestellt.

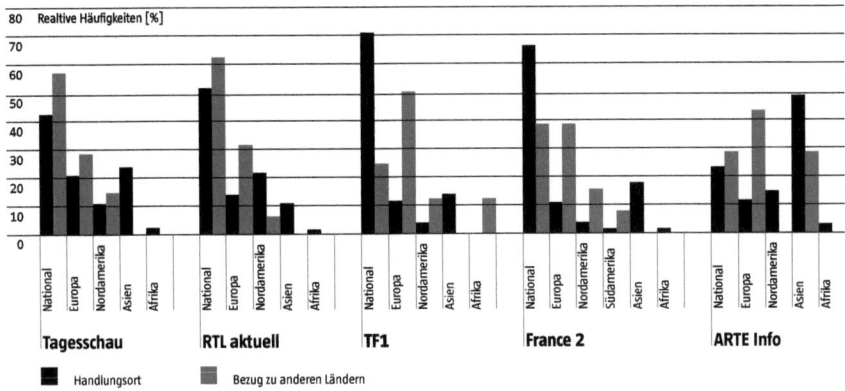

Abbildung 7: Prozentuale Verteilung von Handlungsort und Bezug zu anderen Ländern.

Betrachtet man die Ergebnisse, so fällt auf, dass die französischen Wissenschaftsbeiträge und -meldungen oft national anzusiedeln sind. Auf TF1 haben 71 % und auf France2 66 % der Beiträge einen direkten Bezug zu Frankreich. In Deutschland haben nur rund die Hälfte der Beiträge einen nationalen Bezug. Bei ARTE wurde ein nationaler Bezug codiert, wenn entweder Deutschland oder Frankreich als Handlungsort auftraten. Trotz dieser doppelten Wahrscheinlichkeit wird anhand der Verteilung deutlich, dass Wissenschaft auf ARTE eine internationale Dimension enthält und Themen aus dem Ausland überwiegen.

Die Vermutung, Frankreich würde in der Wissenschaftsberichterstattung auch einen gewissen nationalen Stolz auf seine *grande nation* zum Ausdruck bringen, kann anhand von konkreten Beispielen aus dem Untersuchungsmaterial untermauert werden. »L'excellence française« (die französische Exzellenz) wird bei France2 in einem Beitrag über Medizin konstatiert[47] und auch der private Sender TF1 spricht bei einem Beitrag aus dem Themengebiet Sozialwissenschaft von einer »exception française« (französische Besonderheit).[48] TF1 zeigt am 30. Mai 2006 einen Bericht über eine

---

47 France2, 10. 6. 2006.
48 TF1, 11. 6. 2006.

komplizierte Brückenkonstruktion in Spanien und betont verstärkt, dass der Architekt dieses technischen Wunderwerks aus Frankreich stammt. Wissenschaftliche Errungenschaften gelten als: »meilleur ambassadeur de notre savoir-faire« (der beste Botschafter unseres Wissens). Der große Stellenwert von Wissenschaft in der französischen Kultur wird in diesem Zusammenhang noch verstärkt.

Dabei kommt der nationale Bezug nicht nur vor, wenn es gilt, Positives festzustellen. Frankreich als Handlungsort ist zwar überrepräsentiert, aber es wird auch gerne ein Bezug zu anderen europäischen Ländern vorgenommen, um realistische Rückstände in Frankreich aufzudecken. Der sogenannte Blick über den Tellerrand erfolgt auf TF1 in einem Beitrag über Windenergie. Dabei wird in einem Vergleich mit Europa und vor allem Deutschland kritisch bemerkt: »la France a du retard« (Frankreich hat Nachholbedarf).[49] Realistisch wird auch auf France2 vor allem bei Umweltthemen auf den Vergleich zu Deutschland und Belgien eingegangen; bei einem nationalen Beitrag über das Auffangen von Regenwasser bei Trockenheit wird darauf verwiesen, dass in anderen Ländern diese umweltschonende Praxis bereits weiter entwickelt sei.[50] Hiermit wird auch in Hinblick auf das Defizitmodell deutlich, dass eine kritische Wissenschaftsberichterstattung trotz des Nationalstolzes vereinzelt stattfindet, und dieses ist ein Anzeichen für unabhängigen Journalismus.

---

49 TF1, 17. 6. 2006.
50 France2, 18. 6. 2006.

6.4 Akteursspektrum

Im folgenden Abschnitt werden die wichtigsten Ergebnisse zur Kategorie Akteursspektrum (V7) dargestellt.

6.4.1 Akteursstruktur der wissenschaftlichen Filmbeiträge im Untersuchungszeitraum

In der folgenden Tabelle wird die Zugehörigkeit der Akteure zu den Bezugsgruppen Politiker, Experte, Interessengruppe, privates Unternehmen und Korrespondent aufgezeigt. In Abbildung 8 wird dieses Verhältnis in einer Grafik visualisiert.

	Tagesschau	RTL aktuell	TF1	France2	ARTE Info	Deutschland	Frankreich	Gesamt
Politiker	7	13	15	20	18	20	35	73
Experten	5	29	81	65	10	34	146	190
Interessengruppen	3	5	20	24	11	8	44	63
Unternehmen		5	11	16	4	5	27	36
Einzelpersonen	3	30	59	73	15	33	132	180
Korrespondent	4	7	1	9		11	10	21
Gesamt	22	89	187	207	58	111	394	563
Anzahl der Statements	23	104	210	241	67	127	451	578
Filmbeiträge	15	39	80	74	25	54	154	233
Befragte Personen Pro Filmbeitrag	1,47	2,28	2,34	2,78	2,32	2,06	2,59	2,42
Befragte Experten Pro Filmbeitrag	0,33	0,74	1,01	0,89	0,4	0,63	0,95	0,82

Tabelle 8: Akteursstruktur der Wissenschaftsbeiträge. Absolute Zahlen. (n=563).

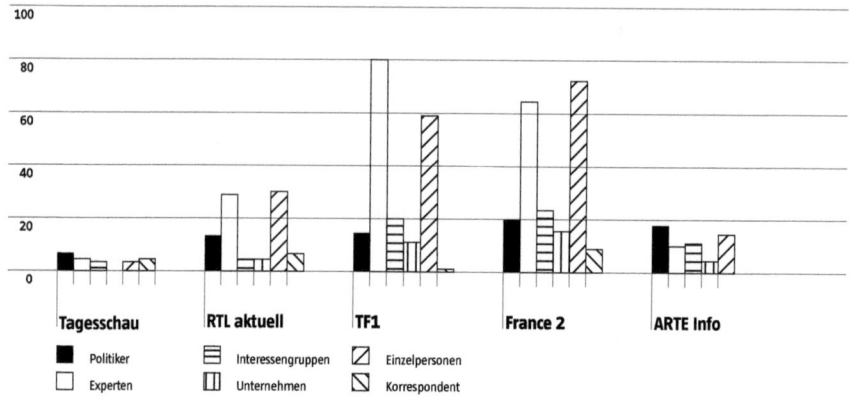

Abbildung 8: Akteursstruktur der Wissenschaftsbeiträge. Absolute Zahlen. (n=563).

Die Darstellung der Zusammensetzung der Gruppen pro Sender in Abbildung 8 zeigt erhebliche Unterschiede des Akteursspektrums zwischen den Sendern. Die beiden französischen Sender TF1 und France2 zeichnen sich durch eine Vielzahl befragter Personen im Vergleich zu den anderen Sendern aus. Im Untersuchungszeitraum wurden bei den wissenschaftlichen Filmbeiträgen auf France2 207 befragte Personen codiert und bei TF1 waren es 187. Bei RTL wurden 89 Personen befragt und bei ARTE 58. Einzig ARD lag mit nur 22 Personen weit hinter den anderen Sendern. Natürlich ergeben sich diese hohen Werte bei den französischen Sendern vor allem deshalb, weil im Untersuchungszeitraum mehr wissenschaftliche Filmbeiträge codiert wurden. Aus diesem Grund wird in Tabelle 8 nochmals an die Werte aus 6.1.2 für die Präsentationsform Filmbeitrag erinnert. Auf diese Weise lässt sich auch ermitteln, wie viele Personen bei den untersuchten Sendern durchschnittlich in einem Beitrag vorkommen. Dabei fällt auf, dass bei France2 mit 2,78 befragten Personen pro Filmbeitrag die meisten Protagonisten zu Wort kommen. Bei dem privaten französischen Sender TF1 liegt dieser Durchschnittswert bei 2,34, gefolgt von ARTE mit im Schnitt 2,32 befragten Personen pro Beitrag und RTL mit 2,28 Personen. Einzig der Wert von der Tagesschau mit 1,47 scheint relativ niedrig zu sein und deutet darauf hin, dass bestimmte Filmbeiträge ohne O-Töne auskommen.

Um eine noch detailliertere Beschreibung der O-Töne zu ermöglichen, wird durch den absoluten Wert der Statements auch die mehrfache Befragung einer Person bzw. die Tatsache, dass ein langer O-Ton einer Person in zwei oder drei Statements geschnitten wird, erfasst.

Die Verteilung der befragten Personen im Hinblick auf die Gruppen lässt sich aufgrund der großen Unterschiede bei den absoluten Zahlen am besten anhand relativer Häufigkeiten aus Tabelle 9 ablesen.

Bezugsgruppe	Tagesschau	RTL aktuell	TF1	France2	ARTE Info	Deutschland	Frankreich
Politiker	31,8	14,6	8,0	9,7	31,0	18,0	8,9
Experten	22,7	32,6	43,3	31,4	17,2	30,6	37,1
Interessengruppen	13,6	5,6	10,7	11,6	19,0	7,2	11,2
Unternehmen		5,6	5,9	7,7	6,9	4,5	6,9
Bürger	13,6	33,7	31,6	35,3	25,9	29,7	33,5
Korrespondent	18,2	7,9	0,5	4,3		9,9	2,5
	100	100	100	100	100	100	100

Tabelle 9: Prozentuale Darstellung der Akteure in Wissenschaftsbeiträgen. Land (Chi-Quadrat-Test) p=0,000, Organisationsform (Chi-Quadrat-Test) p=0,025.

Welche Akteure in den wissenschaftlichen Filmbeiträgen zu Wort kommen, hängt sehr stark davon ab, auf welchem Sender der Beitrag ausgestrahlt wird. Einzig die beiden französischen Sender zeichnen sich dadurch aus, dass sich die Zugehörigkeit zu einer Gruppe bei den befragten Personen zwischen TF1 und France2 kaum unterscheidet. Die am stärksten repräsentierten Gruppen sind hierbei Experten und Bürger. Politiker, vertreten mit nur 9 %, Interessengruppen (11 %) und Unternehmen (7 %) kommen nur selten in den wissenschaftlichen Filmbeiträgen der französischen Sender vor. Der einzige Unterschied zwischen TF1 und France2 besteht darin, dass auf France2 verstärkt Korrespondenten in Filmbeiträgen zu Wort kommen, um wissenschaftliche Themen zu kommentieren, während dafür bei TF1 mehr Experten die Chance gegeben wird, sich zu äußern. Die Anzahl der Experten auf TF1 ist prozentual gesehen mit 43 % der höchste Wert, der bei der Untersuchung bei allen Sendern und allen unterschiedlichen Gruppen gemessen wurde. Fast jeder zweite Redeakt in Wissenschaftsbeiträgen bei TF1 wird demnach von einem Experten durchgeführt.

Die Tatsache, dass die französischen Sender eine nahezu gleiche Verteilung der Gruppen aufweisen, lässt sich durch einen Signifikanztest belegen. Der p-Wert beim Chi-Quadrat-Test nach Land liegt bei eindeutigen 0,000.

Die Verteilung der Gruppen bei RTL aktuell lässt sich mit der bei den französischen Sendern vergleichen. Eine dominierende Position von Experten und Bürgern im Hinblick auf die Verteilung der O-Töne steht den schwächer repräsentierten Politikern, Interessengruppen und privaten Unternehmen entgegen. Die Politiker erreichen allerdings mit 15 % höhere Werte als die französischen Nachbarn. Darüber hinaus wird auch der Korrespondent des Öfteren eingesetzt. Dabei wird dieser bei RTL aktuell auch schon einmal Teil der Handlung[51] oder »Spaßmoderator«[52] und tritt aus seiner ursprünglichen Rolle als bloßer Berichterstatter heraus.

Bei der ARD ergibt sich ein geradezu gegenteiliges Bild. Während die beiden französischen Sender den Eindruck vermitteln, Politiker hätten bei Wissenschaftsberichterstattung nicht viel zu melden, erreichen sie mit 32 % bei der ARD Höchstwerte. Experten werden dagegen nur in 23 % der Fälle befragt und Interessengruppen und Bürger jeweils mit 14 %. Sprecher privater Unternehmen kamen in dem Untersuchungszeitraum nicht vor. Auffällig ist, dass bei den wissenschaftlichen Filmbeiträgen im Untersuchungszeitraum die ARD relativ oft, nämlich zu 18 %, einen Korrespondenten in den Beitrag einbrachte. Dieses könnte an dem weltweit ausgeprägten Korrespondentennetz der ARD liegen. Nach den Ergebnissen des Eurobarometers wird Fernsehjournalisten mit 32 % gleich nach Wissenschaftlern aus staatlichen Einrichtungen (52 %) eine sehr hohe Qualifikation bei der Vermittlung von

---

51 RTL, 23. 6. 2006, Journalistin in Aktion bei einem Bericht zu Umweltkatastrophen, 112 Sekunden.
52 RTL, 19. 6. 2006, Journalistin versteckt sich in einem Beitrag über Technik vor einem Roboter, um diesen zu testen, 112 Sekunden.

Wissenschaft zugesprochen.[53] Auffällig ist nur, dass der Journalist bei den meist kurzen Filmbeiträgen die Funktion des Wissenschaftlers übernimmt, um wissenschaftliche Themen zu erklären und einzuordnen. Neben der starken Konzentration auf Politik bei der ARD kommt es dazu, dass bestimmte Gruppen unterrepräsentiert werden.

Von den untersuchten Sendern konnte nur bei ARTE eine ausgewogene Verteilung der Gruppen festgestellt werden. Politiker kommen zwar fast so oft wie bei der ARD in 31 % der Fälle zu Wort, Bürger allerdings ebenfalls in 26 %. Interessengruppen sind mit 19 % im Vergleich zu allen anderen Sendern relativ häufig vertreten. Experten kamen im Untersuchungszeitraum nur in 17 % der Fälle vor. Wenn man allerdings bedenkt, dass Wissenschaftler oder Experten auf einem wissenschaftlichen Gebiet oft in Interessengruppen organisiert sind oder bei privaten Unternehmen arbeiten, so lässt sich bei ARTE ein ausgewogenes Verhältnis zwischen Politikern, Wissenschaftlern und Bürgern feststellen und die größte Quellenvielfalt attestieren.

---

53 Fernsehjournalisten rangieren hierbei vor Wissenschaftlern, die in der Industrie arbeiten (28 %) und vor ihren Kollegen aus der Presse (25 %), Medizinern (23 %), Umweltschutzorganisationen (21 %), der Regierung (6 %) und Politikern (5 %) (EUROPÄISCHE KOMMISSION 2005: 50).

6.4.2 Redezeit

Bei der Betrachtung der Redezeit sollen sowohl das Gesamtvolumen als auch die Mittelwerte von Redezeit und Statements dargestellt werden.

Name der Sendung	Politiker	Experten	Interessengruppen	Unternehmen	Bürger	Korrespondent
Tagesschau	88	79	45		31	63
RTL aktuell	136	445	46	51	197	92
TF1	186	1204	266	126	516	16
France2	219	894	305	189	856	104
ARTE Info	270	140	165	67	167	
Deutschland	224	524	91	51	228	155
Frankreich	405	2098	571	315	1372	120

Tabelle 10: Aggregierte Redezeit nach Bezugsgruppen pro Sender in Sekunden.

Name der Sendung	Politiker	Experten	Interessengruppen	Unternehmen	Bürger	Korrespondent	Gesamt
Tagesschau	28,8	25,8	14,7		10,1	20,6	100,0
RTL aktuell	14,1	46,0	4,8	5,3	20,4	9,5	100,0
TF1	8,0	52,0	11,5	5,4	22,3	0,7	100,0
France2	8,5	34,8	11,9	7,4	33,3	4,1	100,0
ARTE Info	33,4	17,3	20,4	8,3	20,6		100,0
Deutschland	17,6	41,2	7,1	4,0	17,9	12,2	100,0
Frankreich	8,3	43,0	11,7	6,5	28,1	2,5	100,0

Tabelle 11: Prozentuale Darstellung der aggregierten Redezeit nach Bezugsgruppen pro Sender.

In Bezug auf die aggregierte Redezeit wird deutlich, dass sich durch die Berücksichtigung der Redezeit die prozentuale Verteilung bei den Bezugsgruppen verändert. Bei allen Sendern wird vor allem der Bezugsgruppe Experte meistens mehr Zeit eingeräumt, sich zu äußern, als Bürgern. Im Vergleich zu der Verteilung in Abschnitt 6.4.1 verschiebt sich das Verhältnis zwischen diesen beiden Bezugsgruppen, wenn man die Redezeit berücksichtigt. Selbst wenn mehr Bürger in einem Filmbeitrag gezeigt werden, haben sie demnach nicht so viel Redezeit wie Experten. In Tabelle 12 wird die durchschnittliche Redezeit pro Bezugsgruppe zur Veranschaulichung dargestellt.

Name der Sendung	Bürger	Experten	Interessengruppen	Korrespondent	Politiker	Unternehmen
ARTE Info	11,13	14,00	15,00		15,00	16,75
France2	11,73	13,75	12,71	11,56	10,95	11,81
RTL aktuell	6,57	15,34	9,20	13,14	10,46	10,20
Tagesschau	10,33	15,80	15,00	15,75	12,57	
TF1	8,75	14,86	13,30	16,00	12,40	11,45
Deutschland	6,91	15,41	11,38	14,09	11,20	10,20
Frankreich	10,39	14,37	12,98	12,00	11,57	11,67
Total	9,82	14,54	13,13	13,10	12,32	12,03

Tabelle 12: Durchschnittliche Gesamtredezeit der Akteure in Wissenschaftsbeiträgen in Sekunden.

Bei der Betrachtung der durchschnittlichen Redezeit in Wissenschaftsbeiträgen lässt sich generell feststellen, dass Experten im Schnitt längere Sprechakte haben als andere Bezugsgruppen. Die durchschnittliche Redezeit von Experten beträgt demnach 14,54 Sekunden. Wissenschaftler haben in Bezug auf andere Gruppen potenziell die Möglichkeit, sich länger zu äußern. Die Bezugsgruppe mit den kürzesten Sprechakten pro Person stellen dagegen die Bürger dar. Diese sogenannten vox populi sind zumeist Aussagen von Betroffenen oder Statements von Bürgern zu einem wissenschaftlichen Sachverhalt und übersteigen selten zehn Sekunden. Bei den öffentlich-rechtlichen Sendern ARTE, France2 und der Tagesschau ist die Redezeit der Bürger tendenziell länger als bei den privaten TF1 und RTL, die mit 8,75 und 6,57 Sekunden kurze Redeakte bei den Bürgern präferieren, dafür aber insgesamt mehr Bürger befragen. Dieser organisationsspezifische Unterschied scheint allerdings absolut zufällig zu sein, denn bei den Werten aller anderen Bezugsgruppen ist die Erklärungsvariable öffentlich-rechtlich versus privat nicht aufrechtzuerhalten. ARD und ARTE zeichnen sich im Vergleich zu den anderen Sendern durch längere Redezeiten in allen Bezugsgruppen aus.

Bestimmte Werte für Bezugsgruppen, die bei den einzelnen Sendern nur eine marginale Rolle spielen, werden an dieser Stelle nicht interpretiert. Aufgrund der niedrigen Fallzahlen handelt es sich nicht um echte Mittelwerte. So wird zum Beispiel die Bezugsgruppe private Unternehmen bei ARTE oder auch der Korrespondent bei TF1 nicht erklärt, da es sich um Aussagen einzelner Personen handelt, die man nicht verallgemeinern kann.

Aufgrund der Tatsache, dass durch Mehrfachaussagen gleicher Personen die durchschnittliche Länge der O-Töne bei den einzelnen Sendern nicht erkennbar ist, wird in Tabelle 13 gesondert die Länge der Statements dargestellt.

Name der Sendung	Bürger	Experten	Interessengruppen	Korrespondent	Politiker	Unternehmen
ARTE Info	9,17	14,00	12,55		13,11	11,50
France2	9,42	12,47	10,17	11,56	10,95	11,38
RTL aktuell	5,88	12,17	9,20	9,07	9,50	10,20
Tagesschau	10,33	15,80	15,00	15,75	10,93	
TF1	8,31	12,55	11,45	16,00	12,40	11,45
Deutschland	6,29	12,71	11,38	11,50	10,00	10,20
Frankreich	8,92	12,51	10,75	12,00	11,57	11,41
Total	8,46	12,63	11,14	11,74	11,52	11,25

Tabelle 13: Durchschnittliche Länge der Statements von Akteuren in Wissenschaftsbeiträgen in Sekunden.

Es fällt auf, dass sich die meisten Sender darum bemühen, die Aussagen einer Person in mehrere einzelne O-Töne zu teilen, um den Zuschauer nicht einen allzu langen Sprechakt zuzumuten. Durch die Verwendung kürzerer Sprechakte, die immer wieder durch Filmhandlungen unterbrochen werden, enthält der Beitrag mehr Dynamik und der Zuschauer erfährt eine Reizerneuerung, die seine Konzentration aufrechterhält. Auf der anderen Seite besteht allerdings die Gefahr, einen zu schnellen, von Werbe- und Videoclips inspirierten Schnittrhythmus vorzugeben. Eine übertrieben eingesetzte Reizerneuerung kann sich in diesem Fall negativ auf das Verständnis des Beitrags auswirken. Bei RTL scheinen die niedrigen Werte bei fast allen Bezugsgruppen in diese Richtung zu deuten. Bei einer durchschnittlichen Dauer von 5,88 Sekunden haben die Betroffenen oft kaum die Gelegenheit, einen zusammenhängenden Satz auszusprechen. Alle anderen Sender scheinen darum bemüht, sinnvoll mit Schnittmöglichkeiten von Aussagen befragter Personen umzugehen. In Abbildung 9 wird dieses Verhältnis zwischen Länge der Statements und Redezeit in einer Gegenüberstellung veranschaulicht.

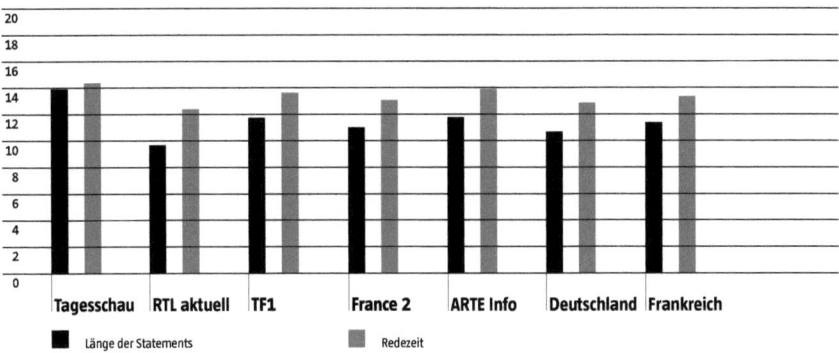

Abbildung 9: Gegenüberstellung der durchschnittlichen Länge der Statements und der Redezeit in Sekunden.

P, F-Test	Länge der Statements	Länge der Redezeit
Land	0,643	0,988
Organisationsform	0,004	0,461
Land*Organisationsform	0,000	0,190

Tabelle 14: ANOVA-Ergebnisse: Länge der Statements und Redezeit nach länder- und organisationsspezifischen Unterschieden.

Die ANOVA-Ergebnisse für den F-Test (Tabelle 14) zeigen, dass durch die großen Unterschiede innerhalb eines Landes zwischen ARD und RTL die länderspezifischen Variablen auf keinen Fall diese Verteilung erklären können. Der p-Wert beträgt bei der Länge der Redezeit einen sehr hohen Wert von 0,643 und 0,988.

6.4.3 Rangordnung der befragten Personen

Um die Akteure in den Wissenschaftsbeiträgen der Hauptfernsehnachrichten besser zu beschreiben, wird in der folgenden Tabelle zusätzlich die Rangordnung angezeigt.

Bezugsgruppe	Rangordnung	Name der Sendung					
		Tages-schau	RTL aktuell	TF1	France2	ARTE Info	Gesamt
Politiker	Obere	2	2		2	9	15
	Mittlere	5	7	8	8	7	35
	Untere		4	7	10	2	23
	Gesamt	7	13	15	20	18	73
Experten	Obere	3	15	41	28	7	94
	Mittlere	2	12	24	22	2	62
	Untere		2	16	14	1	33
	Gesamt	5	29	81	64	10	189
Interessen-gruppen	Obere	1		3	7	1	12
	Mittlere	2	3	14	15	10	44
	Untere	0	2	3	2		7
	Gesamt	3	5	20	24	11	63
Unternehmen	Obere			2	4	1	7
	Mittlere		4	5	11	3	23
	Untere		1	4	1	0	6
	Gesamt		5	11	16	4	36
Einzelpersonen	Obere		2	1		1	4

Tabelle 15: Rangordnung der befragten Personen in den Bezugsgruppen in absoluten Zahlen.

Die Ergebnisse in Tabelle 15 geben Aufschluss über die Rangordnung in den einzelnen Gruppen. Insgesamt lässt sich feststellen, dass die Experten die Gruppe darstellen, die am häufigsten, zu 50 %, eine hohe Rangordnung zu verzeichnen hat. Wenn Experten in Fernsehnachrichten befragt werden, handelt es sich vor allem um hochrangige Wissenschaftler oder spezialisierte Ärzte. Nur in Frankreich kommen auch oft Vertreter der unteren Rangordnung zu Wort. Bei TF1 sind 20 % der befragten Experten unteren Ranges und bei France2 sind es 22 %. Dieses sind Praktizierende eines wissenschaftlichen Berufszweigs, die nicht über eine akademische Ausbildung verfügen.

Allerdings ist bei der Vielzahl der befragten Personen auf den französischen Sendern die Aussage dieser Experten mit niedrigem Rang oftmals eine Ergänzung zum Sprechakt des hochrangigen Wissenschaftlers.

Große Unterschiede zwischen den einzelnen Sendern finden sich in der Auswahl der Politiker. Bei ARTE werden vor allem hochrangige Politiker in wissenschaftlichen Beiträgen befragt. Jeder zweite befragte Politiker hat bei ARTE einen hohen Rang. Bei der ARD und bei RTL kommen O-Töne von Politikern mittleren Ranges, also zumeist Politiker aus Regierungskreisen oder Parteisprecher, am häufigsten vor, mit 71 % bei der ARD und 54 % bei RTL. Allerdings zeichnet sich die ARD dadurch aus, dass im Untersuchungszeitraum kein kommunaler Politiker, der untersten Rangstufe zugehörig, befragt wurde. Bei RTL und den französischen Sendern werden allerdings kommunale Politiker mit einer niedrigen Rangordnung öfter befragt als die hochrangigen. Jeder zweite befragte Politiker ist in Frankreich auf den kommunalen oder regionalen Raum zu verorten und hochrangige Politiker kommen auf France2 nur zu 10 %, bei TF1 überhaupt nicht zu Wort.

Bei den Interessengruppen und Unternehmen zeichnet sich eine Dominanz der mittleren Rangordnung ab. Prominente, in Tabelle 15 als oberer Rang bei Bürgern codiert, kommen kaum in wissenschaftlichen Beiträgen vor und bilden eher eine Ausnahme. Auffällig war in diesem Fall nur der Beitrag auf RTL zur Nahtoderfahrung mit dem B-Promineneten Hape Kerkeling, der in den Nachrichten sein neues Buch promoten durfte und dessen Aussagen abwechselnd mit denen eines Experten ein wissenschaftlicher Ton eingehaucht wurde, was nicht über den extremen *Soft-News*-Charakter dieses Filmbeitrags hinwegtäuschen konnte.[54]

---

54 RTL, 31. 5. 2006, Beitrag zur Nahtoderfahrung, in dem Wissenschaftler häufig erwähnt, aber selten befragt werden, 133 Sekunden.

6.4.4 Geschlecht der befragten Personen

Betrachtet man das Geschlecht der Akteure, so fällt auf, dass sich die tendenziell von Männern dominierte Wissenschaft in den Ergebnissen der vorliegenden Studie widerspiegelt.

Name der Sendung	Männer	Frauen
Tagesschau	94	6
RTL aktuell	80	10
TF1	72	28
France2	71	29
ARTE	80	20
Deutschland	83	17
Frankreich	72	28

Tabelle 16: Prozentuale Verteilung nach Geschlecht der Akteure in Wissenschaftsbeiträgen.

Auffällig ist allerdings, dass die deutschen Sender das Klischee, Frauen hätten nichts in einem wissenschaftlichen Beitrag verloren, noch stärker bedienen als die französischen. In Deutschland übersteigt die Frauenquote bei der Tagesschau gerade einmal 5 % und bei RTL sind ebenfalls nur fast 10 % der Handlungsträger in einem wissenschaftlichen Beitrag Frauen. TF1 und France2 können dagegen Werte um die 28 % bei dem Anteil weiblicher O-Töne aufweisen. Bei ARTE liegt der Anteil der Frauen bei 20 %. In Bezug auf die Rangordnung konnte festgestellt werden, dass die weiblichen Experten nur bei den unteren Rängen am häufigsten, und zwar zu 30 % vorkommen.[55] Bei den hochrangigen Experten fällt auf, dass ARTE mit einem hohen Frauenanteil von 29 % im Vergleich zu den anderen Sendern (RTL mit 13 %, TF1 17 % und France2 21 %, ARD 0 %) heraussticht.

---

55 Die Tabelle zu Rangordnung und Geschlecht befindet sich im Anhang IV.

6.5 Darstellung des Wissenschaftlers

Nach der Darstellung der Ergebnisse zu den befragten Personen wird im Folgenden versucht zu beschreiben, welches Bild von Wissenschaftlern vermittelt wird, zum einen am Stereotypenbild (V8) und zum anderen am Kontext, in dem der Wissenschaftler (V9) gezeigt wird.

Name der Sendung	Retter/ Erlöser	herzloser Forscher	leicht verrückter Professor	sonstiges stereotypes Symbolbild
Tagesschau	8	1		2
%	72,7	9,1		18,2
RTL aktuell	26		1	4
%	83,9		3,2	12,9
TF1	39	2	3	6
%	78,0	4,0	6,0	12,0
France2	42	1		5
%	87,5	2,1		10,4
ARTE Info	17	3		1
%	80,9	14,3		4,8
Deutschland	34	1	1	6
%	81,0	2,4	2,4	14,2
Frankreich	81	3	3	11
%	82,6	3,1	3,1	11,2

Tabelle 17: Stereotypes Bild der Wissenschaftler. Absolute Zahlen und relative Häufigkeiten. (n=161).

Die untersuchten Hauptfernsehnachrichten haben alle die Gemeinsamkeit, dass Wissenschaftler zumeist als Retter/Erlöser dargestellt werden. Diese Zuweisung ist im Gegensatz zu den eher negativ geprägten stereotypen Bildern aus Literatur und Spielfilm sehr positiv und deutet darauf hin, dass Wissenschaftler in den Fernsehnachrichten in einem guten Licht dargestellt werden.

Selbst wenn Kritik an der Wissenschaft geübt wird, bleiben einzelne Forscher von dieser verschont und werden nicht diffamiert.

In der folgenden Tabelle wird die Darstellung des Wissenschaftlers in den Hauptfernsehnachrichten anhand der Referenzspielräume (BABOU 2004, CHERVIN 2003) näher beschrieben.

Name der Sendung		natürliche Situation, wissenschaftlicher Kontext	territorial (öffentlich)	domestikal (privat)
Tagesschau	absolut	1	6	
	%	14,3	85,7	
RTL aktuell	absolut	16	15	1
	%	50,0	46,9	3,1
TF1	absolut	37	10	
	%	78,7	21,3	
France2	absolut	34	12	
	%	73,9	26,1	
ARTE Info	absolut	8	7	
	%	53,3	46,7	
Deutschland	absolut	17	21	1
	%	43,6	53,8	2,6
Frankreich	absolut	71	22	
	%	76,3	23,7	
Gesamt	absolut	96	50	2

Tabelle 18: Referenzspielraum der Wissenschaftler. Land (Chi-Quadrat-Test) p=0,003, Organisationsform (Chi-Quadrat-Test) p=0,542.

Die Darstellung des Wissenschaftlers in einem wissenschaftlichen Kontext mit direktem Bezug auf seine Arbeit wird in Frankreich häufiger vorgenommen als in Deutschland. Auf TF1 werden in 79 % der Fälle Wissenschaftler an ihrem Arbeitsort dargestellt und auf France2 in 74 %. Auf ARD wird ein einziger Wissenschaftler in einem wissenschaftlichen Kontext gezeigt. Allgemein lässt sich überhaupt nur eine sehr geringe Anzahl von Wissenschaftlern feststellen, die in der ARD in diesem Zusammenhang gezeigt werden. Dieses liegt daran, dass in den vielen Meldungen und Kurzbeiträgen allein schon aufgrund der Kürze der Präsentationsform kein Platz für die Darstellung von Wissenschaftlern bleibt. Bei RTL und ARTE liegt eine relativ ausgewogene Verteilung zwischen wissenschaftlichem und öffentlichem Kontext vor.

Eine Darstellung von Wissenschaftlern in ihrem privaten Umfeld ist dagegen eher die Ausnahme und kam nur beim Porträt des deutschen Astronauten auf RTL vor. Der Astronaut wurde in seinem privaten Umfeld gezeigt und sogar seine Kinder kamen in dem Filmbeitrag vor.[56] CHERVIN hatte die Vermutung, dass diese Form der Darstellung in Zukunft dominieren würde. Dieses kann anhand der vorliegenden Studie nicht bestätigt werden, denn in keinem Beitrag in Frankreich wurde der Wissenschaftler in seinem privaten Kontext gezeigt.

Trotzdem weisen die Ergebnisse auf eine zuvor nicht erwartete interessante Erkenntnis im Hinblick auf die länderspezifische Darstellung von Wissenschaftlern hin. In Frankreich wird insgesamt in 76 % der Fälle der Wissenschaftler in einer direkten Verbindung zu seiner wissenschaftlichen Tätigkeit gezeigt. In Deutschland geschieht dies nur in 44 % der Fälle und Wissenschaftler werden zumeist in einem öffentlichen Kontext gezeigt. Die öffentliche Darstellung von Experten oder Wissenschaftlern erfolgt zumeist bei öffentlichen Veranstaltungen wie Pressekonferenzen, bei denen die Wissenschaftler ein Statement abgeben um eine (tages-)aktuelle Entwicklung zu dokumentieren. Diese Aussage wird dann in der Regel von mehreren Kamerateams und Sendern gleichzeitig gefilmt. Das Aufsuchen des Wissenschaftlers an seinem Arbeitsplatz, was in den französischen Hauptfernsehnachrichten verstärkt vorkommt, hat in dem Sinne eine andere Natur, da es sich höchstwahrscheinlich nicht um eine Pressekonferenz handelt, sondern zum Beispiel um einen Arzt in seiner Praxis, einen Meteorologen in seinem Forschungsinstitut oder einen Chemiker in seinem Labor. Die Welt der Wissenschaften wird somit bildlich gezeigt. Der Wissenschaftler trägt seinen wei-

---

56 RTL, 6.7.2006, Filmbeitrag zum Thema Weltall, 133 Sekunden.

ßen Kittel, wissenschaftliche Apparaturen werden im Bild sichtbar und man kann ihn direkt in seinen Arbeitszusammenhang einordnen. Darüber hinaus erfordert diese Art der Darstellung eine Initiative von Seiten der Redakteure, die nicht nur die Pressekonferenzen filmen, sondern sich nicht davor scheuen, einen Wissenschaftler an seinem Arbeitsort aufzusuchen, um ein exklusives Statement zu einem aktuellen Thema oder auch ein nicht aktuelles Thema zu behandeln.

Durch den Chi-Quadrat-Test lassen sich diese Ergebnisse statistisch signifikant absichern. Der p-Wert bei der länderspezifischen Korrelation liegt bei 0,003 und somit unter 0,005, womit sich die Darstellung des Wissenschaftlers in Deutschland signifikant von der in Frankreich unterscheidet.

6.6 Tendenz der Wissenschaftsberichterstattung und Zukunftsvision

Der folgende Kategorienkomplex befasst sich mit der Darstellung der Tendenz der Berichterstattung. Die Unterscheidung zwischen Tendenz des Ereignisses (V10), Zukunftsvision (V11) und Rolle der Wissenschaft (V12) kann dabei helfen, Abgrenzungen vorzunehmen.

6.6.1 Tendenz des Ereignisses

Die Tendenz der wissenschaftlichen Beiträge wurde nach den Kriterien von HÖMBERG/YANKERS (2000) mit negativ, positiv, neutral und nicht eindeutig erfasst.

		negativ	positiv	neutrale Tendenz	nicht eindeutig
Tagesschau	absolut	13	6	2	11
	%	40,63	18,75	6,25	34,375
RTL aktuell	absolut	17	19	1	19
	%	30,36	33,93	1,79	33,93
TF1	absolut	19	39	14	13
	%	22,35	45,88	16,47	15,29
France2	absolut	19	35	10	16
	%	23,75	43,75	12,5	20
ARTE Info	absolut	14	10		5
	%	48,28	34,48		17,24
Deutschland	absolut	30	25	3	30
	%	27,78	23,15	2,78	27,78
Frankreich	absolut	38	74	24	29
	%	21,11	41,11	13,33	16,11

Tabelle 17: Tendenz des Ereignisses. Basis: alle erfassten Beiträge im Untersuchungszeitraum.

Die Tendenz des Ereignisses ist bei ARTE mit 48 % am häufigsten als negativ einzuordnen gewesen. Ähnlich hohe Werte wiesen die ARD mit 41 % und RTL aktuell mit 30 % auf. Die französischen Sender berichten hingegen nur mit rund 22 % bei TF1 und 24 % bei France2 über negative Ereignisse.

Die Nuancen und Unterschiede in der Kategorie Tendenz lassen sich besser interpretieren, wenn man die positive Tendenz mit berücksichtigt. Dabei fällt auf, dass die französischen Sender in fast jedem zweiten Beitrag über ein positives Ereignis berichten. ARTE erreicht mit dem Wert 34 % bei Beiträgen mit positiver Tendenz einen relativ hohen Wert im Vergleich zu den Ereignissen mit negativer Tendenz und somit lässt sich der hohe Wert bei negativen Ereignissen relativieren. Die ARD dagegen berichtet nur in 19 % der Beiträge über positive Ereignisse. Bei RTL liegt der Wert bei 34 %.

Der länderspezifische Vergleich zeigt dabei, dass in Frankreich öfter positive Ereignisse mit 41 % in das Blickfeld der Berichterstattung rücken, während es in Deutschland eher die negativen (28 %) sind.

Aufgrund der niedrigen Zellhäufigkeiten können diese länderspezifischen Unterschiede allerdings nicht durch einen Signifikanztest überprüft werden.

In der vorliegenden Untersuchung kann man bemerken, dass die Tendenz des Ereignisses aufgrund intervenierender Variablen keine so eindeutigen Ergebnisse liefert wie bei Wissenschaftssendungen. Das liegt vor allem an den vielen Beiträgen zu Katastrophen. Selbst wenn über Katastrophen positiv und negativ berichtet werden kann, wird dies selten gemacht, denn es liegt in der Natur des Ereignisses, dass dieses negativ ist. In Zusammenhang mit der Darstellung des Wissenschaftlers lässt sich allerdings feststellen, dass selbst bei negativen Ereignissen die Wissenschaftler in einem positiven Bild dargestellt werden und als Retter und Erlöser in einer gefährlichen Situation auftreten. In den meisten Beiträgen zu Umweltkatastrophen werden zum Beispiel Ärzte gezeigt, die den Opfern helfen, und Forscher versuchen Methoden zu entwickeln, um in Zukunft diese Katastrophen zu vermeiden.

6.6.2 Zukunftsvision

Die Zukunftsvision kann als zusätzliche Kategorie gezählt werden, mit der die Tendenz eines Beitrages gemessen werden kann.

Name der Sendung		Fortschritt	Risiko/Gefahr	keine erkennbar
Tagesschau	absolut	8	8	16
	%	25,00	25,00	50,00
RTL aktuell	absolut	18	12	26
	%	32,14	21,43	46,43
TF1	absolut	38	12	35
	%	44,71	14,12	41,18
France2	absolut	40	13	27
	%	50,00	16,25	33,75
ARTE Info	absolut	12	7	9
	%	42,86	25,00	32,14
Deutschland	absolut	26	20	42
	%	29,55	22,73	47,73
Frankreich	absolut	78	25	62
	%	47,27	15,15	37,58

Tabelle 20: Zukunftsvisionen in den Wissenschaftsbeiträgen. Land (Chi-Quadrat-Test) p=0,065, Organisationsform (Chi-Quadrat-Test) p=0,560.

Als positive Zukunftsvision wurde der Fokus der Berichterstattung auf einen Fortschritt durch die wissenschaftliche Errungenschaft codiert, und dieses war vor allem in den französischen Fernsehnachrichten der Fall. 45 % der Beiträge auf TF1 und sogar der Hälfte der Beiträge auf France2 hatten eine positive Konnotation und befassten sich mit Fortschritt. In Deutschland war dies bei der ARD nur zu 25 % der Fall und RTL hatte in 32 % der Beiträge eine positive Zukunftsvision. Bei der ARD ist das Verhältnis zwischen positiver und negativer Zukunftsvision mit jeweils 25 % ausgeglichen. Allgemein lässt sich feststellen, dass in Deutschland des Öfteren gar keine Zukunftsvision vorkommt. Die Hälfte der untersuchten wissenschaftlichen Beiträge bei der ARD und 46 % der Beiträge auf RTL lassen auf keine Konsequenz für die Zukunft schließen. Bei den anderen Sendern schwankt dieser Wert zwischen 32 % und 41 %.

Die Unterschiede der Ergebnisse zwischen einer positiven und negativen Zukunftsvision in Deutschland und Frankreich lassen sich allerdings nicht signifikant belegen. Beim Chi-Quadrat-Test ist der p-Wert für die länderspezifischen Unterschiede zwar kleiner als der Vergleichwert für organisationsspezifische Differenzen, jedoch liegt er nicht unter 0,005.

Die Ergebnisse aus der Kategorie Zukunftsvision haben sich als ein Indikator gezeigt, der eine sinnvolle Ergänzung zur Tendenz des Ereignisses darstellt. Die einfache Einordnung und die Möglichkeit, einen Signifikanztest durchzuführen, helfen, die Tendenz der Berichterstattung adäquater zu erfassen, als es mit der vorausgehenden Kategorie allein möglich gewesen wäre. Dabei fällt vor allem bei ARTE auf, dass der relativ hohe Anteil der negativen Ereignisse zumeist mit einer positiven Zukunftsvision belegt ist.

6.6.3   Rolle der Wissenschaft

Nach der Darstellung der Tendenz des Ereignisses und der proklamierten Zukunftsaussicht soll der Indikator Rolle der Wissenschaft noch detaillierter Aufschluss darüber geben, wie über Wissenschaft in den Fernsehnachrichten berichtet wird.

Name der Sendung		helfend, problemlösend	hilflos, problemschaffend	ohne Tendenz	Tendenz uneinheitlich
Tagesschau	absolut	13	3	5	7
	%	46,43	10,71	17,86	25,00
RTL aktuell	absolut	34	3	6	9
	%	65,38	5,77	11,54	17,31
TF1	absolut	54	3	19	7
	%	65,06	3,61	22,89	8,43
France2	absolut	51	2	22	2
	%	66,23	2,60	28,57	2,60
ARTE Info	absolut	20	4		5
	%	68,97	13,79		17,24
Deutschland	absolut	47	6	11	16
	%	43,52	5,56	10,19	14,81
Frankreich	absolut	105	5	41	9
	%	58,33	2,78	22,78	5,00

Tabelle 21: Rolle der Wissenschaft in den Wissenschaftsbeiträgen. Land (Chi-Quadrat-Test) p=0,000, Organisationsform (Chi-Quadrat-Test) p=0,826.

Aus Tabelle 21 geht hervor, dass die Rolle der Wissenschaft in den meisten Beiträgen als helfend und problemlösend angesehen wird. Diese Werte reichen von 46 % bei der ARD bis zu eindeutigen 65 % bei RTL und TF1, 66 % bei France2 und sogar 69 % bei ARTE. ARTE, der Sender mit den vielen negativen Ereignissen, berichtet in diesem Fall am positivsten über die Wissenschaft. Erstaunlicherweise berichtet ARTE in den meisten Fällen, in 14 % der Beiträge, auch kritisch über dieselbe. Somit kann insgesamt die Berichterstattung von ARTE als ausgewogen und differenziert angesehen werden. Die anderen Sender berichten noch seltener negativ über die Wissenschaft und sprechen ihr nur in zwei bis vier Beiträgen eine problemschaffende Rolle zu.

Durch den Chi-Quadrat-Test kann signifikant gezeigt werden, dass die Unterschiede zwischen Ländern viel eindeutiger sind als die zwischen Organisationsformen. Der p-Wert von 0,000 spiegelt wider, dass die französischen Fernsehnachrichten der Wissenschaft nahezu die gleiche Rolle zusprechen. Die Werte von RTL und der ARD sind allerdings unterschiedlich und RTL nähert sich stark der französischen Sender an.

6.7 Wissenschaftliche Information

6.7.1 Wissenschaftliche Hintergrundinformation in Filmbeiträgen

Die folgende Tabelle gibt Aufschluss darüber, in wie vielen Filmbeiträgen wissenschaftliche Information (V13) vorhanden war.

	vorhanden		nicht vorhaben		gesamt	
		%		%		%
Tagesschau	10	71,4	4	28,6	14	100
RTL aktuell	29	74,4	10	25,6	39	100
TF1	64	80,0	16	20,0	80	100
France2	59	79,7	15	20,3	74	100
ARTE Info	24	96	1	4	25	100
Deutschland	39	73,6	14	26,4	53	100
Frankreich	123	79,9	31	20,1	154	100

Tabelle 22: Wissenschaftliche Hintergrundinformation. Absolute Zahlen und relative Häufigkeiten.

Bei dem Großteil der Filmbeiträge im Untersuchungskorpus ist wissenschaftliche Hintergrundinformation vorhanden. Auffällig ist, dass bei ARTE fast alle Beiträge wissenschaftliche Hintergrundinformationen liefern. Bei den französischen Sendern liegt der Anteil bei rund 80 %. In Deutschland sind die Werte etwas geringer, was generell darauf schließen lässt, dass sich die als wissenschaftlich codierten Beiträge nicht vordergründig mit Wissenschaft auseinandersetzen.

In Bezug auf die Themenbereiche lässt sich feststellen, dass wissenschaftliche Hintergrundinformation meistens bei Filmbeiträgen aus dem

Soft-News-Bereich, bei einem starken politischen Fokus oder bei Katastrophen fehlt. Die meisten Beiträge zu Umweltkatastrophen liefern zwar keine wissenschaftlichen Hintergrundinformationen zu Ursachen und Gründen der Umweltkatastrophe an sich und eine Codierung erfolgte nur, weil sie meistens wissenschaftliche Hintergrundinformationen über den Gesundheitszustand der Opfer vermitteln und O-Töne von Ärzten als Experten einsetzen. Filmbeiträge, die über Ursachen von Katastrophen detailliert informieren, kommen im Untersuchungszeitraum nur selten vor. ARTE zeigt bei einem Beitrag über den Vulkan Merapi das Merapi-Beobachtungszentrum und befragt Wissenschaftler, die dort arbeiten, zu der drohenden Umweltkatastrophe.[57] TF1 beschränkt sich bei der Beschreibung eines Unwetters in Deutschland nicht nur auf die Darstellung der Schäden, sondern interviewt einen Potsdamer Meteorologen.[58] In Deutschland werden in einem Bericht auf RTL nach einem Felsschlag ein Geologe und andere Experten befragt, die viele wissenschaftliche Hintergrundinformationen liefern und aus dem ursprünglichen informationsarmen Schema der Katastrophenberichterstattung positiv herausstechen.[59]

In allen anderen Themengebieten wie Medizin, Technik, Umwelt und Weltall wird wissenschaftliche Hintergrundinformation geliefert. Als einzige Ausnahme gilt vereinzelt ARD, denn durch die Politikfixierung der Themen kommen wissenschaftliche Hintergrundinformationen zu kurz oder werden ausgelassen. In der vorliegenden Inhaltsanalyse wurde keine Abstufung dessen vorgenommen, wie viel Hintergrundinformation geliefert wird. Allerdings lässt sich aufgrund der vielen interviewten Experten bei den französischen Sendern und anhand der Themenstruktur sagen, dass die komplexen wissenschaftlichen Hintergrundinformationen eher auf den beiden französischen Sendern und bei ARTE zu finden waren.

---

57 ARTE, 2. 6. 2006, Filmbeitrag zum Vulkan Merapi, 151 Sekunden.
58 TF1, 8. 7. 2006, Filmbeitrag zum Unwetter in Deutschland, 76 Sekunden.
59 RTL, 1. 6. 2006, Filmbeitrag zu einem Felsschlag in Österreich, 106 Sekunden.

6.7.2 Schwerpunkt der Filmbeiträge

Die wissenschaftliche Hintergrundinformation wird durch Kategorie V14 Schwerpunkt der Beiträge spezifiziert und es wird eine Unterscheidung der Beiträge ohne wissenschaftlichen Schwerpunkt in *hard* und *soft news* vorgenommen.

Name der Sendung	wissenschaftliche Information		anderes Thema soft news		anderes Thema hard news		gesamt	
		%		%		%		%
Tagesschau	8	57,1	2	14,3	4	28,6	14	100
RTL aktuell	21	55,3	14	36,8	3	7,9	38	100
TF1	45	57,0	27	34,2	7	8,9	79	100
France2	41	55,4	21	28,4	12	16,2	74	100
ARTE Info	19	76,0	1	4,0	5	20,0	25	100
Deutschland	29	55,7	16	30,8	7	13,5	52	100
Frankreich	86	56,2	48	31,4	19	12,4	153	100
Gesamt	139	60,4	63	27,4	28	12,2	230	100

Tabelle 23: Schwerpunkt der Filmbeiträge. (n=230).

Die als wissenschaftlich codierten Filmbeiträge haben bei den meisten Sendern nur in rund jedem zweiten Beitrag auch einen Schwerpunkt auf die wissenschaftliche Information. Nur bei ARTE ist dieser Wert mit 76 % der Beiträge mit wissenschaftlichem Fokus etwas höher und im Untersuchungszeitraum ist nur ein wissenschaftlicher Beitrag mit *Soft-News*-Charakter codiert worden. Ähnlich verhält es sich bei der ARD, denn beide Sender zeichnen sich dadurch aus, dass die Beiträge aus dem Bereich der *hard news* öfter vorkommen als Filmbeiträge mit unterhaltendem Schwerpunkt. Die französischen Sender und RTL zeichnen sich dagegen durch eine Tendenz zu Filmbeiträgen mit *Soft-News*-Schwerpunkt aus. Die privaten Sender, RTL mit 37 % und TF1 mit 34 %, erreichen hierbei die höchsten Werte. Allerdings ist der Anteil von 28 % bei France2 nicht zu verachten und aus diesem Grund kann in Frankreich zwischen dem Verhältnis *soft news* und *hard news* bei den Organisationsformen privat und öffentlich-rechtlich kein signifikanter Unterschied festgestellt werden. Auffällig ist, dass bei den vielen Beiträgen mit Hintergrundinformation (vgl. 6.7.1) offensichtlich auch die Filmbeiträge aus dem Bereich der *soft news* im Gegensatz zu RTL Hintergrundinformationen enthalten. Aus diesem Grund kann man davon ausgehen, dass die bei den wissenschaftlichen Magazinbeiträgen (vgl. 2.4) bereits zu beobachtende Tendenz des Sciencetainments zur Vermischung von Unterhaltung und wissenschaftlicher Information sich auch in den Fernsehnachrichten manifestiert. Die Ergebnisse für Deutschland lassen sich mit denen aus der Studie von HOPF (1995: 102) vergleichen, wo rund die Hälfte der codierten Beiträge einen Schwerpunkt auf Wissenschaft hatte. Bei 37 % der Beiträge auf RTL und nur 15 % der Beiträge auf ZDF konnte HOPF einen Scherpunkt auf *soft news* feststellen (ebd.). Ein ähnliches Verhältnis konnte bei der vorliegenden Studie zwischen den öffentlich-rechtlichen Hauptfernsehnachrichten auf ARD und den privaten auf RTL festgestellt werden. In den letzten zehn Jahren hat sich das Verhältnis zwischen *soft* und *hard news* bei der Wissenschaftsberichterstattung in den Hauptfernsehnachrichten in Deutschland zwischen den privaten und öffentlich-rechtlichen Anbietern kaum geändert. Aus diesem Grund ist in Hinblick auf den Anteil der *soft news* in den wissenschaftlichen Beiträgen keine Konvergenz bemerkbar.

6.8 Hilfsmittel

Bei den verwendeten Hilfsmitteln (V15) soll vor allem auf die Anzahl und Länge der Trickfilme und Grafiken eingegangen werden. Die anderen Ausprägungen, Computerbildschirm, spezielle Landkarte und Archivmaterial, wurden der Vollständigkeit halber mit erhoben und lassen sich im Hinblick auf die Wissenschaftsberichterstattung interpretieren. Im Folgenden wird in Tabelle 24 die Gesamtdauer der verwendeten Hilfsmittel dargestellt.

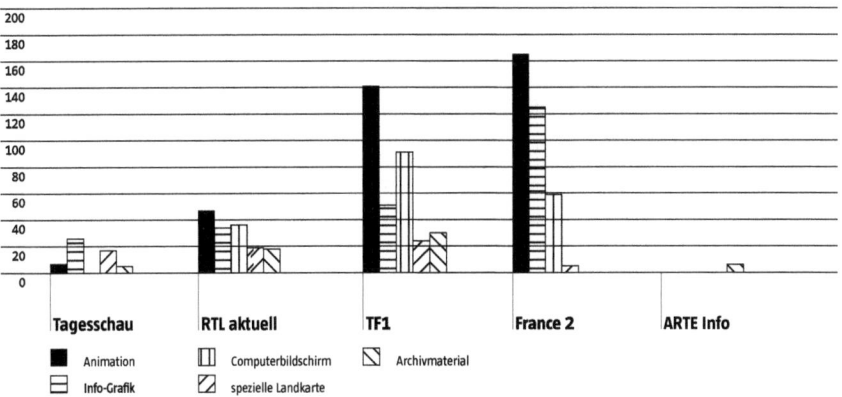

Abbildung 10: Zeitliche Verteilung der Verwendung von Hilfsmitteln in Wissenschaftsbeiträgen in Sekunden.

Gesamtdauer pro Sender	Animation	Info-Grafik	Computerbildschirm	Spezielle Landkarte	Archivmaterial
Tagesschau	7	26		17	5
RTL aktuell	47	34	36	19	18
TF1	141	51	91	24	30
France2	165	125	59	5	
ARTE Info					6

Tabelle 24: Länge der Verwendung von Hilfsmitteln in Wissenschaftsbeiträgen in Sekunden.

157

Aus Abbildung 10 geht hervor, dass vor allem die französischen Sender TF1 und France2 Hilfsmittel bei der Darstellung von wissenschaftlichen Themen verwenden. France2 zeichnet sich dabei sowohl bei der Verwendung von Animationen als auch bei Grafiken dadurch aus, dass der Sender das größte zeitliche Volumen für deren Darstellung aufwendet. Die Gesamtlänge der Animationen beträgt bei France2 165 Sekunden (entspricht 13 Beiträgen mit Trickfilmen), ähnlich hoch ist der Wert bei TF1 mit 141 Sekunden (10 Filmbeiträge mit Trickfilmsequenzen).

In Deutschland kamen weniger Trickfilme in der Untersuchungsperiode vor, was in erster Linie auf die kürzere Gesamtdauer der Wissenschaftsberichterstattung insgesamt zurückzuführen ist. ARD sendete nur einen Trickfilm, benutzt aber oft das Hilfsmittel Grafik oder Schema, um den Text visuell vereinfacht darzustellen. Bei RTL wurden in der Untersuchungsperiode fünf Beiträge mit Trickfilmen codiert, was in Bezug auf die Gesamtzahl der Präsentationsform Filmbeitrag von 39 einen relativ hohen Anteil an Filmbeiträgen mit Animationen ausmacht, auch wenn sich dieses nicht auf den ersten Blick aus der Darstellung des gesamten zeitlichen Volumens erschließt. Aus diesem Grund wird in Tabelle 25 nochmals das Verhältnis der Beiträge mit Animationen zur Anzahl der Filmbeiträge dargestellt.

Sender	Filmbeiträge	Beiträge mit Animation	Quotient
ARD	15	1	0,060
RTL	39	5	0,128
TF1	80	10	0,125
France2	74	13	0,176
ARTE	25	0	0,000

Tabelle 25: Verhältnis von Filmbeiträgen mit Animation zu allen erfassten Filmbeiträgen im Untersuchungszeitraum.

Die Ergebnisse in Tabelle 25 machen deutlich, dass bei RTL 12,8 % der Beiträge Trickfilmsequenzen enthalten. Dieser Wert ist bei TF1 mit 12,5 % ähnlich, wird aber vom anderen französischen Sender France2 mit 17,6 % noch überschritten.

Im Hinblick auf die anderen Hilfsmittel lässt sich feststellen, dass die Verwendung von Archivmaterial auf historische Hintergrundinformationen schließen lässt, die bei der ARD, RTL und TF1 in der Untersuchungsperiode vorkam. Im Hinblick auf die speziellen Landkarten wird bei den Sendern versucht die Verortung der Ereignisse zu veranschaulichen. In diesem Fall muss man allerdings sagen, dass es sich hierbei nur um spezielle Landkarten innerhalb eines Filmbeitrags handelt. Bei den französischen Beiträgen wird der Handlungsort nämlich bei jeder Moderation mit einer Landkarte eingeblendet, so dass der Wert natürlich bei Berücksichtigung der Moderation alle Beiträge beträfe und keinen Erkenntnisgewinn darstellen würde.

Aufgrund der relativ häufigen Abbildung von Computerbildschirmen bei wissenschaftlichen Beiträgen wurde dieser Wert in der Inhaltsanalyse mit erhoben. Es handelt sich natürlich nicht in erster Linie um ein Hilfsmittel, sondern um ein Standardbild, welches Assoziationen mit der wissenschaftlichen Welt wecken soll. Der Zuschauer kann weder die Werte auf dem gezeigten Computerbildschirm erkennen noch interpretieren, sieht diesen allerdings als wissenschaftlichen Apparat an. Die Werte für die Darstellung solcher Standardbilder sind bei TF1 am höchsten, gefolgt von France2 und RTL. Die anderen Sender setzen diese Bilder nicht ein, dort werden Wissenschaftler auch seltener in einem wissenschaftlichen Kontext (6.5) gezeigt.

In der folgenden Tabelle soll noch einmal auf die durchschnittliche Dauer der jeweiligen Hilfsmittel eingegangen werden.

	Typ des Hilfsmittels	Animation	Schema, Grafik	Computer-bildschirm	Spezielle Landkarte	Archiv-material
Tagesschau	Gesamtdauer	7,00	13,00		5,67	5,00
	Durchschnittliche Zeit	7,00	13,00		5,67	5,00
RTL aktuell	Gesamtdauer	9,40	8,50	7,20	3,80	9,00
	Durchschnittliche Zeit	8,50	8,50	6,00	3,80	7,00
TF1	Gesamtdauer	14,10	7,29	7,58	6,00	30,00
	Durchschnittliche Zeit	10,35	5,86	5,68	6,00	30,00
France2	Gesamtdauer	12,69	8,33	8,43	5,00	
	Durchschnittliche Zeit	8,86	7,26	5,79	5,00	
ARTE Info	Gesamtdauer			6,00		
	Durchschnittliche Zeit			6,00		
Deutschland	Gesamtdauer	9,00	10,00	7,20	4,50	7,67
	Durchschnittliche Zeit	8,25	10,00	6,00	4,50	6,33
Frankreich	Gesamtdauer	13,30	8,00	7,89	5,80	30,00
	Durchschnittliche Zeit	9,51	6,81	5,72	5,80	30,00
Alle Sender	Gesamtdauer	12,41	8,43	7,75	5,07	13,25
	Durchschnittliche Zeit	9,25	7,49	5,78	5,07	12,25

Tabelle 26: Dauer der verwendeten Hilfsmittel in Sekunden. Basis: alle erfassten Filmbeiträge mit Hilfsmitteln (n=99).

In Bezug auf die Gesamtlänge der Trickfilmsequenz in einem Beitrag lässt sich feststellen, dass TF1 mit einer durchschnittlichen Länge von 14 Sekunden pro Beitrag den höchsten Wert aufweist. So lange Animationsfilme werden dem Zuschauer allerdings nicht am Stück präsentiert, sondern ähnlich wie bei den Sprechakten wird hier geschnitten. Ohne Unterbrechung haben die Trickfilmsequenzen bei TF1 dann eine Dauer von zehn Sekunden. Bei den anderen Sendern schwankt dieser Wert zwischen acht und neun Sekunden.

Bei Grafiken werden bei ARD mit im Schnitt 13 Sekunden die längsten gezeigt. Diese untermauern teilweise die Meldungen oder Nachrichtenfilme mit Zahlen und Daten.

6.9 Visualisierungsgrad

Der Visualisierungsgrad ermittelt sich aus der Länge der Filmhandlung (V17) im Verhältnis zur Gesamtlänge des Beitrags. Die Abbildbarkeit zentraler Teilaspekte der wissenschaftlichen Themen konnte in fast allen Beiträgen gewährleistet werden (V16) (vgl. Anhang IV). Im Folgenden wird der Visualisierungsgrad aller Präsentationsformen aufgezeigt.

Visualisierungsgrad (alle Präsentationsformen)

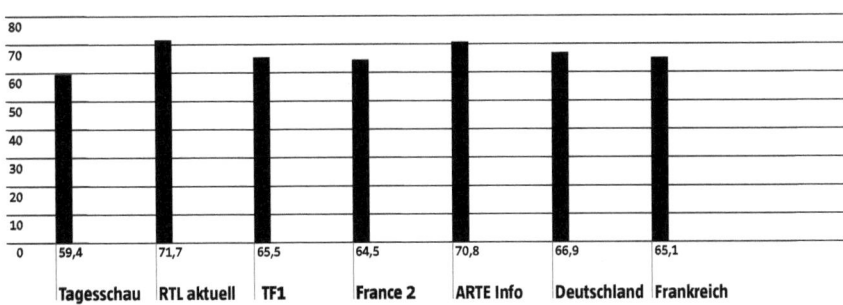

Abbildung 11: Visualisierungsgrad der Wissenschaftsbeiträge. Berechnung: Quotient aus Filmhandlung und Gesamtlänge

	Visualisierungsgrad
P, F-Test	
Land	0,090
Organisationsform	0,012
Land*Organisationsform	0,033

Tabelle 27: ANOVA-Ergebnisse zum Visualisierungsgrad aller Präsentationsformen für Organisationsform und Land.

Der Visualisierungsgrad ist wie zu erwarten aufgrund der Vielzahl von Meldungen und einer tendenziell etwas längeren Moderation bei der Tagesschau mit 59,4 % am geringsten. RTL hat einen Visualisierungsgrad von 71,7 %. Ähnlich verhält es sich bei ARTE. Der Visualisierungsgrad bei den beiden französischen Sendern liegt im Mittel bei 65,1 %. Dieser etwas niedrigere Wert beruht allerdings nicht darauf, dass es bei TF1 oder France2 die Präsentationsform Meldung gibt. Bezogen auf die Moderation ist diese ebenfalls kürzer als bei der ARD. Filmbeiträge und Kurzbeiträge, Präsentationsform und kürzere Moderationsseiten sind also die Faktoren, die den Visualisierungsgrad steigern. Dabei ist der Visualisierungsgrad bei Kurzbeiträgen höher als bei Filmbeiträgen, denn dort wird die Filmhandlung oft durch Rede- und Sprechakte untermauert. Die französischen Sender zeichnen sich durch eine Vielzahl von Filmbeiträgen aus und haben auch im Vergleich zu den anderen Sendern die größte Anzahl befragter Personen pro Beitrag, wie aus 6.4 hervorgeht. Darüber hinaus ist auch die Redezeit dieser Personen lang. Wenn man bedenkt, dass diese Faktoren sich auf den Visualisierungsgrad auswirken, kann man verstehen, warum der Visualisierungsgrad bei den französischen Sendern nicht die Werte von RTL und ARTE erreicht.

Visualisierungsgrad (nur Filmbeiträge)

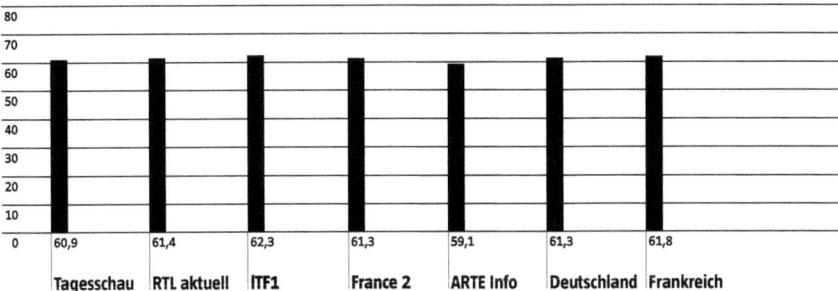

Abbildung 12: Visualisierungsgrad der wissenschaftlichen Filmbeiträge.

	Visualisierungsgrad
P, F-Test	
Land	0,568
Organisationsform	0,657
Land*Organisationsform	0,882

Tabelle 26: ANOVA-Ergebnisse zum Visualisierungsgrad aller Filmbeiträge für Organisationsform und Land.

In Abbildung 12 wird der Visualisierungsgrad für die Filmbeiträge separat berechnet. Der Einfluss der Rede- und Sprechakte auf den Visualisierungsgrad wird hier nochmals verdeutlicht.

Anhand einer separaten Rechnung soll an dieser Stelle aufgezeigt werden, dass die französischen Sender öfter versuchen die Filmhandlung trotz der vielen Statements zu steigern. Zum einen werden wie in 6.4 dargestellt, die Sprechakte einer Person meistens durch Filmakte unterbrochen. Auf diese Weise bleibt der Visualisierungsgrad zwar gleich, dem Zuschauer werden allerdings keine allzu langen O-Töne zugemutet. Anderseits versuchen die französischen Sender verstärkt Sprechakte durch Filmhandlung zu untermauern. So wird während eines Statements nicht permanent die befragte

Person, sondern im Bild parallel eine Filmhandlung gezeigt, die das Gesagte komplementiert. Einfache Dekorationen und Schrifttafeln wurden dagegen nicht als Filmhandlung gewertet.

In der folgenden Tabelle wird der Visualisierungsgrad in Filmbeiträgen berechnet, indem einfach nur die Sprechakte von der Gesamtlänge des Beitrags abgezogen werden.

	Länge ohne Moderation	Länge mit Moderation	Länge aller Sprechakte	Quotient von Gesamtlänge abzüglich Länge aller Sprechakte zu Länge ohne Moderation, %	Quotient von Gesamtlänge abzüglich Länge aller Sprechakte zu Länge mit Moderation, %
Tagesschau	1226	1537	306	0,75	0,60
RTL aktuell	3545	4408	949	0,73	0,59
TF1	7059	8383	2314	0,67	0,57
France2	7967	9234	2567	0,68	0,58
ARTE Info	2672	3280	809	0,70	0,57

Tabelle 29: Länge der Sprechakte im Verhältnis zur Gesamtlänge, Berechnung des fiktiven Visualisierungsgrades.

Die Werte zeigen eindeutig, dass der Visualisierungsgrad bei den französischen Sendern und RTL und ARTE theoretisch aufgrund der vielen Sprechakte niedriger sein müsste. Einzig bei der ARD ist der theoretische Visualisierungsgrad mit 60 % genauso hoch wie der tatsächliche, was darauf hindeutet, dass Sprechakte kaum mit Filmhandlung unterlegt werden. Durch die detaillierte Erfassung des Visualisierungsgrades in jedem einzelnen Beitrag lässt sich die Intention bei den anderen Sendern erkennen, den Visualisierungsgrad zu steigern und somit den wissenschaftlichen Filmbeitrag anschaulicher zu gestalten. Dieses lässt sich anhand von Tabelle 29 auch beweisen.

6.10 Emotionalisierung

Bei dem Emotionalisierungsgrad (V18), der ein Versuch ist, bei extrem hohen Werten eine Maßzahl für schockierende Bilder zu entwickeln, beschränkt sich die Darstellung der Ergebnisse auf extrem hohe Werte, denn der Großteil der Filmbeiträge kommt ohne diese sensationelle Art der Wissenschaftsberichterstattung aus. Im Folgenden werden die Fallbeispiele mit als extrem hoch codierter Emotionalisierung (V18.1) dargestellt.

Sender	Datum	Wissenschaftliches Thema	Gesamtlänge des Beitrags (ohne Moderation)	Länge der Emotionalisierung	Emotionali-sierungsgrad	Visualisierungsgrad
RTL	16.6.2006	Medizin (Operation)	145	130	0,90	0,99
RTL	3.7.2006	Technische Katastrophe	108	35	0,33	0,88
France2	5.6.2006	Medizin (Herztransplantation)	95	31	0,33	0,71
France2	1.6.2006	Medizin (Anti-Tabak-Kampagne in GB)	146	20	0,14	0,48
TF1	6.6.2006	Medizin (Herztransplantation)	67	40	0,60	0,85
TF1	12.6.2006	Medizin	78	30	0,38	0,77
TF1	31.5.2006	Medizin (Passivrauchen)	95	52	0,55	0,60
TF1	31.5.2006	Umweltkatastrophe	90	30	0,33	0,43
TF1	30.5.2006	Umweltkatastrophe	103	48	0.46	0,66

Tabelle 30: Filmbeiträge mit hohem Emotionalisierungrad. Quotient aus Länge der Emotionalisierung und Gesamtlänge.

Die Tabelle 30 zeigt die neun wissenschaftlichen Filmbeiträge mit einem hohen Emotionalisierungsgrad. Auffällig ist, dass es sich um die beiden privaten Sender und auch um den öffentlich-rechtlichen Sender France2 handelt. Bei den anderen beiden öffentlich-rechtlichen Sendern wurde kein einziges

Mal ein hoher Emotionalisierungsgrad codiert. Die Filmbeiträge in denen sensationelle Bilder vorkommen, beschränken sich auf die Themenbereiche Medizin und Katastrophen. Während manche Filmbeiträge zu 14 % der Beitragslänge emotionalisierende Bilder zeigen, kann der Wert bis zu 90 % ansteigen. Die Ergebnisse beim Emotionalisierungsgrad sind unterschiedlich und lassen sich am besten im Zusammenhang mit dem Visualisierungsgrad deuten. Bei manchen Beiträgen besteht so fast die gesamte Visualisierung aus emotionalisierenden Bildern. Am 31. Mai 2006 wurde in einem Beitrag auf TF1 bei einem Visualisierungsgrad von 60 % ein fast genauso hoher Emotionalisierungsgrad mit dem Wert 55 % codiert. Dieses bedeutet, dass der Zuschauer während fast der gesamten Filmhandlung schockierende Bilder sieht.

Als Beitrag mit einem hohen Emotionalisierungsgrad wurde eine Herztransplantation auf France2 am 5. Juni 2006 als Aufmacher gezeigt. Ganze 31 Sekunden zeigte die Kamera das schockierende Bild eines blutigen Herzens. Auch bei TF1 wurde diese Transplantation mit einem noch höheren Emotionalisierungsgrad am Folgetag in einem Filmbeitrag gezeigt.

Der Filmbeitrag vom 16. 6. 2006 auf RTL[60] handelt von der Trennung siamesischer Zwillinge und zeichnet sich durch eine dramatische Darstellung aus, bei der betende Hände, Kinder in Großaufnahmen und auch Nahaufnahmen während der Operation dazu führen, dass annähernd die Gesamtlänge des Beitrags direkt auf Emotionen des Zuschauers wirkt und dabei nicht davor zurückgeschreckt wird, auch auf schockierende Bilder zurückzugreifen.

6.11 Art der Berichterstattung

Die Art der Berichterstattung (V19) wird nach den Expertenrollen von SCHOLZ unterschieden und in folgender Tabelle dargestellt:

---

[60] RTL, 16. 6. 2006, Filmbeitrag zu Medizin, 170 Sekunden.

Name der Sendung		Bewerter	Berater	Lehrer	Beispiel-Geber	Erklärer	Aufklärer	Beschwichtiger
Tagesschau	absolut	4	1		3	13	3	3
	%	14,8	3,7		11,1	48,1	11,1	11,1
RTL aktuell	absolut	6	11	2	11	13	5	3
	%	11,8	21,6	3,9	21,6	25,5	9,8	5,9
TF1	absolut	9	12	4	29	12	9	3
	%	11,5	15,4	5,1	37,2	15,4	11,5	3,8
France2	absolut	8	14	9	23	15	9	3
	%	9,9	17,3	11,1	28,4	18,5	11,1	3,7
ARTE Info	absolut	10			2	8	11	
	%	32,3			6,5	25,8	35,5	
Deutschland	absolut	10	12	2	14	26	8	6
	%	12,8	15,4	2,6	17,9	33,3	10,3	7,7
Frankreich	absolut	17	26	13	52	27	18	6
	%	10,7	16,4	8,2	32,7	17,0	11,3	3,8
Gesamt	absolut	37	38	15	68	61	37	12
	%	13,8	14,2	5,6	25,4	22,8	13,8	4,5

Tabelle 31: Verteilung der Rollen des Médiateurs. Land (Chi-Quadrat-Test) p=0,000, Organisationsform (Chi-Quadrat-Test) p=0,145.

Bei der Art der Berichterstattung traten vor allem die Positionen Erklärer und Beispielgeber verstärkt auf. Dabei dominierten bei den französischen Sendern die Berichterstattung, die als Beispielgeber charakterisiert wurde. Im Sinne von BROSIUS (1996) wird anhand anschaulicher Fallbeispiele, die zumeist mit einer Personalisierung einhergehen, dem Zuschauer ein wissenschaftlicher Sachverhalt nähergebracht. Während bei RTL diese Form der Berichterstattung zu 22 % stattfindet, sind die Filmbeiträge mit Fokus auf anschauliche Beispiele bei ARD zu 11 % und bei ARTE zu 7 % vertreten.

Bei der Tagesschau wurde rund die Hälfte aller Filmbeiträge dem Typ Erklärer zugeordnet. Dieses deutet auf eine Präferenz »summarischer Realitätsbeschreibungen« hin. Aus diesem Grund ist auch beim Nachrichtenwert bei der ARD eine geringere Anzahl von Filmbeiträgen mit Personalisierung zu vermuten als bei den anderen Sendern.

Eine weitere Besonderheit der ARD- und ARTE-Nachrichten ist die geringe Anzahl an Beiträgen mit beratender Funktion. Diese Berater- oder Servicefunktion wird bei RTL in 22 % der Fälle festgestellt. Dieser Eindruck kann durch die Einbindung von Verweisen während der Sendung auf die RTL-Internetpräsenz verstärkt werden. Zu vielen Themen, die der Art der Berichterstattung Berater entsprechen, werden Formen interaktiver Partizipation für den Zuschauer und vertiefende Informationen im Netz angeboten. Bei TF1 und France2 kommt die Charakterisierung als Berater ebenfalls in insgesamt 26 Beiträgen vor.

Wenn es um Kategorien geht, die eine kritische Auseinandersetzung mit dem wissenschaftlichen Thema implizieren und als Indizien für einen unabhängigen Wissenschaftsjournalismus gelten könnten, so liegen die Werte bei ARTE klar über dem Durchschnitt. Bei 32 % der Beiträge wurde der Ton der Berichterstattung als bewertend und in 36 % als aufklärerisch klassifiziert. Bei den anderen Sendern schwanken diese Werte zwischen 10 % und 15 % und liegen eindeutig unter denen von ARTE.

Die Durchführung des Signifikanztests zeigt, dass die Zugehörigkeit zu einem Land eher als Erklärungsvariable geeignet ist als die Zugehörigkeit zu einer Organisationsform. Beim Chi-Quadrat-Test konnte mit einem p-Wert von 0,000 aufgezeigt werden, dass sich somit ein signifikanter Zusammenhang für einen Unterschied nach dem Herkunftsland ergibt.

Insgesamt lässt sich feststellen, dass im Sinne von CHEVEIGNÉ die Rolle des Médiateurs mit Hilfe der Kriterien von SCHOLZ (1998) sehr gut charakterisiert werden kann. Die Art der Berichterstattung erweist sich für die Inhaltsanalyse als gelungener Indikator, um wissenschaftliche Beiträge zu kategorisieren.

6.12 Nachrichtenwert und Aktualität

6.12.1 Dominierender Nachrichtenfaktor

Bei den wissenschaftlichen Beiträgen wurde jeweils der dominierende Nachrichtenfaktor (V20) nach SCHULZ codiert. Die Ergebnisse werden in Tabelle 32 aufgezeigt:

Name der Sendung		Personalisierung	Nähe	Zeit	Valenz	Status	Dynamik
Tagesschau	absolut	1	16		19	6	
	%	2,38	38,10		45,24	14,29	
RTL aktuell	absolut	11	21	7	21	5	
	%	16,92	32,31	10,77	32,31	7,69	
TF1	absolut	18	36	11	18	7	1
	%	19,78	39,56	12,09	19,78	7,69	1,10
France2	absolut	26	19	5	21	11	
	%	31,71	23,17	6,10	25,61	13,41	
ARTE Info	absolut	4	8	4	17	2	
	%	11,43	22,86	11,43	48,57	5,71	
Deutschland	absolut	12	37	7	40	11	
	%	11,21	34,58	6,54	37,38	10,28	
Frankreich	absolut	44	55	16	39	18	1
	%	25,43	31,79	9,25	22,54	10,40	0,58

Tabelle 32: Dominierender Nachrichtenfaktor in den Wissenschaftsbeiträgen. Keine Mehrfachcodierung möglich.

Die dominierenden Nachrichtenfaktoren der Wissenschaftsbeiträge in den Fernsehnachrichten in Deutschland und Frankreich sind Personalisierung, Valenz und Nähe. Hauptgrund für eine journalistische Selektion sind Valenz und Nähe. Der Nachrichtenfaktor Personalisierung spielt ebenfalls eine sehr große Rolle, allerdings ergeben sich relativ große Unterschiede zwischen den Sendern. Personalisierung als dominierender Nachrichtenfaktor kommt dabei bei France2 mit 32 %, immerhin 26 Beiträge, am häufigsten vor. Bei der Tagesschau ist dieser Wert stark unterrepräsentiert. Dieses lässt sich damit begründen, dass die ARD in Beiträgen weniger Fallbeispiele und öfter summarische Realitätsbeschreibungen verwendet, um Ereignisse zu erklären.

Die Unterrepräsentation des Nachrichtenfaktors Dynamik lässt sich zum einen damit erläutern, dass in der vorliegenden Inhaltsanalyse der jeweils stärkste Nachrichtenwert gesucht wurde. Andere Nachrichtenfaktoren wie Personalisierung und Valenz sind bei den wissenschaftlichen Beiträgen in den Hauptfernsehnachrichten dominanter. Im Hinblick auf die Studie von BAGUSCHE (1994: 40) lässt sich ein konträres Ergebnis feststellen und man kann davon ausgehen, dass der Faktor Dynamik bei der Wissenschaftsberichterstattung in den Fernsehnachrichten keine dominierende Rolle spielt. BAGUSCHE wäre ohne die Möglichkeit der Mehrfachcodierung bei den Nachrichtenfaktoren und ohne die Koppelung an den Faktor Aktualität bei diesem Nachrichtenwert zu dem gleichen Ergebnis gekommen (vgl. ebd.: 96 f.). Da in der vorliegenden Studie keine Mehrfachcodierung möglich war, ist es klar, dass andere Nachrichtenfaktoren dominiert haben, selbst wenn Dynamik gegeben war.

6.12.2 Aktualität

Die Aktualität (V21) wurde nach dem Pretest als zusätzliche Kategorie eingeführt, denn die Annahme, dass Fernsehnachrichten nur über (tages-)aktuelle Ereignisse berichten, konnte nicht aufrechterhalten werden.

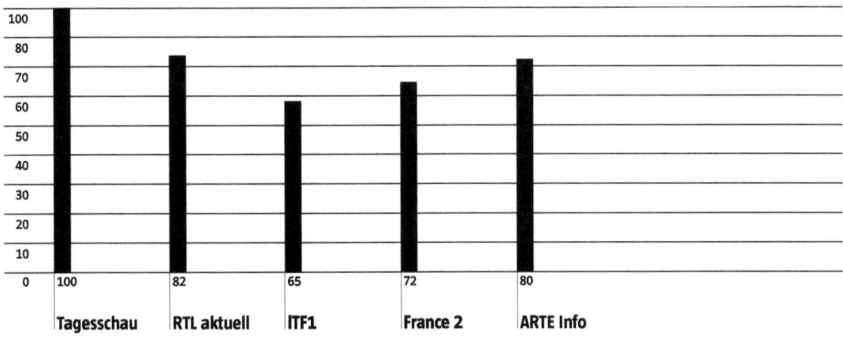

Abbildung 13: Prozentualer Anteil der tagesaktuellen Wissenschaftsbeiträge. Basis: alle erfassten Beiträge im Untersuchungszeitraum.

Die tagesaktuelle Berichterstattung findet nur bei der ARD in allen Filmbeiträgen statt. Alle untersuchten wissenschaftlichen Beiträge haben einen aktuellen Bezug. Bei den anderen Sendern wird auch über Wissenschaft berichtet, wenn es nicht um tagesaktuelle Ereignisse geht. Vor allem die französischen Sender zeichnen sich dadurch aus, dass ihre Beiträge nicht vollkommen an die Aktualität gebunden sind. Bei TF1 sind 35 % der Beiträge nicht aktuell und bei France2 liegt der Wert bei 18 %. Dieses kann zu einem Teil daran liegen, dass die Fernsehnachrichten in Frankreich länger sind und zum anderen Teil sicherlich auch an den spezifischen Eigenschaften des Themas Wissenschaft. Denn viele wissenschaftliche Entwicklungen geschehen nicht von heute auf morgen, und möchte ein Sender auf eine bestimmte wissenschaftliche Entwicklung hinweisen, dann könnte die Ausstrahlung theoretisch auch an jedem anderen Tag stattfinden.

7 Hypothesenprüfung

Nach der Darstellung der Untersuchungsergebnisse werden in Kapitel 7 die acht Hypothesen geprüft, die sich aus dem Theorieteil ergeben. In Abschnitt 7.9 werden die Ergebnisse zusammengefasst. Zur Skizzierung des Verhältnisses von Tagesschau und Tagesthemen wird anschließend ein Exkurs vorgenommen, welcher auf Grund der geringen wissenschaftlichen Berichterstattung in der Tagesschau als notwendig für die Gesamtinterpretation erachtet wird.

7.1 Prüfung von Hypothese 1 »Stellenwert der Wissenschaft«

Hypothese 1: Wissenschaft wird in den französischen Hauptfernsehnachrichten öfter und ausführlicher thematisiert als in Deutschland.

Die Ergebnisse der formalen Merkmale deuten allesamt darauf hin, dass Wissenschaft in den Hauptfernsehnachrichten in Frankreich öfter und länger thematisiert wird als in Deutschland. Die **Anzahl wissenschaftlicher Beiträge** (6.1.1) in Frankreich ist mit 180 deutlich höher als die 108 codierten Beiträge in Deutschland. Bei der Darstellung der **Präsentationsformen** (6.1.2) wird zusätzlich deutlich, dass in Frankreich fast alle Beiträge Filmbeiträge sind. Bei TF1 sind 84 % und bei France2 87 % der wissenschaftlichen Beiträge der Präsentationsform Filmbeitrag zuzuordnen, während es bei der Tagesschau nur 36 % sind und Kurzbeiträge mit 38 % und Meldungen mit 24 % auftreten. Insgesamt kommen täglich pro Nachrichtensendung in Frankreich durchschnittlich 1,7 Filmbeiträge vor, während der Wert für Deutschland nur 0,6 und bei ARD sogar 0,3 beträgt. Die Tatsache, dass in Frankreich mehr Wissenschaftsbeiträge in den Hauptfernsehnachrichten gesendet werden, wird durch die Betrachtung der Präsentationsformen noch verstärkt. Diese Tendenz spiegelt sich auch in der **Länge der Beiträge** (6.1.3) wider. Die untersuchten deutschen Hauptfernsehnachrichten berichten seltener über wissenschaftliche Themen und zudem ist das aufgewendete zeitliche Volumen geringer. Dieses lässt sich auf die Tatsache zurückführen, dass Präsentationsformen wie Meldung und Kurzbeitrag öfter in Deutschland, vor allem aber bei dem öffentlich-rechtlichen Sender ARD vorkommen. Selbst wenn man nur die Länge der Filmbeiträge betrachtet, schneiden die französischen Sender besser ab, denn France2 widmet einem wissenschaftlichen Filmbeitrag rund 108 Sekunden, während bei ARD die Filmbeiträge eine durchschnittliche Länge von 83 Sekunden haben. Dieser Zusammenhang für Unterschiede nach Herkunftsland gilt aufgrund der ANOVA-Ergebnisse als signifikant. Bei der **Platzierung der wissenschaftlichen Beiträge** (6.1.4) konnte festgestellt werden, dass in Frankreich vor allem bei TF1 mit 12 % wissenschaftliche Themen öfter als Aufmachen fungieren als in Deutschland. Dieses konnte allerdings nicht signifikant belegt werden. In diesem Fall ist die Feststellung viel wichtiger, dass Wissenschaft in Frankreich einen festen Sendeplatz in den Fernsehnachrichten hat, der auch gelegentlich **unabhängig von der Aktualität** (6.12.2) ist. Bei TF1 sind 65 % und bei France2 72 % auf einen aktuellen Anlass zurückzuführen, während dies bei ARD in 100 % und bei RTL in 82 % der untersuchten wissenschaftlichen Beiträge der Fall war. Bei France2 findet Berichterstattung über Wissenschaft sogar in Form von Dossiers mindestens einmal wöchentlich statt. In diesen überdurchschnittlich langen Filmbeiträgen werden wissenschaftliche Themen sehr detailliert behandelt und zum Thema des Tages gemacht. Selbst wenn man bedenkt, dass die französischen Fernsehnachrichten länger als die deutschen sind, fällt auf, dass in Deutschland weniger und kürzer über Wissenschaft berichtet wird als in Frankreich. Als guter Vergleich dienen hierbei die Daten von ARTE, denn der Sender widmet wissenschaftlichen Themen in derselben Untersuchungsperiode viel mehr Sendezeit als ARD. Somit kann auch das Argument der Beschränkung der wissenschaftlichen Themen aufgrund der Sendezeit entkräftet und davon ausgegangen werden, dass ARD andere Präferenzen bei der Berichterstattung hat und die von HÖRMANN postulierte Politikdominanz vorliegt.

Verstärkt werden die vorausgehenden Überlegungen durch die Tatsache, dass ARD bei den behandelten **wissenschaftlichen Themen** (6.2) vor allem über Katastrophen, in 45 % der Beiträge, berichtet und dieses keine reine wissenschaftliche Berichterstattung darstellt, denn nur selten werden wissenschaftliche Gründe für die Katastrophe in den Fernsehnachrichten angegeben. Aus diesem Grund wird der bereits schon viel kleinere Anteil an Berichterstattung in Deutschland noch geschmälert, wenn man bedenkt, dass in Deutschland und vor allem bei der ARD Katastrophen einen Großteil der als wissenschaftlich klassifizierten Beiträge ausmachen. Darüber hinaus neigen die untersuchten deutschen Sender eher dazu, tagesaktuelle Themen aufzugreifen (6.12.2), was nach BAGUSCHE (1994: 40) dem auf langfristige Ergebnisse aufbauenden Charakter der Wissenschaft widersprechen würde. Anhand dieser Ergebnisse lässt sich Hypothese 1 bereits bestätigen. Verstärkend und der Vollständigkeit halber sollen aber noch weitere Indikatoren genannt werden, die dafür sprechen, dass das Thema Wissenschaft in den französischen Fernsehnachrichten mehr Beachtung findet.

Das hohe in 2.1 beschriebene **Prestige der Wissenschaftler** in Frankreich spiegelt sich darin wider, dass in fast jedem wissenschaftlichen Filmbeitrag in Frankreich ein Experte als Akteur (6.4.1) herangezogen wird, während es in Deutschland nur in rund jedem zweiten Beitrag der Fall ist. Wenn man bedenkt, dass sich hinter den Kategorien Interessengruppe und Unternehmen zumeist auch Wissenschaftler oder Experten zu einem wissenschaftlichen Thema verbergen, so kommt man auf einen noch höheren Wert für Frankreich im Vergleich zu Deutschland, denn dort werden O-Töne von Politikern öfter benutzt als die von Interessengruppen oder Unternehmen. Die durchschnittliche Redezeit (6.4.2) eines Experten ist in Deutschland mit 15,80 Sekunden bei der ARD und 15,34 Sekunden bei RTL im Vergleich zu Frankreich (TF1 14,86 Sekunden und France2 13,75 Sekunden) zwar höher, allerdings sind die Unterschiede nur gering, und wenn man das Gesamtvolumen der Redezeit der Experten betrachtet, liegt die Gesamtlänge der O-Töne von Wissenschaftlern in Deutschland weit hinter den Werten in Frankreich.

Ein **positives Stereotypenbild** (6.5) der Wissenschaftler – gemeint ist eine Klassifizierung als Retter oder Erlöser – wird in Frankreich und Deutschland in den meisten Filmbeiträgen vorgenommen. Allerdings treten signifikante Unterschiede in der **Darstellung der Wissenschaftler** (6.5) auf, denn in Frankreich wird viel öfter eine Darstellung des wissenschaftlichen Kontextes bevorzugt. In Deutschland werden 43 % der Wissenschaftler in einem direkten wissenschaftlichen Umfeld dargestellt, während es in Frankreich 76 % sind. In Bezug auf Hypothese 1 lässt sich vermuten, dass das Aufrufen eines wissenschaftlichen Kontextes in Frankreich positive Assoziationen weckt und deshalb öfter in den Fernsehnachrichten vorkommt. Insgesamt ist die Verwendung von Hilfsmitteln wie **Animationen** und Grafiken in Frankreich stärker verbreitet als in Deutschland und kommt in mehr Beiträgen vor, was darauf schließen lässt, dass man sich in Frankreich bemüht, wissenschaftliche Zusammenhänge zu erklären und Hintergrundinformationen zu vermitteln.

In Bezug auf die **Hintergrundinformation und den Schwerpunkt der Berichterstattung** (6.7) bestätigen die Ergebnisse, dass die meisten Filmbeiträge in Frankreich eine wissenschaftliche Hintergrundinformation enthalten und dieses sogar bei den Beiträgen mit *Sof-News*-Charakter der Fall ist. Dieses lässt darauf schließen, dass wie bei den Wissenschaftsmagazinen in Frankreich (vgl. 2.4) **Sciencetainment** oder auch Infotainment eine große Rolle spielt. RTL tendiert in manchen Beiträgen ebenfalls in diese Richtung. Allerdings wird deutlich, dass die wissenschaftlichen Themen aus dem *Soft-News*-Bereich zumeist ohne komplexe Hintergrundinformationen dargestellt werden.

Insgesamt lässt sich anhand von vielen Indikatoren zeigen, dass Wissenschaft in den Hauptfernsehnachrichten in Frankreich einen größeren Stellenwert hat als in Deutschland. Am eindeutigsten lässt sich dieses durch die formalen Merkmale der wissenschaftlichen Beiträge und das Volumen der Berichterstattung über einzelne wissenschaftlichen Themen aufzeigen. Somit gilt Hypothese 1 als verifiziert.

7.2 Prüfung von Hypothese 2 »wissenschaftliches Thema«

Hypothese 2a: Es gibt keine gemeinsame deutsch-französische Agenda von Wissenschaftsmeldungen in den Fernsehnachrichten.
Bei einer einheitlichen Berichterstattung über Wissenschaft in Deutschland und Frankreich und bei dem Vorliegen einer deutsch-französischen Agenda müsste die Verteilung der wissenschaftlichen Themen in beiden Ländern ähnlich sein. Diese Verteilung wissenschaftlicher Themen in den Hauptfernsehnachrichten im Untersuchungszeitraum ist allerdings in Deutschland und Frankreich sehr unterschiedlich. Diese unterschiedliche Agenda bei der Berichterstattung wird durch die grafische Darstellung zur Verteilung der wissenschaftlichen Themengebiete deutlich.[61]

Ein genauerer Blick in den Untersuchungskorpus und der Vergleich der Spezifizierung des Themas als String-Variable bestätigt diese quantitative Beobachtung. Die Sender in den beiden Ländern greifen unterschiedliche Themen auf und auch zwischen den einzelnen Sendern lassen sich große Differenzen im Hinblick auf die Wissenschaftsberichterstattung feststellen. Auch Schlagzeilen wie UN-Berichte, Aidskonferenzen und neue Impfmittel führen nicht zwangsläufig zur Beachtung auf allen Sendern. Nur über Katastrophen wird auf allen untersuchten Sendern einheitlich berichtet. Aus diesem Grund gilt Hypothese 2a als verifiziert. Eine deutsch-französische Agenda der Wissenschaftsmeldungen konnte nicht festgestellt werden. Als einzige Ausnahme gilt die Katastrophenberichterstattung.

Hypothese 2b: Die Themenbereiche Umwelt, Medizin und Technik dominieren.
RTL berichtete im Untersuchungszeitraum überwiegend über Medizin (23 %), Umweltkatastrophen (23 %) und Natur (20 %). Der Themenbereiche Weltall (17 %) folgten. Durch die vielen Meldungen und Kurzbeiträge auf ARD

---

61 Vgl. **Abbildung 5**: Prozentuale Verteilung der wissenschaftlichen Themen und **Abbildung 6**: Verteilung der wissenschaftlichen Themen nach aggregiertem zeitlichen Volumen in Sekunden.

werden Themen häufig nur angerissen und ihre Darstellung ist im Vergleich zu den anderen Sendern sehr kurz; das Themengebiet Umweltkatastrophen (38 %) dominiert. Rechnet man die Katastrophenmeldungen bei der ARD heraus, besteht kaum noch Wissenschaftsberichterstattung im Untersuchungszeitraum. Wenn man von der Berichterstattung über Katastrophen absieht, bleibt nur eine Sendezeit von 1301 Sekunden für die anderen wissenschaftlichen Themen bei der Tagesschau. Dieser Wert ist bei allen anderen Sendern viel höher. Im Vergleich wird bei France2 7938 Sekunden über wissenschaftliche Themen berichtet, wenn man die Katastrophen nicht beachtet. Umwelt, Medizin und Weltall folgen in Deutschland gemessen am Zeitvolumen, allerdings sind diese Werte marginal im Vergleich zu denen, die bei den französischen Fernsehsendern gemessen werden konnten. Die Werte für Technikberichterstattung sind mit 7 % bei der Tagesschau und 3 % bei RTL marginal und auch die Umweltberichterstattung wird in Deutschland mit 14 % bei der ARD und 3 % bei RTL im Untersuchungszeitraum vernachlässigt.

In Frankreich dominiert die Berichterstattung über Medizin (24 % bei TF1, 28 % bei France2). Umweltberichterstattung nimmt mit 15 % der Beiträge bei TF1 und 18 % bei France2 ebenfalls eine dominierende Rolle ein. Die Themen Natur und Technik folgen. Eine Dominanz der Themen aus Umwelt, Medizin und Technik kann für Frankreich verifiziert werden. Für Deutschland wird sie falsifiziert, denn die Berichterstattung über Umweltkatastrophen nimmt eine dominierende Rolle ein.

7.3 Prüfung von Hypothese 3 »Handlungsort«

Hypothese 3: Die Berichterstattung über Wissenschaft ist in den französischen Hauptfernsehnachrichten nationaler als in den deutschen ausgerichtet.

Die untersuchten wissenschaftlichen Beiträge konzentrieren sich bei allen Sendern außer bei ARTE auf den nationalen Raum. Der Handlungsort ist vor allem bei den französischen Sendern national zu verorten. TF1 berichtet in 71 % der Beiträge aus Frankreich, bei France2 ist der Wert mit 66 % ebenfalls sehr hoch. In Deutschland sind dagegen bei der Tagesschau 42 % und bei RTL aktuell 52 % der Beiträge national zu verorten und die eigene Nation ist nicht so oft Handlungsort in den Hauptfernsehnachrichten wie in Frankreich. Eine Verstärkung der Herleitung der Hypothese lässt sich im Inhalt der untersuchten Wissenschaftsbeiträge der Fernsehnachrichten selbst finden. Parallelen zu den Feststellungen von LANDBECK (1991) in Bezug auf den nationalen Stolz der Franzosen konnten in den Fernsehnachrichten festgestellt werden. Von der »excellence française« über die »exception française« lässt sich der Fokus auf Frankreich bei der **Wissenschaftsberichterstattung in den Hauptfernsehnachrichten mit dem Prinzip des Zentralismus in Frankreich** vergleichen. Dreh und Angelpunkt fast aller wissenschaftlicher Beiträge war das eigene Land. Zwar ist in Deutschland nur rund jeder zweite Beitrag national, allerdings kommen Kontinente wie Asien und Afrika meistens nur in Bezug auf Katastrophenmeldungen vor. Die Landkarte der Fernsehnachrichten ist demnach sehr stark verzerrt. Hypothese 3 kann aus diesem Grund bestätigt werden. In Frankreich haben wissenschaftliche Themen einen stärkeren nationalen Bezug als in Deutschland. Hier ist zwar die eigene Nation nicht so oft Handlungsort wie in Frankreich, allerdings wird **bei internationalen Beiträgen oft die Nähe zu Deutschland durch geografische Bezüge** hergestellt.

7.4 Prüfung von Hypothese 4 »Akteursspektrum«

Hypothese 4a: Hochrangige Wissenschaftler werden seltener in Interviews befragt als andere Akteure.

Hypothese 4a kann nicht bestätigt werden, denn in vielen Filmbeiträgen kommen Wissenschaftler vor und genießen im Vergleich zu anderen Akteuren sogar eine besonders große Beachtung. Bei RTL aktuell sind 32 % der Akteure Wissenschaftler, bei TF1 sind es sogar 43 % und bei France2 31 %. Wissenschaftlern wird außerdem mehr Redezeit eingeräumt als anderen Bezugsgruppen. Der durchschnittliche Wert bei den Experten ist mit 14,54 Sekunden deutlich höher als der anderer Akteure, wie z. B. Einzelpersonen (9,82 Sekunden). Wider Erwarten zeigen die Ergebnisse der Rangordnung, dass die meisten befragten Wissenschaftler eine mittlere oder hohe Rangordnung aufweisen. Im Vergleich zu anderen Bezugsgruppen haben die Experten am häufigsten eine hohe Rangordnung (in 50 %). Nur in Frankreich kommen Vertreter der unteren Rangordnung (Praktizierende eines wissenschaftlichen Berufszweigs, die nicht über eine akademische Ausbildung verfügen) zu Wort. Bei TF1 sind 20 % der befragten Experten unteren Ranges und bei France2 sind es 22 %. Die Aussagen dieser Experten mit niedrigem Rang sind in den wissenschaftlichen Filmbeiträgen allerdings eine Ergänzung zum Sprechakt des hochrangigen Wissenschaftlers. Hypothese 4a wird falsifiziert, denn Experten finden eine höhere Beachtung in wissenschaftlichen Beiträgen als andere Akteure.

Hypothese 4b: Der Anteil der Einzelpersonen bei RTL und auf französischen Sendern ist relativ hoch.

Die von CHEVEIGNÉ (2000) postulierte Tendenz, es würden bei den französischen Sendern viele Einzelpersonen befragt werden, kann bestätigt werden. Denn bei TF1 lag der Anteil der vox populi bei 32 % und bei France 2 bei 35 %. Gleiches gilt für den privaten deutschen Sender RTL, wo 34 % der Akteure Einzelpersonen waren. Diese Entwicklung wirkt sich in Frankreich vor allem auf die Entpolitisierung wissenschaftlicher Themen aus. Politiker kommen nur zu rund 9 % in den Wissenschaftsbeiträgen vor. Wie aus Hypothese 4a hervorgeht, wirkt sich diese verstärkte Heranziehung der vox populi nicht negativ auf die Repräsentanz der Experten aus, die im Schnitt auch über mehr Redezeit verfügen als Einzelpersonen. Trotzdem ist der Trend zu vielen O-Tönen von einfachen Bürgern zu bemerken und Hypothese 4b wird verifiziert.

Hypothese 4c: ARD konzentriert sich durch die starke politische Ausrichtung auf Aussagen hochrangiger Politiker.

Die Hypothese 4c konnte aufgrund der Ergebnisse aus der Inhaltsanalyse bestätigt werden. ARD hatte im Vergleich zu den anderen Sendern mit 31,8 % den höchsten Anteil an Politikern unter den befragten Bezugsgruppen (6.4.1). Die befragten Politiker wurden als Vertreter des mittleren Ranges in 71,4 %

der Fälle codiert und der restliche Anteil waren hochrangige Politiker. Politiker, die der unteren Rangordnung zugehören, kamen bei der ARD gar nicht vor, während bei den französischen Sendern jeder zweite Politiker mit einer unteren Rangordnung codiert wurde und in den regionalen oder kommunalen Bereich einzuordnen war. Anzumerken ist lediglich, dass bei ARTE der Anteil der hochrangigen Politiker den bei ARD mit 50 % zwar übersteigt, insgesamt aber auch die anderen Rangordnungen bei Politikern vorkommen. Dieses deutet auf eine ausgewogene Verteilung hin.

7.5 Prüfung von Hypothese 5 »Animationen«

Hypothese 5:   Animationen werden bei RTL und den französischen Sendern in den Wissenschaftsbeiträgen verstärkt eingesetzt.

Die Verwendung von Animationen bei Wissenschaftsberichterstattung in den Fernsehnachrichten hängt von den Präferenzen der Sender ab. Während die französischen Sender in der Untersuchungsperiode viele wissenschaftliche Beiträge durch Animationen ergänzten, war dies in Deutschland seltener der Fall. In Frankreich wurden insgesamt 22 Trickfilme und in Deutschland nur sechs codiert, davon allerdings fünf bei RTL, welches in Anbetracht der Tatsache, dass die Gesamtzahl der wissenschaftlichen Filmbeiträge in Deutschland geringer ist als in Frankreich, einem relativ hohen Anteil von 12,5 % an Filmbeiträgen mit Animationen entspricht. Bei TF1 beträgt der Anteil der wissenschaftlichen Filmbeiträge mit Trickfilmsequenzen ebenfalls 12,5 % und bei France2 sogar 17,6 %. Bei ARD sind diese Hilfsmittel dagegen seltener und bei ARTE kommen Animationsfilme im Untersuchungszeitraum gar nicht vor. Viele Filmbeiträge in Frankreich und bei RTL enthielten die Intention, durch Animationen die Verständlichkeit beim Zuschauer zu erhöhen und die wissenschaftliche Information anschaulicher zu präsentieren. Aus diesem Grunde wird Hypothese 5 verifiziert.

7.6 Prüfung von Hypothese 6
»Visualisierung und Emotionalisierung«

Hypothese 6: Ein erhöhter Emotionalisierungs- und Visualisierungsgrad der Wissenschaftsbeiträge tritt in Frankreich und bei RTL auf. Der Visualisierungsgrad ist bei der ARD mit 0,59 im Vergleich zu den anderen Sendern am geringsten, wenn man alle Präsentationsformen berücksichtigt. Dieses liegt am erhöhten Anteil von Meldungen bei der ARD. Diese Präsentationsform spielt bei den anderen Sendern kaum eine Rolle. Bei den Filmbeiträgen kann man überraschend feststellen, dass der Visualisierungsgrad bei der ARD ebenfalls nicht höher ist, obwohl die anderen Sender mehr befragte Personen pro Filmbeitrag zeigen und dieser hohe Anteil an Sprechakten theoretisch den Visualisierungsgrad senken müsste. Dieses lässt sich dadurch erklären, dass die anderen Sender bemüht sind, die Visualisierung zu steigern, und Sprechakte bebildern oder durch Animationen und Grafiken veranschaulichen. Aus diesem Grund kann man sowohl was Präferenzen bei allen Präsentationsformen anbelangt als auch in Bezug auf die Filmbeiträge bei allen Sendern bis auf ARD eine Intention erkennen, die Filmhandlung zu steigern. Diese Ergebnisse stimmen mit der Klassifizierung von ARD als klassische Sprechersendung (3.2.1) überein.

Neunmal wurde ein extrem hoher Emotionalisierungsgrad codiert, und dies lediglich bei den französischen Sendern und bei RTL. Das spricht dafür, dass eine sensationalistische Art der Berichterstattung bei ARD und ARTE vermieden wird. Hypothese 6 kann also verifiziert werden.

7.7 Prüfung von Hypothese 7 »Kritikfähigkeit und Vielfalt«

Hypothese 7: Die Vermittlung der Wissenschaft verläuft in Deutschland und Frankreich immer noch nach den Prämissen des Defizitmodells, das sich durch einen Mangel an Kritik und eine unausgewogene Berichterstattung bemerkbar macht und vor allem der Akzeptanzschaffung dient.

Im Folgenden soll geprüft werden, ob Vermittlung der Wissenschaft in Deutschland und Frankreich immer noch nach den Prämissen des Defizitmodells verläuft, das sich durch einen Mangel an Kritik und eine unausgewogene Berichterstattung bemerkbar macht und vor allem zur Akzeptanzschaffung dient. Diese Ableitungen aus dem Defizitmodell lassen sich anhand der Indikatoren Kritikfähigkeit und Vielfalt prüfen. Um die Tendenz der Wissenschaftsberichterstattung und somit die **Kritikfähigkeit** zu untersuchen, werden die Ergebnisse der Kategorien Tendenz, Art der Berichterstattung und Zukunftsvision verglichen. Zusätzlich lässt sich die Rolle der Wissenschaft, die Darstellung des Wissenschaftlers und die Rolle des Médiateurs heranziehen. Hinsichtlich der **Tendenz** der Wissenschaftsberichterstattung wurde bei den französischen Sendern bei fast der Hälfte der Beiträge ein positives Ereignis codiert. ARTE hatte ein ausgewogenes Verhältnis bei der Tendenz. In Deutschland waren die Werte für die negative Tendenz deutlich höher, was allerdings auf die intervenierende Variable Themengebiet zurückzuführen ist. Die Dominanz von Katastrophen in 45 % der Beiträge bei der ARD und 32 % bei RTL spricht für eine Verzerrung der Ergebnisse.

Aufgrund dieser Themenpräferenz sind auch Abweichungen im Hinblick auf die Werte bezogen auf die **Zukunftsvision** zu erwarten, und sie äußern sich dadurch, dass die Berichterstattung insgesamt tendenziell negativer (als Gefahr und Risiko) codiert wurde als bei den anderen Sendern. In Frankreich und bei ARTE ist dagegen bei fast jedem zweiten Beitrag ein Fortschritt für die Zukunft erkennbar. Bei der Kategorie **Rolle der Wissenschaft** wird deutlich, dass diese in einem Großteil der untersuchten Beiträge als helfend und problemlösend gezeigt wurde. In Frankreich ist zudem auffällig, dass eine Charakterisierung der Wissenschaft als hilflos und problemschaffend so gut wie nie vorkommt. Bei den anderen Sendern schwanken diese Werte zwischen 6 % bei RTL und 14 % bei ARTE, was eine direkte Kritik der Wissenschaft impliziert.

Das in allen Sendern überaus positive **Bild des Wissenschaftlers** (6.5), der als Retter und Erlöser dargestellt wird, deutet als einziges Kriterium aller Sender darauf hin, eine akzeptanzschaffende Art der Wissenschaftsvermittlung zu praktizieren und eine negative Darstellung von Wissenschaftlern zu vermeiden. Diese positive Darstellung des Wissenschaftlers lässt sich allerdings nicht eindeutig von den Bildern trennen, die Wissenschaftler von sich selbst zeichnen, und man kann im Nachhinein nicht feststellen, ob es Rechercheergebnisse oder Klischees sind, die gezeigt werden (vgl. WEINGART 2006: 27). Aufgrund der geringen Zellhäufigkeiten ist zudem keine statistische Überprüfung möglich. Die **Darstellung des Wissenschaftlers** (6.5) findet bei den französischen Sendern zumeist mit einem wissenschaftlichen Kontext statt, was auf die Akzeptanz des wissenschaftlichen Umfeldes schließen lässt und auf die Tatsache, dass nicht nur öffentliche (PR-)Auftritte von Wissenschaftlern genutzt werden, wie man bei ARD vermuten kann, wo der Wert für einen öffentlichen Kontext bei 86 % liegt. Das Zeigen eines privaten Umfelds von Wissenschaftlern, was von CHERVIN (2003) für Frankreich prophezeit wurde, kann mit den Ergebnissen der Inhaltsanalyse nicht als Tendenz bestätigt werden. Eine persönliche Darstellung eines Wissenschaftlers fand nur einmalig bei RTL zu einer Berichterstattung über einen deutschen Astronauten statt.

Ein Indiz dafür, dass die Wissenschafts-PR keinen großen Einfluss auf die behandelten Themen in den französischen Fernsehnachrichten hat, ist die Tatsache, dass die meisten wissenschaftlichen Themen und Akteure in jeweils nur einem Sender vorkamen und an ihrem Arbeitsort aufgesucht wurden. Aus diesem Grund ist davon auszugehen, dass die Wissenschaftsjournalisten in den Nachrichtenredaktionen unabhängig nach geeigneten Themen und Akteuren recherchieren. Eine durchweg positive Berichterstattung kann auch nicht festgesellt werden, denn selbst wenn viele Beiträge auf Fortschritt pochen und den Wissenschaftler in einem positiven Licht darstellen, so kommen auch Kontroversen und realistische Einschätzungen vor allem beim Themenbereich Umwelt vor. Dieses wird an der **Rolle des Médiateurs** deutlich, wo bei fast allen Sendern bei Wissenschaftsbeiträgen die Art der Berichterstattung bewertend oder aufklärerisch ist. Die Werte für diese Positionen liegen bei allen Sendern jeweils zwischen 10 % und 15 %. Bei ARTE Info ist die Kritikfähigkeit bei Wissenschaftsbeiträgen besonders stak ausgebaut. 32 % der Beiträge ließen sich bei ARTE der Rolle Berater und sogar 36 % der Rolle Aufklärer zuordnen, während bei den anderen Sendern die Positionen Erklärer, Berater und Beispielgeber dominierten.

Im Hinblick auf **Vielfalt** lassen sich die Ergebnisse aus Hypothese 2 zu wissenschaftlichen Themen, 3 zum Handlungsort und 4 zum Akteursspektrum heranziehen. Die wissenschaftlichen Themen beschränken sich bei den meisten untersuchten Sendern auf wenige Wissenschaftsdisziplinen. Dabei werden Sozialwissenschaften und Grundlagenforschung bei allen vernachlässigt. Hinsichtlich des Themenspektrums lässt sich demnach **keine Vielfalt bei den Themengebieten** feststellen. Der Handlungsort und die **geografischen Bezüge sind ebenfalls stark national ausgerichtet**. In Frankreich sind rund zwei Drittel und in Deutschland die Hälfte aller Beiträge national ausgerichtet. Zudem kommt oft ein Bezug zum eigenen Land vor. Einzig ARTE achtet hierbei auf eine ausgewogene Berichterstattung, was Handlungsort und geografische Bezüge anbelangt.

Die **Selektion wissenschaftlicher Themen geschieht nach den dominierenden Nachrichtenfaktoren Personalisierung, Nähe und Valenz** und nicht nach der Logik des Wissenschaftssystems, was zusätzlich gegen einen Versuch der Akzeptanzschaffung für die Wissenschaft spricht.

Die Analyse des Akteursspektrums in Hinblick auf Ausgewogenheit der Bezugsgruppen und auch der wissenschaftlichen Quellen macht deutlich, dass es ebenfalls nur der Sender ARTE ist, bei dem **Quellenvielfalt** gewährleistet wird. In Frankreich werden Politiker in Wissenschaftsbeiträgen stark unterrepräsentiert, was dazu führt, dass aufgrund dieser niedrigen Quote bei Politikern in Frankreich nicht so ausgewogen berichtet wird, wie es bei ARTE der Fall ist. Beachtet man den historischen Kontext, so wird deutlich, dass sich die französischen Fernsehnachrichten mithilfe der Wissenschaftsberichterstattung von einer staatlichen Einflussnahme befreit haben, was sich auch an der geringen Anzahl befragter Politiker in wissenschaftlichen Beiträgen ausdrücken könnte. Dieser Argumentation folgend ist dies kein Indiz für einen Mangel an unabhängigem Journalismus, sondern im Gegenteil ein Zeichen der **Emanzipation von politischer PR bei den französischen Fernsehnachrichten in der Wissenschaftsberichterstattung**.

ARD konzentriert sich auf Politiker und eigene Korrespondenten bei Wissenschaft; die französischen Sender blenden Politik völlig aus und Einzelpersonen gewinnen überproportional an Gewicht. Bei RTL sprechen die teilweise sehr kurzen Statements gegen eine Quellenvielfalt bei der Wissenschaftsberichterstattung. Laut WIX besteht die Funktion der O-Töne bei RTL primär darin, möglichst viele verschiedene Personen zu Wort kommen zu lassen, allerdings haben sie kaum Zeit, etwas zu sagen. Die Präsentation vieler Gesichter erweckt somit den Eindruck der Vielfalt, ohne dass diese tatsächlich gegeben ist (WIX 1996: 83).

In Bezug auf eine **dialogähnliche Vermittlung von Wissenschaft** sind Fernsehnachrichten und die fernsehmediale Übermittlung von Informationen durch die per se definierte passive Rolle des Zuschauers nicht das geeignetste Kommunikationsmittel. Allerdings lassen sich Bemühungen feststellen, den Zuschauer zu direkter Teilnahme zu bewegen. So wird bei RTL bei vielen Beiträgen auf die sendereigene Internetseite verwiesen, um eine interaktive Informationsübermittlung zu ermöglichen.

Resümierend lässt sich im Hinblick auf das Qualitätsmerkmal Vielfalt bemerken, dass zwar bei der Selektion wissenschaftlicher Themen, von Akteuren und Handlungsorten zumeist ein Ungleichgewicht vorherrscht, dieses Ungleichgewicht allerdings nicht einer Akzeptanzschaffung für Wissenschaft dient. Insgesamt lässt sich feststellen, dass die Wissenschaftsberichterstattung in den Hauptfernsehnachrichten nicht der Akzeptanzschaffung im Sinne des Defizitmodells dient. Hypothese 7 wird somit falsifiziert.

7.8 Prüfung von Hypothese 8 »Konvergenz«

Hypothese 8: Zwischen den französischen öffentlich-rechtlichen und privaten Fernsehnachrichten besteht Konvergenz. In Deutschland ist im Gegensatz dazu keine sichtbare Konvergenz bemerkbar.

Im Folgenden werden alle Kategorien im Hinblick auf Unterschiede oder Gemeinsamkeiten zwischen den öffentlich-rechtlichen und privaten Sendern in einem Land untersucht. France2 und TF1 werden in Frankreich verglichen und in Deutschland wird die öffentlich-rechtliche ARD dem privaten Sender RTL gegenübergestellt. Große Ähnlichkeiten zwischen öffentlich-rechtlicher und privater Organisationsform in einem Land deuten dabei auf Konvergenz hin.

Im Hinblick auf die Anzahl der codierten **wissenschaftlichen Beiträge** (6.1.1) sind in Frankreich 95 für TF1 und 85 bei France2 codiert worden. Während diese Werte fast gleich sind, ergeben sich auf der deutschen Seite zwischen öffentlich-rechtlichen und privaten Sendern Unterschiede, denn dort sind bei RTL 66 und bei ARD nur 42 wissenschaftliche Beiträge codiert worden. Bei den **Präsentationsformen** (6.1.2) verstärkt sich dieser Eindruck, denn während in Frankreich bei beiden Sendern Filmbeiträge mit 84 % und 87 % dominieren und zwischen öffentlich-rechtlichen und privaten kaum Unterschiede festzustellen sind, ist die Verteilung der Präsentationsformen in Deutschland differenzierter. Die Tagesschau hat somit als Sprechersendung auch bei der Wissenschaftsberichterstattung eine mit 24 % hohe Anzahl von Meldungen, während bei RTL aktuell mit 59 % die Präsentationsform Filmbeitrag dominiert und fast keine Meldungen vorkommen. Die Verteilung der Präsentationsformen in Frankreich für Wissenschaftsberichterstattung ist bei dem öffentlich-rechtlichen Sender fast gleich und ein Indiz für Konvergenz, wohingegen in Deutschland genau das Gegenteil der Fall ist.

Die **Länge der Beiträge** (6.1.3) liegt bei TF1 bei insgesamt 8645 Sekunden und beim öffentlich-rechtlichen Pendant bei 9435 Sekunden. Diese Werte sind relativ ähnlich, auch wenn das für Wissenschaft aufgewendete zeitliche Volumen beim öffentlich-rechtlichen Sender höher ist. Dieses lässt sich vor allem darauf zurückführen, dass France2 regelmäßig ein wissenschaftliches Dossier eingeführt hat, in dem Themen aus der Wissenschaft in den Fernsehnachrichten einen festen Platz haben und ausführlich und detailliert dargestellt werden. Trotzdem lassen sich TF1 und France2 im Hinblick auf die Länge der Wissenschaftsberichterstattung vergleichen. Bei den deutschen Sendern ist dagegen zwischen öffentlich-rechtlichen mit 2226 Sekunden und privaten mit 5280 Sekunden eine große Abweichung festzustellen.

Aus der **Platzierung der Beiträge** (6.1.4) lassen sich sowohl in Deutschland als auch in Frankreich kleine Unterschiede bei der Verteilung feststellen. Die an sonstiger Stelle platzierten Beiträge dominieren bei allen Sendern. Bei TF1 werden wissenschaftliche Themen öfter als Aufmacher benutzt als bei France2, bei dem dafür jeder fünfte Beitrag am Ende ausgestrahlt wird. In Deutschland werden 33 % der wissenschaftlichen Beiträge im Vergleich zu 18 % bei RTL am Ende gesendet. Insgesamt lässt sich keine signifikante Aussage zu Konvergenz bei diesem Kriterium machen.

Bei den **wissenschaftlichen Themengebieten** (6.2) ist dafür in Frankreich die Verteilung nahezu identisch und lässt auf Konvergenz schließen. Bei beiden Sendern dominieren die Themenbereiche Medizin, Umwelt, Natur und Technik. In Deutschland sind die wissenschaftlichen Themen auf ARD und RTL dagegen unterschiedlich oft vertreten. Während bei RTL die Themengebiete Natur und Medizin dominieren, sind es beim öffentlich-rechtlichen Sender Naturkatastrophen und Umweltthemen.

Eine weitere Kategorie, bei der die Verteilung bei den beiden französischen Sendern nahezu identisch ist, stellt der **Handlungsort** (6.3) dar. Frankreich wurde in 71 % der Beiträge auf TF1 und auf 66 % auf France2 gezeigt und auch bei allen anderen Werten im Hinblick auf Handlungsort und Bezug zu einem Land konnte überwiegend Übereinstimmung festgestellt werden. In Deutschland weisen die Werte für einen nationalen Handlungsort größere Unterschiede auf. ARD berichtet auch öfter über Asien, während bei RTL Nordamerika häufiger als Handlungsort vorkommt.

Indikator für Konvergenz zwischen den Öffentlich-Rechtlichen und Privaten in Frankreich ist auch das **Akteursspektrum** (6.4), denn sowohl bei der Verteilung der Akteure pro Bezugsgruppe (6.4.1) als auch bei der attribuierten Redezeit und der durchschnittlichen Länge der Statements (6.4.2) weisen die beiden Sender kaum Unterschiede auf. Gleiches gilt für die Rangordnung der Akteure (6.4.3) und deren Geschlecht (6.4.4). Die Werte sind nahezu identisch und bei der hohen Anzahl untersuchter Beiträge auf französischer Seite kann es sich nicht um eine zufällige Verteilung handeln, sondern eher um die Tatsache, dass die beiden Sender konvergieren. In Deutschland unterscheiden sich die befragten Personen stark bei privaten und öffentlich-rechtlichen

Sendern. Während bei ARD mehr Wert auf Politik gelegt wird und Politiker auch hochrangiger sind als bei RTL, werden bei RTL mehr Experten und vor allem auch Bürger befragt und das Geschlecht der Befragten ist öfter männlich. Die Werte bei RTL nähern sich eher dem französischen Profil an als dem öffentlich-rechtlichen deutschen Sender.

In Bezug auf die **Darstellung des Wissenschaftlers** (6.5) lassen sich beim Stereotypenbild keine Annahmen ableiten, denn die Verteilung war bei allen Sendern gleich und eine statistische Überprüfung war aufgrund der geringen Zellhäufigkeiten nicht möglich. Bei dem Ort der Darstellung von Wissenschaftlern ist allerdings auffällig, dass sowohl beim privaten als auch beim öffentlich-rechtlichen französischen Fernsehen ein wissenschaftlicher Kontext mit 78 % bei TF1 und 74 % bei France2 dominiert. In Deutschland zeigt sich bei unterschiedlicher Organisationsform ein geradezu gegenteiliges Ergebnis. Bei ARD werden zu 86 % Wissenschaftler in einem öffentlichen Umfeld gezeigt, während bei RTL die Verteilung zwischen öffentlichem und territorialem Kontext nahezu gleich verteilt ist.

Bei der **Tendenz der Wissenschaftsberichterstattung und Zukunftsvision** (6.6) zeigen die französischen Sender untereinander kaum Unterschiede auf. Sie berichten beide verstärkt über positive Ereignisse mit 79 % für TF1 74 % bei France2 (6.6.1). Fast jeder zweite Wissenschaftsbeitrag hat eine positive Zukunftsvision mit Fokus auf Fortschritt (6.6.2) und die Rolle der Wissenschaft ist zu 66 % helfend und problemlösend (6.6.3). Die Chi-Quadrat-Tests bestätigen, dass die Unterschiede zwischen den Ländern eine signifikante Erklärung darstellen, was darauf zurückzuführen ist, dass die Werte für die beiden Sender in Frankreich fast identisch sind. In Deutschland gibt es dagegen zwischen öffentlich-rechtlichen und privaten Fernsehnachrichten divergierende Werte bei der Tendenz und Zukunftsvision. ARD berichtet tendenziell über mehr negative Ereignisse bei wissenschaftlichen Themen (zu 41 % im Vergleich zu 30 % bei RTL), in der Hälfte der Beiträge ist keine Zukunftsvision erkennbar und auch keine Dominanz für Fortschritt (mit 32 %) in Bezug zu Risiko und Gefahr, wie bei RTL gegeben. Die Rolle der Wissenschaft wird bei ARD auch nur zu 46 % als helfend und problemlösend aufgefasst, während es bei RTL in 65 % der Beiträge der Fall ist.

Bei der **wissenschaftlichen Hintergrundinformation** (6.7.2) konnte bei allen Sendern eine Dominanz von Beiträgen mit Hintergrundinformation festgestellt werden. Allerdings wird aufgrund der fehlenden Feinabstufung davon abgesehen, dieses Kriterium für die Überprüfung der Konvergenz heranzuziehen. Interessanter scheint dagegen der **Schwerpunkt der Filmbeiträge** zu sein. Die französischen Sender zeichnen sich durch Beiträge aus dem Bereich *soft news* aus, die auch wissenschaftliche Hintergrundinformationen enthalten. In Deutschland gilt die Unterscheidung zwischen *soft news* und *hard news* als ein Hauptkriterium, um private und öffentlich-rechtliche Sender zu charakterisieren. ARD hat kaum Nachrichten, die sich als *soft news* klassifizieren lassen, bei RTL haben 37 % der Beiträge einen unterhaltenden Fokus.

Die Verwendung von **Hilfsmitteln** (6.8), wie Animationen, Grafiken, Computerbildschirme und spezielle Landkarten, wurde im Untersuchungszeitraum vor allem bei den französischen Sendern codiert. TF1 und France2 haben ein ähnlich hohes zeitliches Volumen für Animationen und Grafiken bei ihrer Wissenschaftsberichterstattung. RTL und ARD unterscheiden sich bei der Präferenz zwischen schematischen Darstellungen und der Verwendung von Trickfilmen, wobei ARD weniger auf das Hilfsmittel Animation zurückgreift als RTL.

Der **Visualisierungsgrad** wissenschaftlicher Beiträge bei allen Präsentationsformen (6.9) beträgt sowohl bei TF1 als auch bei France2 rund 65 %. In Deutschland ist der Wert bei der ARD bei nur 59 % und bei RTL bei 71 % angesiedelt, was einen großen Unterschied darstellt und gegen Konvergenz spricht. In Hinblick auf Filmbeiträge lässt sich zudem feststellen, dass sich RTL eher bemüht, die Filmsequenz trotz der vielen Sprechakte durch Bebilderung der O-Töne zu erhöhen, während dies bei der ARD nicht der Fall ist.

In Bezug auf extreme **Emotionalisierung** (6.10) wurden sowohl bei TF1 als auch bei France2 Beiträge codiert, die durch eine besonders sensationelle Auswahl von Bildern auffielen. In Deutschland beschränkte sich die Codierung nur auf den kommerziellen Anbieter RTL. ARD verzichtet als öffentlich-rechtlicher Sender auf diese stark umstrittene Art der Präsentation und gibt nicht dem Konvergenzdruck von Seiten privater Anbieter nach, durch Sensationelles mehr Aufmerksamkeit zu erregen. In Frankreich ist diese Art von

Konvergenz gegeben, denn der öffentlich-rechtliche Sender France2 scheint sich nicht an seriöser Berichterstattung bei wissenschaftlichen Themen zu orientieren und zeigt schockierende Bilder von Operationen, Krankheiten und Opfern von Katastrophen.

Allgemein lässt sich die gesamte **Art der Berichterstattung über Wissenschaft** (6.11) bei TF1 und France2 als sehr ähnlich einstufen. Bei einer Vielzahl von Ausprägungen, die von SCHOLZ' Expertenrollen abgeleitet wurden, ergeben sich bei den beiden französischen Sendern nahezu gleiche Werte. Aufgrund der in der gesamten Inhaltsanalyse festzustellenden auffälligen Ähnlichkeiten zwischen den beiden Sendern kann kaum von Zufall, sondern eher von Konvergenz die Rede sein. Der Signifikanztest beweist mit einem p-Wert von 0,000 beim Chi-Quadrat-Test, dass die Ergebnisse in Frankreich so gut wie keine Abweichungen aufzeigen.

Einzig beim **dominierenden Nachrichtenwert** (6.12.1) lässt sich feststellen, dass TF1 eher auf Nähe (32 %) setzt, während bei den Wissenschaftsbeiträgen auf France2 Personalisierung mit 32 % dominiert. Trotzdem treten keine so drastischen Unterschiede wie zwischen den Öffentlich-Rechtlichen und Privaten in Deutschland auf, wo bei ARD kaum Personalisierung vorkommt (zu 2 %) und bei RTL 17 % der Beiträge auf eine personalisierte Darstellung Wert legen. Selbst beim **Anlass der Berichterstattung** (6.12.2) sind die Unterschiede innerhalb Deutschlands zwischen Privaten und Öffentlich-Rechtlichen mit 18 % höher als die Differenz zwischen TF1 und France2, die nur sieben Prozentpunkte beträgt. Hypothese 8 kann somit im Hinblick auf alle Kategorien verifiziert werden.

7.9 Zusammenfassung der Hypothesenprüfung

Die Hypothesen können einen guten Überblick darüber geben, ob länderspezifische oder organisationsspezifische Unterschiede auf die Wissenschaftsberichterstattung wirken, und liefern einen Beitrag dazu, wichtige Aspekte der Wissenschaftsberichterstattung in den Hauptfernsehnachrichten zu charakterisieren.

- Der hohe Stellenwert der Wissenschaft in der französischen Gesellschaft spiegelt sich in der Wissenschaftsberichterstattung der Fernsehnachrichten wider. Es wird in französischen Hauptfernsehnachrichten signifikant mehr, länger und ausführlicher über Wissenschaft berichtet als in Deutschland. (Hypothese 1)
- Die wissenschaftlichen Themengebiete Medizin, Umwelt, Technik und Natur dominieren die Berichterstattung über Wissenschaft in den französischen Hauptfernsehnachrichten. In Deutschland wird neben den Themengebieten Umwelt (vor allem ARD), Natur (vor allem RTL), Medizin und Weltall verstärkt über Umweltkatastrophen berichtet. Die Katastrophenberichterstattung ist der einzige Themenbereich, der von allen Sendern gleichermaßen abgedeckt wird. Es existiert keine gemeinsame Agenda der Wissenschaftsberichterstattung in den Fernsehnachrichten. (Hypothese 2)
- Eine Konzentration auf nationale Themen lässt sich in Frankreich beobachten. In Deutschland wird allerdings bei den internationalen Themen, die sich auf wenige Länder konzentrieren, fast immer ein Bezug zu Deutschland hergestellt. Einzig ARTE zeichnet sich durch ein breites Spektrum an Handlungsorten aus und Kontinente wie Afrika und Asien kommen nicht nur im Zusammenhang mit Katastrophenberichterstattung vor. (Hypothese 3)
- Der Trend zu einer Heranziehung von vox populi konnte für RTL und die französischen Sender bestätigt werden. Trotzdem wird die Bezugsgruppe Experte nicht vernachlässigt. Wissenschaftler haben im Schnitt mehr Redezeit zur Verfügung und es handelt sich zum Großteil um qualifizierte Experten. Auf ARD kann allerdings eine Politisierung wissenschaftlicher Themen festgestellt werden. (Hypothese 4)
- Animationen gehören seit der Zeit der Emanzipation der französischen Fernsehnachrichten von der staatlichen Kontrolle durch Wissenschaftsberichterstattung zum Erscheinungsbild der Hauptfernsehnachrichten. Dieses konnte bestätigt werden, wohingegen in Deutschland vor allem RTL versucht diese didaktische Darstellungsweise mithilfe von Animationen zu etablieren. (Hypothese 5)

- Wie zu erwarten zeichnet sich die Sprechersendung Tagesschau durch den niedrigsten Visualisierungsgrad aus und versucht diesen im Gegensatz zu den anderen Sendern auch nicht durch Bebilderung von Redeakten in Filmbeiträgen bewusst zu senken.
- Tagesschau und ARTE widerstehen der Tendenz, durch stark emotionalisierende Bilder die Aufmerksamkeit des Zuschauers zu erregen. Der Emotionalisierungsgrad entspricht bei extrem schockierenden Bildern den französischen Sendern und bei RTL teilweise dem Visualisierungsgrad. Dieses relativiert leider die an sich positiven Bemühungen dieser Sender, den Visualisierungsgrad zu erhöhen, denn manche Beiträge überschreiten ethische Grenzen. (Hypothese 6)
- Wissenschaft wird in den meisten untersuchten Beiträgen positiv dargestellt, eine negative Tendenz ist meistens ereignisbezogen und lässt sich auf die intervenierende Variable Themengebiet zurückführen. Die Rolle der Wissenschaft ist zumeist helfend und problemlösend, die Zukunft wird als Fortschritt dargestellt und Wissenschaftler werden in fast allen Beiträgen als Retter oder Erlöser gezeigt. Kritikfähigkeit zeigt sich allerdings bei der Art der Berichterstattung insbesondere bei Beiträgen aus dem Themenbereich Umwelt. Vor allem bei ARTE ist Wissenschaftsberichterstattung aufklärerisch und bewertend. Im Hinblick auf das Qualitätsmerkmal Vielfalt lässt sich bemerken, dass zwar bei der Selektion wissenschaftlicher Themen, von Akteuren und Handlungsorten zumeist ein Ungleichgewicht vorherrscht. ARD konzentriert sich bei den Akteuren auf Politikeraussagen, während diese in Frankreich völlig vernachlässigt werden. RTL hat zwar ein großes Akteursspektrum. Allerdings kann man aufgrund der extrem kurzen Statements darauf schließen, dass keine Vielfalt gegeben ist. Nur ARTE zeichnet sich durch ausgewogene Quellen gepaart mit längeren Sprechzeiten aus. Dieses Ungleichgewicht dient nicht einer Akzeptanzschaffung für Wissenschaft im Sinne des Defizitmodells. (Hypothese 7)
- Im Hinblick auf organisationsspezifische Unterschiede konnte eine Konvergenz in der Wissenschaftsberichterstattung der privaten und öffentlich-rechtlichen Sender in Frankreich festgestellt werden, wohingegen

die großen Unterschiede formaler und inhaltlicher Art gegen eine Konvergenz zwischen RTL und ARD sprechen. (Hypothese 8)

7.10 Exkurs: Tagesschau versus Tagesthemen

Der Exkurs wird angeführt, um Tendenzen für zukünftige Studien aufzuzeigen und die Untersuchungsergebnisse besser interpretieren zu können. Es wird die Vermutung aufgestellt, dass ARD die Wissenschaftsberichterstattung in die Spätausgabe der Fernsehnachrichten Tagesthemen verschiebt. Im Anschluss an die Inhaltsanalyse zu den Hauptfernsehnachrichten in Deutschland und Frankreich ist besonders frappierend, dass ARD mit der Tagesschau in Hinblick auf Wissenschaftsberichterstattung weit hinter den französischen Kollegen und auch hinter RTL liegt. Diese fehlende Beachtung der Wissenschaft in den Fernsehnachrichten bei der ARD lässt sich laut NETOPIL (1999: 77) damit erklären, dass die ARD Wissenschaft in den Wissenschaftssendungen platziere. Die deutsche Fernsehlandschaft zeichnet sich allerdings im Gegensatz zur französischen durch Spätausgaben der Fernsehnachrichten aus und die Vermutung liegt nahe, dass in diesen längeren Formaten, die zudem den französischen Hauptfernsehnachrichten ähneln, mehr Zeit für Wissenschaft bleibt. In Bezug auf den Titel dieser Magisterarbeit könnte dies bedeuten, dass es bei ARD (noch) keine Prime-Time für die Wissenschaft gibt. In dem Untersuchungszeitraum wurde bei der Tagesschau am Ende der Sendung oft bei wissenschaftlichen Themen auf Tagesthemen verwiesen. Um die Berichterstattung von Tagesschau und Tagesthemen zu überprüfen, wird eine Woche lang (vom 30. 1. 2007 bis zum 6. 2. 2007) die Haupt- und Spätausgabe der Fernsehnachrichten auf ARD als Zusatzstichprobe aufgezeichnet und so wie in der Inhaltsanalyse zuvor codiert. Aufgrund des kurzen Untersuchungszeitraums ist die Repräsentativität der Zusatzstichprobe nur geringfügig vorhanden. Trotzdem können Tendenzen in der Wissenschaftsberichterstattung von Haupt- und Spätausgaben aufgezeigt werden. Um besser kontrollieren zu können, welche wissenschaftlichen Themen zu diesem Zeitraum die Berichterstattung dominieren, werden zum

Vergleich auch die Hauptfernsehnachrichten auf RTL aufgezeichnet. Diese werden bei der Interpretation der Ergebnisse aus Tagesschau und Tagesthemen mit berücksichtigt und eventuelle Bias lassen sich vermeiden. Aufgrund des Exkurscharakters und um den Rahmen der Magisterarbeit nicht zu sprengen, werden die Ergebnisse nicht detailliert gesondert dargestellt,[62] sondern sofort interpretiert.

Als wichtigstes Ergebnis lässt sich feststellen, dass in der Untersuchungsperiode die Tagesthemen mehr und ausführlicher über Wissenschaft berichten als die Tagesschau. Die Filmbeiträge und deren Moderation sind länger als bei der Hauptausgabe. Es kommen mehr befragte Personen darin vor und Wissenschaft wird sogar in einem Kommentar[63] behandelt, eine Präsentationsform, die in der Hauptausgabe meistens für rein politische Themen reserviert ist. In diesem Fall wird der unabhängige Journalismus und die Kritik- und Kontrollfunktion der Fernsehnachrichten ausgeführt. Darüber hinaus zeigt sich bei den Tagesthemen eine Tendenz wie bei den französischen Dossiers, ein Thema in mehreren Beiträgen zu behandeln.[64]

Zusätzlich lässt sich aus der Untersuchungsperiode zeigen, dass der Anteil der Wissenschaftsberichterstattung in dieser Periode höher bei der ARD war. Ein Blick auf die zum Vergleich aufgenommenen Fernsehnachrichten auf RTL zeigt allerdings, dass auch die anderen Sender proportional mehr über Wissenschaft berichten, wenn ein wissenschaftliches aktuelles Thema wie der UN-Klimabericht in der Untersuchungsperiode vorkommt. So gab es am 2. 2. 2007 im Vergleich zu einem Filmbeitrag bei der Tagesschau und den drei Filmbeiträgen bei den Tagesthemen bei RTL ganze fünf Filmbeiträge unter dem plakativen Titel: »ANGST VOR DEM KLIMA-KOLLAPS« subsumiert und der Klimawandel wurde abgesehen von der panikschürenden Aufmache in didaktisch sehr gut verständlichen, unterschiedliche Aspekte abdeckenden Beiträgen und einer 3D-animierten Blue-Screen dem Zuschauer nähergebracht.

---

62 Die Tabellen mit den Ergebnissen befinden sich im Anhang V.
63 ARD Tagesthemen, Kommentar zu einem medizinischen Thema, 30. 1. 2007, 81 Sekunden.
64 Am 2. 2. 2007 gab es drei Filmbeiträge zum Klimawandel und am 30. 1. 2007 einen Filmbeitrag und einen Kommentar zu einem medizinischen Thema.

Insgesamt lässt sich also feststellen, dass die Tagesthemen länger und ausführlicher über Wissenschaft berichten als die Tagesschau. Allerdings zeigt der direkte Vergleich mit der Hauptausgabe von RTL, dass dort bei gleicher Themenlage mehr berichtet wird als bei den öffentlich-rechtlichen Haupt- und Spätausgaben der Fernsehnachrichten auf ARD.

8 Diskussion der Ergebnisse im Hinblick auf die übergeordnete Fragestellung zur Meinungsbildung und Information über Wissenschaft in den Hauptfernsehnachrichten

Im Zuge dieser Arbeit sollte die übergeordnete Fragestellung beantwortet werden, ob Wissenschaft in die Prime-Time Einzug hält und die Sender die Zuschauer mit wissenschaftlichen Beiträgen versorgen und zur Meinungsbildung und Information beitragen.

Um eine echte demokratische Debatte über die wissenschaftlichen und technologischen Entscheidungen zu führen, ist es unabdingbar, den Kenntnisstand und das Verständnis von Wissenschaft bei der Öffentlichkeit zu erhöhen (ANDRÉ 1993: 19). Die Rundfunkgesetze in Deutschland formulieren einen verbindlichen Programmauftrag für die öffentlich-rechtlichen Anbieter. HÖMBERG (1990) betont dabei: »Gleich, ob man die Berichterstattung über Wissenschaft und Forschung mehr der ›Information‹ oder der ›Bildung‹ zuordnet – es steht außer Frage, dass die öffentlich-rechtlichen (...) Fernsehanstalten auch dieses Feld bestellen müssen, wenn sie ihrem Auftrag gerecht werden wollen« (ebd.: 47). In Frankreich wird dieser Auftrag des Fernsehens, Bildung und Information zu vermitteln (wie aus den Abschnitten 3.1 und 3.2.2 hervorgeht), ähnlich verstanden (vgl. UTARD 2001: 98). Demzufolge müsste die zuschauerintensivste Zeit, die Prime-Time, dazu genutzt werden, Informationen über die Wissenschaft an die Bürger zu vermitteln. Aus diesem Grund wurden die Hauptnachrichtensendungen ARD, RTL, TF1, France2 und ARTE auf das Ausmaß und die Merkmale der Wissenschaftsberichterstattung hin untersucht. Das speziell entwickelte Kategorienschema hat sich als geeignet herausgestellt, um die neun Hypothesen zur Wissenschaftsberichterstattung in den Hauptfernsehnachrichten genauer zu beschreiben. Die Ergebnisse aus der Inhaltsanalyse und Hypothesenprüfung sind auch im Hinblick auf die übergeordnete Fragestellung geeignet, um Rückschlüsse darauf zu ziehen, ob Wissenschaft in den Hauptfernsehnachrichten ausreichend und adäquat vermittelt wird.

Das interessanteste Ergebnis der Untersuchung war die Tatsache, dass in den französischen Hauptfernsehnachrichten mehr und ausführlicher über Wissenschaft berichtet wurde als in Deutschland. Durchschnittlich befassen sich die französischen Fernsehnachrichten mit zwei Wissenschaftsthemen täglich, berichten länger und ausführlicher und lassen mehr Wissenschaftler als Akteure in den Beiträgen zu Wort kommen. Darüber hinaus ist aufgrund der dominierenden Präsentationsform Filmbeitrag der Visualisierungsgrad höher und auch in den Filmbeiträgen selbst wird durch Einsatz von Animationen und Bebilderung von Redeakten darauf geachtet, die Visualisierung zu erhöhen. Aufgrund dieser Beobachtungen lässt sich für Frankreich eindeutig sagen, dass Wissenschaft große Beachtung in der Prime-Time findet.

In Deutschland ist das Verhältnis zwischen ARD und RTL in Bezug auf das Ausmaß der Wissenschaftsberichterstattung differenzierter. Während RTL wissenschaftliche Themen in die Berichterstattung integriert und Wissenschaft sogar neuerdings mit großen didaktischen Bemühungen auf dreidimensionalen Blue-Screen-Animationen vom *anchorman* Peter Kloeppel dargestellt wird, scheint dieser Trend an den öffentlich-rechtlichen Hauptfernsehnachrichten der ARD vorbeizuziehen. Das komplizierte Verhältnis zwischen Wissenschaft und Öffentlichkeit und die Darstellungen in Abschnitt 2.1, die einen historisch gewachsenen Antagonismus gegenüber der Wissenschaft in Deutschland aufgrund einer fehlenden Wissenschaftspopularisierung postulieren (vgl. BADER 1993, SCHULTHEIS 2003), scheinen als Erklärungsmuster für den Mangel wissenschaftlicher Themen immer noch zu gelten. Dazu kommen wahrscheinlich die starre Form und inhaltliche Konzentration der Tagesschau (3.2.1), die sich nur langsam und sehr selten wandeln. Die ARD wird dem Auftrag der Wissenschaftsvermittlung zwar teilweise gerecht, denn Wissenschaft wird in vielen Sendungen thematisiert und scheint, wie der Exkurs zeigt, auch bei den Tagesthemen mehr Beachtung zu finden. Zu bemängeln ist allerdings, dass die ARD das große Potenzial ihrer Hauptfernsehnachrichten und der Prime-Time nicht nutzt, um ihre neun Millionen Zuschauer über Wissenschaft zu informieren, und wissenschaftliche Themen dadurch an den Rand gedrängt werden. Dabei sind die öffentlich-rechtlichen Hauptfernsehnachrichten durchaus in der Lage, gute Wissenschaftsbeiträge mit Hintergrundinformationen zu produzieren. Leider kommen diese Beiträge nur sehr selten vor, vielmehr dominiert die Berichterstattung über Katastrophen. Allerdings kann man feststellen, dass die Tagesschau und ARTE Info als einzige Hauptnachrichtensendungen in der Untersuchungsperiode keine extrem emotionalisierenden Bilder zeigten und in dieser Hinsicht keinen sensationsheischenden Wissenschaftsjournalismus betreiben. Durch die teilweise emotionalisierende Darstellung wissenschaftlicher Themen und den Hang zu belanglosen *Soft-News*-Themen ohne Hintergrund zeigt sich, dass vor allem bei RTL Quantität nicht gleich Qualität ist. Der guten Intention, Wissenschaft zu vermitteln, steht oft eine sensationelle Aufmachung entgegen. Dementsprechend könnte das Fazit lauten: Infotainment ja bitte – aber mit Niveau.

Die französischen Sender erfüllen zwar zu einem großen Teil ihren Informationsauftrag, denn sie senden täglich Wissenschaftsbeiträge in den Hauptfernsehnachrichten, allerdings lässt sich auch hier Kritik an der Praxis üben, schockierende Bilder in Filmbeiträgen zu zeigen, bei denen der Emotionalisierungsgrad teilweise mit dem Visualisierungsgrad gleichzusetzen ist. Der in Deutschland noch existierende Unterschied zwischen Öffentlich-Rechtlichen und Privaten ist vor allem in Hinblick auf die Gefahr des Sensationsjournalismus und eine übermäßige Berichterstattung über *soft news* noch gegeben, während zwischen TF1 und France2 nicht nur eine formale, sondern auch eine inhaltliche Annäherung beobachtet werden konnte. So wurde bei der Prüfung der Konvergenz deutlich, dass diese zwischen Privaten und Öffentlich-Rechtlichen in Frankreich vorliegt, während in Deutschland große Unterschiede zwischen RTL und ARD gegen selbige sprechen (vgl. 7.8). Trotz des großen Stellenwerts der Wissenschaft, der sich auch in der Wissenschaftsberichterstattung der französischen Hauptfernsehnachrichten widerspiegelt, ist eine Gefahr dieser Konvergenztendenzen für die externe Vielfalt nicht von der Hand zu weisen.

Im Hinblick auf Kritikfähigkeit und Vielfalt können die deutschen und französischen Sender von ARTE lernen, denn der Kulturkanal achtet als einziger auf ausgewogene Berichterstattung im Hinblick auf Themen, Akteure und Handlungsorte. Die geringe Anzahl an Wissenschaftsberichterstattung in Deutschland und die geringe Abdeckung wissenschaftlicher Themen (6.4) spricht kaum für einen Versuch der Akzeptanzschaffung für die Wissenschaft in den Fernsehnachrichten, sondern wohl eher für die Ignoranz gegenüber dem Themengebiet Wissenschaft. Die Diskussion und Kritik am Wissenschaftsjournalismus aus der Forschung (2.2) scheint für Fernsehnachrichten kaum anwendbar. Wenn überhaupt, müsste man in Deutschland den Mangel an wissenschaftlicher Berichterstattung an sich kritisieren und nicht deren Form der Vermittlung. Bei dem geringen Anteil der wissenschaftlichen Berichterstattung in den deutschen Hauptfernsehnachrichten, gepaart mit der Konzentration auf Katastrophenberichterstattung bei der ARD und Beiträgen aus dem Bereich der *soft news* ohne Hintergrundinformationen bei RTL, lassen sich die ohnehin schon kleinen Werte schlecht im Hinblick auf das Defizitmodell interpretieren. Zudem spricht die Dominanz von Katastrophen bei 45 % der Beiträge bei der ARD und 32 % bei RTL für eine Verzerrung der Ergebnisse. Bei der Tendenz des Ereignisses, Zukunftsvision und der Rolle der Wissenschaft sind aufgrund dieser Themenpräferenz Abweichungen im Hinblick auf die Werte zu erwarten, und sie äußern sich dadurch, dass die Berichterstattung insgesamt tendenziell als negativer codiert wurde. Vorwürfe, in Deutschland hätte der Wissenschaftsjournalismus die Wissenschafts-PR ersetzt, sind bei den Fernsehnachrichten überflüssig – denn Wissenschaftsberichterstattung ist nur eine Randerscheinung. Die aktuellsten Ergebnisse des speziellen Eurobarometers zu Wissenschaft und Technologie von 2005 bestätigen die Feststellung, dass die Franzosen der Wissenschaft gegenüber optimistisch eingestellt sind und sogar teilweise die französischen Medien für eine negative Einstellung kritisieren.[65]

Beachtet man die herausragende Rolle der Hauptfernsehnachrichten für Meinungsbildung und Information aufgrund ihrer hohen Reichweite, so kann man feststellen, dass die französischen Sender diesem Auftrag in Hinblick auf Wissenschaftsvermittlung eher gerecht werden als die deutschen. Bei der Tagesschau konnte ein Mangel an Wissenschaftsberichterstattung festgestellt werden. RTL versucht zwar, didaktisch Wissenschaft zu vermitteln, und lässt ein großes Potenzial für die Zukunft erkennen, allerdings wird dieser Eindruck durch die Tendenz zu sensationeller oder übertrieben unterhaltungsorientierter Wissenschaftsberichterstattung geschwächt. Die einzige Hauptnachrichtensendung, die allen Kriterien ausgewogener Berichterstattung gerecht wird, ist ARTE Info. Allerdings erreicht sie nur wenige Zuschauer in der Prime-Time. Letztendlich lässt sich resümierend sagen, dass es in Frankreich und bei RTL (im Gegensatz zu ARD) eine Prime-Time für die Wissenschaft gibt, wobei allerdings noch Mängel im Hinblick auf Vielfalt dieser Berichterstattung zu beobachten sind, die hinsichtlich der Informations- und Meinungsbildungsfunktion verbesserungswürdig erscheinen.

---

[65] Demnach stimmen 39 % der Franzosen (gegenüber 27 % der Deutschen) der Aussage zu, dass wissenschaftliche und technologische Entwicklungen zu negativ in den Medien dargestellt werden *(EUROPÄISCHE KOMMISSION 2005: 35)*.

9 Schlussbetrachtung

9.1 Zusammenfassung

Diese Studie hatte das Ziel, die Wissenschaftsberichterstattung der Hauptfernsehnachrichten privater und öffentlich-rechtlicher Sender in Deutschland und Frankreich zu vergleichen und die Forschungslücke im Bereich der Wissenschaftsberichterstattung in den Fernsehnachrichten zu schließen. Die übergeordnete Fragestellung war dabei, ob Wissenschaft ein fester Bestandteil der Hauptfernsehnachrichten in der Prime-Time ist und zur Meinungsbildung und Information beiträgt. Die Merkmale Akteursspektrum, Handlungsort, wissenschaftliches Thema, Visualisierung, Emotionalisierung und Hilfsmittel wie Animationen bildeten die Grundlage dieser Prüfung. Zudem wurden die Dimensionen Stellenwert der Wissenschaft, Kritikfähigkeit und Vielfalt sowie Konvergenztendenzen zwischen öffentlich-rechtlichen und privaten Sendern untersucht. Die reichweitenstärksten privaten und öffentlich-rechtlichen Hauptnachrichtensendungen beider Länder, in Deutschland ARD (öffentlich-rechtlich) und RTL (privat) und in Frankreich TF1 (privat) und France2 (öffentlich-rechtlich), wurden in einer Inhaltsanalyse nach FRÜH (2001) im Untersuchungszeitraum vom 30. 5. bis zum 12. 7. 2006 untersucht. Aufgrund der interessanten binationalen Struktur wurde ARTE zusätzlich in den Untersuchungskorpus einbezogen.

Aus der frühen Tradition der Wissenschaftspopularisierung und durch die Einbeziehung von Wissenschaft in den Kulturbegriff der französischen Gesellschaft lässt sich für Frankreich auf einen historisch gewachsenen hohen **Stellenwert der Wissenschaft** schließen. In Deutschland wurde Wissenschaft von der Öffentlichkeit aufgrund fehlender Wissenschaftspopularisierung, einer Verflechtung mit dem militärischen Bereich sowie der Umweltbewegung negativer aufgefasst als in Frankreich (vgl. BADER 1993). Deshalb war anzunehmen, dass Wissenschaft in den französischen Fernsehnachrichten öfter und ausführlicher thematisiert wird als in Deutschland. Die Geschichte der französischen Fernsehnachrichten spricht zusätzlich für einen höheren Stellenwert der Wissenschaft. Die französischen Hauptfernsehnachrichten standen unter starker politischer Kontrolle. Um dem Zuschauer eine Form von politisch unabhängigem Journalismus zu liefern, wurde die Wissenschaftsberichterstattung ausgebaut. Mithilfe der Inhaltsanalyse konnte **eine höhere Gewichtung, Relevanz und Beachtung wissenschaftlicher Themen in Frankreich** bestätigt werden. TF1 und France2 befassen sich im Schnitt zweimal täglich in langen Filmbeiträgen mit wissenschaftlichen Themen, während Wissenschaft in den Hauptfernsehnachrichten in Deutschland gerade einmal jeden zweiten Tag vorkommt und dazu in kürzeren Präsentationsformen wie Meldungen oder Kurzbeiträgen gezeigt wird. TF1 neigt dazu, diese als Aufmacher zu präsentieren, während France2 ein wöchentliches Wissenschaftsdossier eingerichtet hat, in dem wissenschaftliche Themen in einer Länge von bis zu vier Minuten mit Hintergrundinformationen dargestellt werden. Die historisch bedingte didaktische Aufbereitung der Themen äußert sich in einem häufigen **Gebrauch von Hilfsmitteln wie Animation und Grafik.** Die Unterschiede hinsichtlich der Länge, des Ausmaßes und der Visualisierung wissenschaftlicher Themen sind zwischen Deutschland und Frankereich signifikant.

In der Forschung zur Wissenschaftsberichterstattung wird oft eine Dominanz bestimmter wissenschaftlicher Themen bemängelt. Aus diesem Grund wurden die Wissenschaftsbeiträge in der vorliegenden Untersuchung hinsichtlich der Inhaltskategorien nach GÖPFERT (1996a: 363 f.) unterschieden. Eine **Dominanz der Themen aus Medizin, Umwelt und Technik** konnte in Frankreich festgestellt werden. In Deutschland fällt allerdings auf, dass Beiträge über technische und Umweltkatastrophen den größten Anteil ausmachen. Hinsichtlich einer gemeinsamen **deutsch-französischen Agenda der Wissenschaftsberichterstattung** lässt sich ebenfalls feststellen, dass einzig die Berichterstattung über Katastrophen einheitlich ist und alle anderen Themen von Land zu Land und meistens auch zwischen den einzelnen Sendern variieren.

Um die Nachrichten noch besser zu beschreiben, wurde das **Akteursspektrum der Wissenschaftsbeiträge** im Hinblick auf die Aussageobjekte untersucht. Die Verteilung der Bezugsgruppen Politiker, Experte, Interessengruppe, private Unternehmen, vox populi und Korrespondent sowie die zusätzliche Einstufung dieser Akteure nach Rangordnung und Redezeit ergaben große Unterschiede zwischen den untersuchten Sendern. RTL und die französischen Sender bestätigen den Trend zur Heranziehung von Einzelpersonen als Betroffene in O-Tönen. Trotz dieser Tatsache konnte positiv festgestellt werden, dass kompetente Experten in Wissenschaftsbeiträgen vorkommen und durchschnittlich mehr Redezeit zur Verfügung haben als alle anderen Akteure. ARD befragte zu den wissenschaftlichen Themen vor allem hochrangige Politiker, während die Heranziehung von politischen Akteuren in den Wissenschaftsbeiträgen französischer Hauptfernsehnachrichten marginal ist. Auffällig war ein ausgewogenes Akteursspektrum hinsichtlich Verteilung der Bezugsgruppen, Rangordnung und Redezeit bei ARTE.

In der Nachrichtenforschung wird den Fernsehnachrichten in Deutschland und vor allem in Frankreich eine verzerrte Nachrichtengeografie vorgeworfen. In der Wissenschaftsberichterstattung der untersuchten Hauptfernsehnachrichten ließ sich eine starke Konzentration auf **die eigene Nation als Handlungsort** konstatieren. In Frankreich machte sich diese, gepaart mit nationalem Stolz und einem ausgeprägten Fortschrittsdenken, bei wissenschaftlichen Entwicklungen bemerkbar. In Deutschland trat die eigene Nation seltener als Handlungsort auf, es wurde aber fast immer ein Bezug zu Deutschland hergestellt. Diese Bezüge wurden in Frankreich bei den nationalen Themen vor allem zu den europäischen Nachbarn vorgenommen. Insgesamt lässt sich feststellen, dass Kontinente wie Asien und Afrika meistens im Zusammenhang mit Katastrophenberichterstattung vorkommen. Einzig ARTE bemüht sich darum, Wissenschaft eine internationale Komponente zu geben.

Die Ergebnisse zu Themenstruktur, Akteursspektrum und Handlungsort spiegeln sich auch in dem dominierenden Nachrichtenwert wider. Bei der Selektion der wissenschaftlichen Themen für die Hauptfernsehnachrichten spielen in Deutschland und Frankreich vor allem die **Nachrichtenfaktoren Personalisierung, Valenz und Nähe** eine überragende Rolle. Personalisierung äußert sich in der häufigen Befragung der Betroffen als Akteure, Valenz kommt vor allem in Form negativer Ereignisse wie Umweltkatastrophen vor und der Nachrichtenfaktor Nähe lässt sich mit der Konzentration auf die eigene Nation als Handlungsort und politische Nähe zur eigenen Nation bei internationalen Beiträgen zurückführen.

Der **Visualisierungsgrad** der Wissenschaftsbeiträge war vor allem bei der ARD aufgrund der traditionellen Konzeption der Tagesschau als Sprechersendung und der starken Verwendung der Präsentationsform Meldung niedriger als bei den anderen Sendern. In den Filmbeiträgen konnte zudem festgestellt werden, dass sich ARD nicht bemüht, die Visualisierung durch bewusste Bebilderung von Redeakten zu steigern, wie es bei den französischen Sendern und RTL der Fall ist. Allerdings lässt sich positiv anmerken, dass ARD und ARTE jeglichen Versuchen einer sensationellen Wissenschaftsberichterstattung widerstehen und auf **extreme Emotionalisierung** verzichten. Diese Tendenz ist sowohl bei den privaten Anbietern in Deutschland und Frankreich als auch bei den öffentlich-rechtlichen Hauptfernsehnachrichten auf France2 aufgetreten.

In der aktuellen Forschung wurde die Forderung nach einem unabhängigen Wissenschaftsjournalismus, der eine Kritik- und Kontrollfunktion übernimmt und sich bei der Selektion der Themen, Akteure und Handlungsorte nicht von der Öffentlichkeitsarbeit beeinflussen lässt, geäußert. Die Kontroverse zum »Public Understanding of Science« lässt auf eine Wissenschaftsvermittlung schließen, die den Prämissen des Defizitmodells folgt und der **Akzeptanzschaffung für Wissenschaft** dient. Allerdings spricht die geringe Anzahl an Wissenschaftsberichterstattung in deutschen und das Ignorieren politischer Akteure in französischen Hauptfernsehnachrichten kaum für einen Versuch der Akzeptanzschaffung für die Wissenschaft in den Fernsehnachrichten, sondern wohl eher für die **Ignoranz gegenüber dem The-**

mengebiet Wissenschaft in Deutschland und dessen kritische Beleuchtung in Frankreich. Aus diesem Grund wurden die Hauptfernsehnachrichten im Hinblick auf Kritikfähigkeit und die **Qualitätsdimension Vielfalt** hin untersucht. Hinsichtlich der Vielfalt wird bei den bereits vorgestellten Ergebnissen der Merkmale wissenschaftliches Thema, Akteursspektrum und Handlungsort deutlich, dass diese oft nicht vorliegt. Sozialwissenschaften und Grundlagenforschung werden bei den Themen ignoriert und dafür dominieren die Themenbereiche Umwelt, Medizin, Technik und Umweltkatastrophen. Eine Konzentration auf den nationalen Raum als Handlungsort oder geografischen Hauptbezug konnte in Deutschland und Frankreich festgestellt werden. Das Akteursspektrum war nur bei ARTE ausgewogen, während bei ARD eine Konzentration auf Politikeraussagen vorlag, die französischen Sender diese völlig ausblendeten und RTL durch die kurzen Statements nur einen Anschein von Vielfalt vermittelt, da die Akteure kaum Zeit haben, sich zu äußern.

In Bezug auf die **Kritikfähigkeit** lässt sich feststellen, dass Kritik an Wissenschaft in beiden Ländern vor allem bei etabliert kontroversen Themen wie Atomkraft und Umweltthemen geübt wird. Insgesamt herrscht eine **positive Tendenz** vor, in der die Zukunftsvision als Fortschritt, Wissenschaft als helfend und problemlösend und der Wissenschaftler als Retter und Erlöser aufgefasst wird. Gelegentliche Abweichungen und negative Tendenzen in der deutschen Wissenschaftsberichterstattung lassen sich auf die intervenierende Variable Katastrophe zurückführen, bei der die Tendenz ereignisbezogen ist und keine Kritik an Wissenschaft geübt wird. Anhand der Art der Berichterstattung wird jedoch deutlich, dass trotz dieser positiven Grundtendenz bei allen Sendern Kritik an der Wissenschaft geübt wird. Bei ARTE kommt diese Position des Bewerters und Aufklärers am häufigsten vor und lässt auf unabhängigen Journalismus schließen. Bei RTL steht eine beratende **»Service«-Funktion** im Vordergrund, gepaart mit der in Frankreich praktizierten Berichterstattung als Beispielgeber, wobei anhand anschaulicher Fallbeispiele wissenschaftliche Vorgänge beschrieben werden. Diese Tendenz spiegelt sich auch in einer Dominanz des Nachrichtenfaktors **Personalisierung** bei TF1, France2 und RTL wider. Die Tagesschau versucht die Wissenschaft als objektiver Erklärer zu vermitteln, wobei kritische Stellungnahmen in die Kommentare der Tagesthemen verschoben werden, was allerdings zur Folge hat, dass den neun Millionen Zuschauern der Tagesschau die Kritikfähigkeit der ARD vorenthalten bleibt.

Die Ergebnisse der Inhaltsanalyse haben gezeigt, dass sich vor allem **länderspezifische Unterschiede** zwischen Frankreich und Deutschland im Hinblick auf die Wissenschaftsberichterstattung in den Hauptfernsehnachrichten manifestieren. Die organisationsspezifischen Unterschiede sind keine signifikante Erklärung und zwischen den Ländern marginal. Dieses liegt vor allem daran, dass sich öffentlich-rechtliche und private Hauptfernsehnachrichten in Frankreich kaum unterscheiden und, wie Hypothese 7 zeigt, sogar von einer **Konvergenz zwischen TF1 und France2** gesprochen werden kann. Die Unterschiede zwischen Öffentlich-Rechtlichen und Privaten in Deutschland sind im Hinblick auf die Wissenschaftsberichterstattung allerdings sowohl formal als auch inhaltlich gegeben, sodass Konvergenz hier nicht festgestellt werden konnte. SCHATZ et al. (1989) formulierten in ihrem wettbewerbstheoretischen Modell Konkurrenzverschärfung als Kausalfaktor für Annäherung zwischen öffentlich-rechtlichem und privatem Sektor. Die starke Konkurrenz zwischen den Hauptfernsehnachrichten in Frankreich spricht für eine Bestätigung seiner Annahme.

Im Hinblick auf die übergeordnete Fragestellung lässt sich eine **Prime-Time für die Wissenschaft bei den französischen Sendern** aufgrund der intensiven täglichen Berichterstattung feststellen. Auch bei RTL lassen sich deutliche didaktische Bemühungen bei der Wissenschaftsvermittlung erkennen, die zukünftig dahingehend untersucht werden müssten, ob RTL dieses Potenzial nutzt oder die Gefahr einer emotionalisierenden Darstellung in Form von *soft news* ohne Hintergrundinformationen und mit extrem kurzen O-Tönen überwiegt. Eine traurige Bilanz muss für die Tagesschau gezogen werden, denn Wissenschaft ist aufgrund der Politikfixierung nur eine Randerscheinung, wird nur selten in Filmbeiträgen thematisiert und in die Spätnachrichten oder Wissenschaftsmagazine verbannt, die jedoch durch eine geringe Reichweite gekennzeichnet sind.

Um die **Meinungsbildungs- und Informationsfunktion** besser erfüllen zu können, müssen alle Sender darauf achten, einen unabhängigen Journalismus zu praktizieren, Kritik und Kontrolle an der Wissenschaft zu üben und auf Vielfalt bei den wissenschaftlichen Themen, dem Akteursspektrum und der Wahl des Handlungsortes achten. ARTE Info zeigt mit einer pluralistischen Wissenschaftsberichterstattung, dass Deutschland und Frankreich zusammen das schaffen, was in den einzelnen Ländern noch nicht auf der Tagesordnung steht.

9.2 Methodenkritik

Das Instrument Inhaltsanalyse hat sich als geeignet erwiesen, die Wissenschaftsberichterstattung in den Hauptfernsehnachrichten in Deutschland und Frankreich umfassend zu beschreiben. Die Reliabilität und Validität der vorliegenden Untersuchung waren zufriedenstellend. Die vorliegende Studie liefert in dem Sinne einen Beitrag zur praktischen Anwendung der inhaltsanalytischen Methodik auf Wissenschaftsberichterstattung in den Fernsehnachrichten. Dabei wurde durch die Erstellung eines komplexen Kategoriensystems, welches versucht, Charakteristika der Wissenschaftsberichterstattung in den Hauptfernsehnachrichten aus vorausgehenden Studien sowie eigene Beobachtungen der Autorin zu berücksichtigen, zur Weiterentwicklung dieser Forschung beigetragen. Das vorliegende Instrument und Kategoriensystem dürften für Folgestudien inspirierend sein und helfen, zukünftige Studien einheitlich und damit vergleichbar zu gestalten. Dieses gilt vor allem im Hinblick auf die Definition von Wissenschaft, wobei gezeigt werden konnte, dass es für die Hauptfernsehnachrichten wichtig ist, Katastrophen als gesonderte Inhaltskategorie zu betrachten. Die Kategorien haben dazu geführt, aufschlussreiche Aussagen über die Wissenschaftsvermittlung in den Hauptfernsehnachrichten zu treffen. Einziges Manko bei der Untersuchung waren die geringen Fallzahlen bei ARD. Diese lassen sich allerdings nicht auf die Konzeption des Instruments zurückführen, sondern auf die Politikkonzentration und den generellen Mangel an Wissenschaftsberichterstattung der ARD. Aus diesem Grund konnten bei einigen Kategorien keine Signifikanztests durchgeführt werden. Um die Ergebnisse von ARD besser interpretieren zu können, wurde der Exkurs Tagesschau versus Tagesthemen vorgenommen. Durch die Fallstudie konnte gezeigt werden, dass die Untersuchung reproduzierbar ist und deren Ergebnisse sich gut vergleichen lassen. Darüber hinaus erwies sich das Kategoriensystem als geeignet, kurze Untersuchungszeiträume adäquat zu erfassen.

Aus Gründen der Übersichtlichkeit und der Länge der vorliegenden Arbeit ist auf das Erstellen von zusätzlichen Korrelationen zwischen den einzelnen Kategorien verzichtet worden. Für Folgestudien wäre es sehr reizvoll, mit Korrelationen zu arbeiten. Der methodische Aufbau dieser Studie und das Kategoriensystem könnten dabei übernommen werden. Diese Kreuzvergleiche können einen großen Erkenntnisgewinn bringen und wären eine neuartige Form, die Berichterstattung in den Fernsehnachrichten bis ins kleinste Detail zu beschreiben.

9.3 Ausblick

Wenn man von Wissenschaftsvermittlung spricht, dann folgt zumeist die Beschränkung auf den nationalen Raum. Selbst in einem Jahrhundert der Globalisierung und des schnellen Austausches von Informationen via Internet ist die kommunikationswissenschaftliche Forschung auf die nationale Ebene »beschränkt« oder wie es Otto von Schwerin deutlich auf den Punk bring: »*If the exchange of information between German universities is said to be underdeveloped, than at the European level it is often non-existent*« (Otto von Schwerin in: ZERGES/BECKER 1992: 55). Insbesondere für wissenschaftliche Arbeiten wie diese, die sich mit dem Thema Wissenschaftspopularisierung auseinandersetzen, sollte dieser Satz nicht nur bloße Provokation, sondern auch Leitmotiv für Veränderung sein. Bei internationalen Vergleichen kann man in vielerlei Hinsicht gewinnen. Zudem ist die Auseinandersetzung mit Forschungsliteratur aus unterschiedlichen Ländern ein großes Plus.

In der vorliegenden Arbeit konnte die französischsprachige Literatur zum Bereich Wissenschaftspopularisierung, Wissenschaftsberichterstattung und zu den Fernsehnachrichten in die Untersuchung einfließen. Dabei wurden die Studien von CHEVEIGNÉ (2000/2005) und CHERVIN (2003) berücksichtigt, welche in der Erforschung der Wissenschaftsberichterstattung in den Fernsehnachrichten viel weiter entwickelt sind als in Deutschland. Die Konservierung der Fernseharchive an der Inathèque in den Räumlichkeiten der Bibliothek François Mitterand in Paris ermöglicht zudem eine viel schnellere, detaillierte Analyse des Mediums Fernsehen und Langzeitstudien, von denen deutsche Wissenschaftler nur träumen können, denn sie müssen die gewünschten Sendungen zumeist mühevoll selbst aufzeichnen.

Ein weiterer Gewinn bei einer internatonalen Studie ist der bekannte Blick über den Tellerrand auch im Hinblick auf die Interpretation von Ergebnissen und Analysen. Allein die Tatsache, eine andere Form von Wissenschaftsberichterstattung zu kennen, hat oft zur Folge, das Altbekannte zu hinterfragen und das eigene Land besser zu verstehen und einordnen zu können. Nur weil zum Beispiel die Fernsehnachrichten auf ARD als Garant für seriöse Berichterstattung gelten und die Hauptfernsehnachrichten der Privaten wie RTL aktuell als populärwissenschaftlich abgetan werden, kann der Blick ins Ausland und ein Beispiel, wie es anders funktioniert, zeigen, dass man alte Denkmuster umwälzen kann. Dabei tritt Kritik am eingeschränkten Themenspektrum in der Wissenschaftsberichterstattung der Öffentlich-Rechtlichen zutage. Vor diesem Hintergrund erscheinen die Bemühungen von Peter Kloeppel, als didaktischer Experte aufzutreten, wie die Versuche eines François de Closets, sich eben durch die Wissenschaft zu exponieren. Während in Frankreich damals der Einfluss von Seiten der Politik so stark war, dass die Domäne Wissenschaft als Ausflucht galt, so kann der wachsende ökonomische Konkurrenzdruck RTL zukünftig dazu antreiben, einen ganz anderen Weg zu suchen, als kompetent zu gelten, als die Tagesschau mit ihrer Politikkonzentration – nämlich mit dem Versuch, Wissenschaft zu ihrem neuen Steckenpferd zu machen. Hinweise dafür, dass sich wissenschaftliche Themen durch die große Eignung als »Service« oder Beratung für das Publikum immer mehr in den deutschen Fernsehnachrichten der kommerziellen Anbieter durchsetzen, lassen sich vor allem durch die kontinuierliche Beobachtung der RTL-Nachrichten finden. Am 17. 4. 2007 erscheint auf RTL aktuell erneut eine 3D-Animation im Studio zum Thema Zeckenbiss. Peter Kloeppel trat vor einer 3D-Blue-Screen-Animation auf und erläuterte wie ein moderner Lehrer oder Professor auf sehr didaktische Art und Weise, wie sich ein Zeckenbiss auswirken kann. Seinen Ausführungen folgte ein Beitrag zu dem Thema. Ob sich diese Tendenz im Endeffekt fortsetzt, kann Gegenstand zukünftiger Studien sein.

Eine weitere Anregung für Folgestudien ist, das Verhältnis von Morgen-, Mittags-, Spät- und Hauptausgaben von Fernsehnachrichten im Hinblick auf Wissenschaftsberichterstattung zu untersuchen. Im Exkurs zum Verhältnis zwischen Tagesschau und Tagesthemen wurde bereits die Tendenz aufgezeigt, dass in den Tagesthemen mehr Wissenschaft vorkommt als in der Tagesschau. Darüber hinaus wurde durch den Exkurs deutlich, dass durch aktuelle wissenschaftliche Langzeitthemen wie den Klimawandel zukünftig mit einer verstärkten Berichterstattung über Wissenschaft sowohl bei öffentlich-rechtlichen als auch bei privaten Sendern zu rechnen ist. Anzunehmen ist, dass diese Zunahme proportional ist und an den ermittelten Verhältnissen zwischen den Sendern im Ausmaß der Wissenschaftsberichterstattung nicht viel ändert. Interessant wäre es, dies empirisch zu prüfen.

Im Rahmen der Untersuchung wurde angesprochen, dass es mehr öffentlich-rechtliche Wissenschaftssendungen in Deutschland als in Frankreich gibt. Aktuelle Studien bestätigen die Annahme, dass die Informationsleistung von Wissenschaftsendungen in Deutschland bei Wissenschaftsmagazinen größer als bei Nachrichtensendungen ist (PLATT 2007). Ein Vergleich der Wissenschaftssendungen und Nachrichten in Deutschland und Frankreich könnte ebenfalls aufschlussreich sein.

Zusätzlich wäre es erstrebenswert, mehr Sender in die Untersuchung einzubeziehen. In Frankreich ist dies nicht imperativ, denn die Hauptausgaben von TF1 und France2 haben kaum ernstzunehmende Konkurrenz, aber in Deutschland wäre es interessant, SAT.1 und ZDF mit in die Untersuchung zu nehmen, um generelle Aussagen treffen zu können.

Nachdem diese Studie zeigen konnte, dass sich Wissenschaftsberichterstattung in den Hauptfernsehnachrichten Deutschland und Frankreich signifikant unterscheidet, wäre es sinnvoll, weitere Methoden anzuwenden. Bei einer Rezipientenstudie könnte man die Zuschauer berücksichtigen und ermitteln, ob diese kulturell geprägte Präferenzen im Hinblick auf Wissenschaftsvermittlung haben.

Literaturverzeichnis

Bücher und Aufsätze

AIGUILLON, Benoit de (2001): Un demi-sciècle de journal télévisé. Communication et Civilisation, Paris: L'Hamattan.

ACKRILL, Kate (Hrsg.)/PORTER, Lord (1993): The Role of Media in Science Communication [Ciba Foundation Report]. London: Ciba foundation.

ALLEMAND, Étienne (1983): L'information scientifique à la télévision. Paris: Anthropos.

ANDRÉ, Michel (1993): Science et culture(s): L'éventail européen. In: Alliage: Science & Culture en Europe. N°16–17 Eté Automne 1993, Paris: Seuil, S. 19.

ASPER, Helmut G (1979): Zwischen Bildung und Unterhaltung. Breite und Vielfalt der Wissenschaftssendungen. In: Kreutzer, Helmut/Prümm, Karl: Fernsehsendungen und ihre Formen. Typologie, Geschichte und Kritik des Programms in der Bundesrepublik Deutschland. Stuttgart: Philipp Reclam jun.

AUGST, Gerhard/SIMON, Hartmut/WEGNER, Immo (Hrsg.) (1982): Die Verständlichkeit von Fernsehtexten. Strukturelle und empirische Untersuchungen zur Wissenschaftsendung »Der Jupiter-Effekt«. Veröffentlichungen des Forschungsschwerpunkts Massenmedien und Kommunikation an der Universität-Gesamthochschule Siegen. Bd. 20, Siegen.

AUGST, Gerhard/SIMON, Hartmut/WEGNER, Immo (Hrsg.) (1985): Wissenschaft im Fernsehen – verständlich? Produktion und Rezeption der Wissenschaftssendung »Fortschritt und Technik – Rückschritt der Menschen?« unter dem Blickwinkel der Verständlichkeit. Theorie und Vermittlung der Sprache Bd. 3, Frankfurt am Main: Lang.

BABOU, Igor (2004): Le cerveau vu par la télévision. Paris: Presse Universitaires de France.

BADER, Renate (1993): Science et Culture en Allemagne. Y aurait-il un problème? In: Alliage: Science & Culture en Europe. N°16–17 Eté Automne 1993, Paris: Seuil, S. 84–90.

BAGUSCHE, Jessica (1994): Nachrichten aus der Wissenschaft. Eine Untersuchung zum Selektionsprozeß wissenschaftsjournalistischer Beiträge in tages- und wochenaktuellen Nachrichten und Magazinen des ZDF. Magisterarbeit, Institut für Publizistik- und Kommunikationswissenschaft, Arbeitsbereich Wissenschaftsjournalismus, Freie Universität Berlin.

BARTEL, Ralph (1997): Fernsehnachrichten im Wettbewerb. Die Strategien der öffentlich-rechtlichen Anbieter. Köln/Weimar/Wien: Böhlau Verlag.

BAUER, Martin/SCHOON, Ingrid (1993): La diversité européenne dans l'appréhension publique de la science. In: Alliage: Science & Culture en Europe. N°16-17 Eté Automne 1993, Paris: Seuil, S. 211-217.

BAYERTZ, Kurt (1985): Spreading the spirit of science. Social determinants of the populariation of science in the 19th century Germany. In: Shinn, Terry/Whitley, Richard: Expository Science. Forms and functions of Popularisation. Dordrecht/Boston/Lancaster: D. Reidel Publishing Co, S. 209-227.

BERENTSEN, Antoon (1986): Vom Urnebel zum Zukunftsstaat. Zum Problem der Popularisierung der Naturwissenschaften in der Deutschen Literatur (1880-1910). Berlin: Oberhofer.

BIENVENIDO, León (2006): Science news as marginal topic. European television channels compared. In: Willems, Jaap/Göpfert, Winfried (Hrsg.): Science and the Power of TV. Amsterdam: VU University Press & Da Vinci Insitute, S. 101-113.

BLUM, Sylvie (1982): La télévision ordinaire du pouvoir. Paris: PUF.

BONFADELLI, Heinz (1980): Neue Fragestellungen in der Wirkungsforschung. Zur Hypothese der wachsenden Bildungskluft. In: Rundfunk und Fernsehen. Wissenschaftliche Vierteljahreschrift. 28. Jahrgang, Heft 2, Hamburg, S. 173-193.

BOURDON, Jérôme (1990): Histoire de la télévision sous de Gaulle. Paris: INA-Anthropos.

BOURGEOIS, Isabelle (1990): Französische Medienlandschaft und duale Rundfunkordnung. In: Albert, Pierre/Freund, S. Wolfgang/Koch, E. Ursula: Frankreich – Deutschland Medien im Vergleich. Frankfurt am Main: Peter Lang, S. 187-202.

BOURNE, Arthur (1992): Science and the Media in Europe. In: Zerges, Kristina (Hrsg.)/Becker, Wernder: Science and the Media – A European Comparison. Berlin: Ed. Sigma, S. 61-95.

BROSIUS, Hans-Bernd (1996): Der Einfluss von Fallbeispielen auf Urteile der Rezipienten. Die Rolle der Ähnlichkeit zwischen Fallbeispiel und Rezipient. In: Rundfunk und Fernsehen. 44 Jahrgang, Baden-Baden: Nomos-Verlagsgesellschaft, S. 51–85.

BROSIUS, Hans-Bernd (1993): The effects of emotional pictures in television news. In: Communication Research 20, Sage Publications, S. 105–124.

BROSIUS, Hans-Bernd (1998): Visualisierung von Fernsehnachrichten. Text-Bild-Beziehungen und ihre Bedeutung für die Informationsleistung. In: Kamps, Klaus/Merkel, Miriam (Hrsg.): Fernsehnachrichten. Prozesse, Strukturen, Funktionen. Opladen/Wiesbaden: Westdeutscher Verlag, S. 213–224.

BRUNS, Thomas/MARCINKOWSKI, Frank (1996): Konvergenz revisited. Neue Befunde zu einer älteren Diskussion. In: Rundfunk und Fernsehen 44. Baden-Baden: Nomos-Verlagsgesellschaft, S. 461–478.

BULLION, Michaela von (2004): Galileo, Quarks und Co. – Wissenschaft im Fernsehen. In: Conein, Stephanie/Schrader, Josef/Stadler, Matthias (Hrsg.): Erwachsenenbildung und die Popularisierung von Wissenschaft. Bielefeld: W. Bertelsmann Verlag, S. 90–114.

CHERVIN, Jaqueline (2003): Le traitement des thématiques scientifiques dans le journal télévisé depuis 1949. In: Le Boeuf, Claude (Hrsg.)/Pelissier, Nicolas: Communiquer l'information scientifique. Ethique du journalisme et stratégies des organisations. Paris: L'Harmattan, S. 189–209.

CHEVEIGNÉ, Suzanne de (2000): L'environnement dans le journal télévisé. Médiateurs et visions du monde. Paris: CNRS Editions.

CHEVEIGNÉ, Suzanne de (2005): Publicisation de la science: plaidoyer pour un horizon de recherche européen. In: Pailliart, Isabelle: La publicisation de la science: Exposer, communiquer, débattre, publier, vulgariser. Grenoble: Presses Universitaires de Grenoble, S. 103–122.

CHEVEIGNÉ, Suzanne de (2006): Science and Technology on TV news. In: Göpfert, Winfried (Hrsg.)/Willems, Jaap: Science and the Power of TV. Amsterdam: VU University Press & Da Vinci Institute, S. 85–100.

CHEVEIGNÉ, Suzanne de/VÉRON, Eliséo (1996): Science on TV: forms and reception of science programmes on French television. In: Public Understanding of Science 5, S. 231–253.

COTTLE, Simon (1993): Mediationg the Environment: Modalities of TV News. In: Hansen, Anders (Hrsg.): The Mass Media and Environmental Issues, Leicester: Leicester University Press, S. 107–133.

COULOMB-GULLY, Marlène (1995): Les informations télévisées. Que sais-je? Paris: Presse Universitaires de France.

CRAWFORD, Elisabeth (1993): La science a-t-elle des frontières? In: Alliage: Science & Culture en Europe. N°16–17 Eté Automne, Paris: Seuil, S. 35–41.

DARKOW, Michael (2003): Unermessliches Programmangebot – Differenzierte Nutzung: Das Fernsehnutzungsverhalten in Deutschland. In: Albert, Pierre (Hrsg.)/ Koch, Ursula et al.: Les médias et leur public en France et en Allemagne. Die Medien und ihr Publikum in Deutschland und Frankreich. Paris: Ed. Panthéon-Assas, S. 255–270.

DAUM, Andreas (1998): Wissenschaftspopularisierung im 19. Jahrhundert. Bürgerliche Kultur, naturwissenschaftliche Bildung und die deutsche Öffentlichkeit 1848–1914. München/Oldenburg: Wissenschaftsverlag.

DUFRESNOY, Didier (1994): Place des émissions scientifiques à la télévision. Pourquoi sont-elles peu fréquentes en France? DEA-Dissertation, Paris: CNAM.

DRÄGER, Horst (1979): Volksbildung in Deutschland im 19. Jahrhundert. Band 1. Braunschweig: Westermann.

DRÄGER, Horst (1984): Volksbildung in Deutschland im 19. Jahrhundert. Band 2. Bad Heilbrunn: Westermann.

DURANT, John (1999): Public understanding. Participatory technology assessement and the democratic model of the public understanding of science. In: Science and Public Policy. Oktober 1999, S. 313–319.

ERHARDT, Manfred (1999): PUSH – den Dialog fördern. In: Stifterverband für Deutsche Wissenschaft (Hrsg.): Dialog Wissenschaft und Gesellschaft. Symposium: Public Understanding of Scieces and Humanities. International and German Perspectives. 27. Mai 1999. Wissenschaftszentrum. Bonn S. 4–7.

FAHR, Andreas (2001): Katastrophale Nachrichten? Eine Analyse der Qualität von Fernsehnachrichten. München: Fischer

FAYARD, Pierre (1988): La communication scientifique publique. De la vulgarisation à la médiatisation. Lyon: Chronique sociale.

FAYARD, Pierre (1993): Science aux Quotidiens. L'information scientifique dans la presse quotidienne européenne. Nice: Z'Editions.

FOUQUIER, Eric/VÉRON, Eliséo (1985): Les spectacles scientifiques télévisés. Figure de la production et de la réception. Paris: La Documentation Française.

FLÖHL, Rainer (1980): Experten und Öffentlichkeit. In: Neuhaus, Günter A. (Hrsg.): Pluralität in der Medizin. Der geistige und methodische Hintergrund. 2. unveränderte Auflage, Frankfurt am Main: Umschau Verlag, S. 162–166.

FRÜH, Werner (2001): Inhaltsanalyse. Theorie und Praxis. 5. überarbeitete Auflage, Konstanz: UVK Verlagsgesellschaft.

FRÜHWALD, Wolfgang (1999): Erschüttertes Vertrauen? Zum Verhältnis von Wissenschaft und Öffentlichkeit in Deutschland. In: Gegenworte. Zeitschrift für Disput über Wissen: Muss Wissenschaft hinein ins Leben? Zwischen Popularisierung, Legitimation und Dialog. Herausgegeben von der Berlin-Brandenburgischen Akademie der Wissenschaften, Lemmens Verlags- & Mediengesellschaft mbH, 3. Heft Frühjahr, S. 11–13.

GALTUNG, Johan/RUGE, Mari Holmboe (1965): The structure of Foreign News. The presentation of the Congo, Cuba and Cyprus Crisis in Four Norwegian Newspapers. In: Journals of Peace Research, Heft 2, S. 64–91.

GANTEN, Detlev (1999): Ziel sind Kennerschaft und Verständnis. In: Stifterverband für Deutsche Wissenschaft (Hrsg.): Dialog Wissenschaft und Gesellschaft. Symposium: Public Understanding of Scieces and Humanities. International and German Perspectives. 27. Mai 1999. Wissenschaftszentrum. Bonn, S. 44–49.

GÄSSLE, Inge (1995): Der europäische Fernseh-Kulturkanal ARTE: deutsch-französische Medienpolitik zwischen europäischem Anspruch und nationaler Wirklichkeit. Frankfurt am Main/New York: Campus Verlag.

GERLACH, Tobias (2004): ARTE – Vom deutsch-französischen zum europäischen Fernsehen. In: Frenkel, Cornelia/Lüger, Heinz-Helmut/Woltersdorff, Stefan (Hrsg.): Deutsche und französische Medien im Wandel. Landau: Verlag Markus Knecht, S. 233–242.

GODILLON, Claudine (1997): Télévision et culture scientifique et technique. Approche globale et comparative des systèmes de production et de diffusion d'informations scientifiques et techniques en France et en Grande-Bretagne. Lille: A. N. R. T. Université de Lille III.

GÖPFERT, Winfried (1990): Wissenschaftsjournalismus – verlängerter Arm der Öffentlichkeitsarbeit In: Ruß-Mohl, Stephan (Hrsg.): Wissenschaftsjournalismus und Öffentlichkeitsarbeit. Materialien und Berichte der Robert Bosch Striftung, Band 32, Gerlingen: Bleicher, S. 23–36.

GÖPFERT, Winfried (1996a): Scheduled science: TV coverage of science, technology, medicine and social science and programming policies in Britain and Germany. In: Public Understanding of Science 5, S. 361–374.

GÖPFERT, Winfried (1996b): Wissenschaft im Fernsehen. In: Göpfert, Winfried / Ruß-Mohl, Stephan (Hrsg.): Wissenschaftsjournalismus. Ein Handbuch für Ausbildung und Praxis. 3. Auflage, völlig neu überarbeitet. München: List Verlag, S. 152–162

GÖPFERT, Winfried (1998): Die Heidelberg-Mannheimer Schule – Fünf Jahrzehnte Wissenschaftsberichte. In: Fünfgeld, Hermann (Hrsg.): Von außen besehen Markenzeichen des Süddeutschen Rundfunks. Südfunk Hefte 25. Stuttgart: Süddeutscher Rundfunk, S. 217–231.

GÖPFERT, Winfried (2004): Strake Wissenschafts-PR – armer Wissenschaftsjournalismus In: Müller, Christian (Hg.): SciencePop Wissenschaftsjournalismus zwischen PR und Forschungskritik. Graz/Wien: Nausner&Nausner Verlag, S. 184–198.

GÖPFERT, Winfried (2006): Der Boom der Wissensmagazine – Interview mit Ranga Yogeshwar. In: Göpfert, Winfried (Hrsg.): Wissenschaftsjournalismus. Ein Handbuch für Ausbildung und Praxis. 5. vollständig aktualisierte Auflage, Berlin: Econ S. 182–185.

GRUHN, Werner (1979): Wissenschaft und Technik in deutschen Massenmedien. Ein Vergleich zwischen der Bundesrepublik Deutschland und der DDR. Erlangen: Verlag deutscher Gesellschaft für Zeitgeschichte.

HALL REED, Mildred / HALL, Edward Twitchell (1984): Verborgene Signale: Studien zur internationalen Kommunikation; über den Umgang mit Franzosen. Hamburg: Gruner + Jahr.

HAMM, Ingrid (1985): Inhalt und audiovisuelle Gestaltung. Der Einfluß thematischer Aspekte auf die Gestaltung von Verbrauchersendungen des Fernsehens. Kommunikationswissenschaftliche Studien, Band 1, Nürnberg: Verlag der Kommunikationswissenschaftlichen Forschungsvereinigung.

HANEL, Thomas (1994): Naturwissenschaften und Technologie im Fernsehen des deutschsprachigen Raumes. TV-Wissenschaftsmagazine im Vergleich. Dissertation an der Ludwig-Maximilian-Universität München.

HARTFORD, Joe (1999): Keep it simple, scientist! In: Stifterverband für Deutsche Wissenschaft (Hrsg.): Dialog Wissenschaft und Gesellschaft. Symposium: Public Understanding of Scieces and Humanities. International and German Perspectives. 27. Mai 1999. Wissenschaftszentrum. Bonn, S. 34–40.

HAYNES, Roslynn (2003): From alchemy to artificial intelligence: stereotypes of the scientist in western litterature In: Public Understanding of Science. Volume 12, Nr. 3, Juli 2003, S. 243–254.

HELLMUND, Uwe/KLITZSCH, Walter/SCHUMANN, Klaus (1992): Grundlagen der Statistik. Landsberg am Lech: Verlag Moderne Industrie.

HEYN, Jürgen (1985): Fernsehnachrichten im internationalen Vergleich. In: Media Perspektiven Nr. 12, S. 879–884.

HÖMBERG, Walter (1987): Wissenschaftsjournalismus in den Medien. Zur Situation eines Marginalressorts. In: Media Perspektiven Nr. 5, S. 297–310.

HÖMBERG, Walter (1990): Das verspätete Ressort: Die Situation des Wissenschaftsjournalismus. Konstanz: Universitätsverlag Konstanz.

HÖMBERG, Walter (1996): Auswahlkriterien für Wissenschaftsnachrichten. In: Göpfert, Winfried/Ruß-Mohl, Stephan (Hrsg.): Wissenschaftsjournalismus. Ein Handbuch für Ausbildung und Praxis. 3. Auflage, München/Leipzig: Paul List Verlag, S. 88–93.

HÖMBERG, Walter/YANKERS, Melanie (2000): Wissenschaftsmagazine im Fernsehen. Exemplarische Analysen öffentlich-rechtlicher und privater Wissenschaftssendungen. In: Media Perspektiven 12/2000, S. 574–588.

HOPF, Andreas (1995): Die Eignung von Wissenschaft zum Nachrichtenstoff. Ein Vergleich der Wissenschaftsberichterstattung in den Hauptnachrichtensendungen von ZDF und RTL. Magisterarbeit, Institut für Publizistik- und Kommunikationswissenschaft, Arbeitsbereich Wissenschaftsjournalismus, Freie Universität Berlin.

HÖRMANN, Stefanie (2004): Die Angeleichung öffentlich-rechtlicher und privater Nachrichten unter den Mechanismen des journalistischen Feldes am Beispiel ausgewählter Hauptnachrichtensendungen im deutschen Fernsehen. Aachen: Shaker Verlag.

HORNIG, Frank (2003): Wissenschaftsmagazine. Die Maus für Erwachsene. In: Der Spiegel, Hamburg: Spiegel Verlag, Nr. 13/24. 3. 2003, S. 96–98.

HUH, Michael (1996): Bild-Schlagzeilen. Wie das Fernsehen Nachrichten erfolgreich vermarktet. Konstanz: UVK-Medien.

JEANNERET, Yves (1994): Ecrire la science. Formes et enjeux de la vulgarisation. Science, histoire et société. Paris: Presses Universitaires de France.

KAMPS, Klaus (1998): Nachrichtengeographie. Themen, Strukturen, Darstellung: ein Vergleich. In: Kamps, Klaus / Merkel, Miriam (Hrsg.): Fernsehnachrichten. Prozesse, Strukturen, Funktionen. Opladen/Wiesbaden: Westdeutscher Verlag, S. 275–294.

KALB, Christof / ROSENSTRAUCH, Hanzel (1999): Public Understanding of Science. Einführung und Dokumentation. In: Gegenworte. Zeitschrift für Disput über Wissen: Muss Wissenschaft hinein ins Leben? Zwischen Popularisierung, Legitimation und Dialog. Herausgegeben von der Berlin-Brandenburgischen Akademie der Wissenschaften, Lemmens Verlags- & Mediengesellschaft mbH, 3. Heft Frühjahr. S. 5–10.

KATSCHINSKI, Melanie (1999): Informationsleistungen privater Fernsehprogramme. Programmstruktur und politische Information von RTL, SAT.1 und ProSieben, Stuttgart: Ed. 451.

KNIEPER, Thomas (2006): Die Flut im Wohnzimmer. Die Tsunami Berichterstattung als traumatischer Stressor für die bundesdeutsche Bevölkerung. In: Publizistik, Heft1, März 2006, 51. Jahrgang, S. 52–66.

KOCH, Kerstin (1996): Fernsehnachrichten in Frankreich und der Bundesrepublik Deutschland. Eine vergleichende Betrachtung am Beispiel der 20 Uhr-Hauptnachrichten des service public und der öffentlich-rechtlichen Anstalten: das France2-Journal und die Tagesschau. Magisterarbeit, Institut für Publizistik- und Kommunikationswissenschaft, Arbeitsbereich Wissenschaftsjournalismus, Freie Universität Berlin.

KOHRING, Matthias (2004): Die Wissenschaft des Wissenschaftsjournalismus. Eine Forschungskritik und ein Alternativvorschlag. In: Müller, Christian (Hrsg.): SciencePop Wissenschaftsjournalismus zwischen PR und Forschungskritik. Graz/Wien: Nausner&Nausner Verlag, S. 161–179.

KOHRING, Matthias (2005): Wissenschaftsjournalismus. Konstanz: UVK Verlagsgesellschaft.

KRÜGER, Udo-Michael (1985a): Aspekte der Nachrichtenproduktion in SAT1, ARD und ZDF. In Media Perspektiven, Nr. 3, S. 232–241.

KRÜGER Udo-Michael (1985b): »Soft-News« – kommerzielle Alternative zum Nachrichtenangebot öffentlich-rechtlicher Rundfunkanstalten. In: Media Perspektiven, Nr. 6, S. 479–487.

Krüger, Udo-Michael (1991a): Zur Konvergenz öffentlich-rechtlicher und privater Fernsehprogramme. Entstehung und empirischer Gehalt der Hypothese. In: Rundfunk und Fernsehen 39, S. 83–96.

Krüger, Udo-Michael (1991b): Positionierung öffentlich-rechtlicher und privater Fernsehprogramme im dualen System. Programmanalyse 1990. In: Media Perspektiven, Nr. 5, S. 303–332.

KRÜGER, Udo-Michael (1997): Politikberichterstattung in den Fernsehnachrichten. Nachrichtenangebote öffentlich-rechtlicher und privater Fernsehsender 1996 im Vergleich. In: Media Perspektiven, Nr. 5, S. 256–268.

KRÜGER, Udo-Michael (1998): Zwischen Konkurrenz und Konvergenz. Fernsehnachrichten öffentlich-rechtlicher und privater Anbieter. In: Kamps, Klaus/Merkel, Miriam (Hrsg.): Fernsehnachrichten. Prozesse, Strukturen, Funktionen. Opladen/Wiesbaden: Westdeutscher Verlag, S. 65–84.

KRÜGER, Udo-Michael (2006): Fernsehnachrichten bei ARD, ZDF, RTL und SAT1: Strukturen, Themen und Akteure. In: Media Perspektiven, Nr. 2, S. 50–74.

KRÜGER, Udo-Michael (2007): InfoMonitor 2006: Fernsehnachrichten bei ARD, ZDF, RTL und SAT.1. Strukturen, Themen und Politikerpräsenz. In: Media Perspektiven, Nr. 2, S. 58–82.

LANDBECK, Hanne (1991): Medienkultur im nationalen Vergleich. Inszenierungsstrategien von Fernsehnachrichten am Beispiel der Bundesrepublik Deutschland und Frankreichs. Medien in Forschung und Unterricht, Serie A, Band 33, Tübingen: Max Niemeyer Verlag.

LUCHT, Jens (2006): Der öffentlich-rechtliche Rundfunk: ein Auslaufmodell? Grundlagen, Analysen, Perspektiven. Wiesbaden: VS Verlag für Sozialwissenschaften.

MAITTE, Bernard/LÉVY-LEBLOND, Jean-Marc (1993): La culture scientifique à la lettre. In: Alliage: Science & Culture en Europe. N°16–17 Eté Automne 1993, Paris: Seuil, S. 74–83.

MARCINKOWSKI, Frank (1991): Die Zukunft der deutschen Rundfunkordnung aus konvergenztheoretischer Sicht. In: Winand, Gellner (Hrsg.): An der Schwelle zu einer neuen deutschen Rundfunkordnung. Grundlagen, Erfahrungen und Entwicklungsmöglichkeiten. Berlin: VISTAS Verlag, S. 51–74.

MATHES, Reiner/DONSBACH, Wolfgang (2004): Rundfunk. In: Noelle-Neumann, Elisabeth/Schulz, Winfried/Wilke, Jürgen: Publizistik Massenkommunikation. Das Fischer Lexikon. 3. Auflage. Frankfurt am Main: Fischer Taschenbuch Verlag, S. 546–596.

MATTERN, Klaus/KÜNSTNER, Thomas (1998): Fernsehsysteme im internationalen Vergleich In: Hamm, Ingrid (Hrsg.): Die Zukunft des dualen Systems. Aufgaben des dualen Rundfunksystems im internationalen Vergleich. Gütersloh: Verlag Bertelsmann-Stiftung, S. 15–204.

MAURER, Torsten (2005): Fernsehnachrichten und Nachrichtenqualität. Eine Längsschnittstudie zur Nachrichtenentwicklung in Deutschland. Angewandte Medienforschung. Schriftenreihe für die Kommunikationswissenschaft Band 32, München: Verlag Reinhard Fischer.

MECKEL, Miriam (1998): Internationales als Restgröße? Strukturen der Auslandsberichterstattung im Fernsehen In: Kamps, Klaus/Merkel, Miriam (Hrsg.): Fernsehnachrichten. Prozesse, Strukturen, Funktionen. Opladen/Wiesbaden: Westdeutscher Verlag, S. 257–274.

MEIER, Klaus (2006): Medien und Märkte des Wissenschaftsjournalismus In: Göpfert, Winfried (Hrsg.): Wissenschaftsjournalismus. Ein Handbuch für Ausbildung und Praxis. 5. vollständig aktualisierte Auflage, Berlin: Econ, S. 37–53.

MERCIER, Arnaud (1996): Le Journal Télévisé. Paris: Presse de la fondation nationale des Sciences Politiques.

MERTEN, Klaus (1994): Konvergenz der deutschen Fernsehprogramme. Eine Langzeituntersuchung 1980–1993. (Aktuelle Medien und Kommunikationsforschung 2) Münster, Hamburg: Lit.

MÜCHOW, von Patricia (2005): Les journaux télévisés en France et en Allemagne. Plaisir de voir ou devoir s'informer. 2. Auflage, Sartouville: Presse Sorbonne Nouvelle.

MÜLLER-HILL, Benno (1984): Tödliche Wissenschaft. Die Aussonderung von Juden, Zigeunern und Geisteskranken 1933–1945. Reinbek: Rowohlt.

NETOPIL, Nicole (1999): Nachrichtensendungen im deutschen TV. Konzeption und Realität von Nachrichtensendungen. Eine Befragung der Nachrichtenmacher. Fernsehwissenschaft 1, Köln: Teiresias Verlag.

NIELAND, Jörg-Uwe/PHILIPP, Jürgen (1998): Archivierung von Fernsehnachrichten. Stand und Perspektiven. In: Kamps, Klaus/Merkel, Miriam (Hrsg.): Fernsehnachrichten. Prozesse, Strukturen, Funktionen. Opladen/Wiesbaden: Westdeutscher Verlag, S. 305–310.

PACZENSKY, Gert (1966): Lügt die Tagesschau? In: Deutsches Panorama 1, Nr. 1–2, S. 8–18 und Nr. 3 S. 21–28.

PADE, Jochen/SCHLÜPMANN, Klaus (1997): Marktförmige Wissenschaft? Physik in Wissenschaftssendungen des Fernsehens. AGIS Texte 18, Oldenburg: AGIS.

PFETSCH, Barbara (1996): Konvergente Fernsehformate in der Politikberichterstattung? Eine vergleichende Analyse öffentlich-rechtlicher und privater Programme 1985/86 und 1993. In: Rundfunk und Fernsehen. 44 Jahrgang, Baden-Baden: Nomos-Verlagsgesellschaft, S. 479–498.

PLATT, Sonja (2007): Vogelgrippe im Fernsehen: der schmale Grat zwischen Objektivität und Panikmache. Die Informationsleistung von Nachrichtensendungen im Vergleich zu Wissenschaftsmagazinen. Magisterarbeit, Institut für Publizistik- und Kommunikationswissenschaft, Arbeitsbereich Wissenschaftsjournalismus, Freie Universität Berlin.

PLOG, Jobst (2002): Zehn Jahre arte. Etablierung eines »unmöglichen Experimentes« In: Die politische Meinung Nr. 390, Mai 2002, S. 75–79.

RAICHVARG, Daniel/JACQUES, Jean (1991): Savants et ignorants, une histoire de la vulgarisation des sciences. Paris: Seuil.

RANDOW, Thomas von (1967): Die Wissenschaftspublizistik als Mittler zwischen Wissenschaft und Öffentlichkeit aus Sicht des Journalisten. In: Deutscher Verband technisch wissenschaftlicher Vereine/Technisch-Literarische Gesellschaft (Hrsg.): Wissenschaft und Technik in der Deutschen Publizistik. Düsseldorf, S. 16–19.

REICHERT, Hans Ulrich (1955): Der Kampf um die Autonomie des deutschen Rundfunks. Heidelberg.

RIEDL, Doris (1999): Trocken oder schrill? Die Wissenschaftsberichterstattung im öffentlich-rechtlichen und im privat-kommerziellen deutschen Fernsehen: Eine inhaltsanalytische Untersuchung. Magisterarbeit, Institut für Publizistik- und Kommunikationswissenschaft, Arbeitsbereich Wissenschaftsjournalismus, Freie Universität Berlin.

RUBERTI, Antonio (1993): La Science dans la culture européenne. In: Alliage: Science & Culture en Europe. N°16–17 Eté Automne, Paris: Seuil, S. 6–10.

SCHMITZ, Ulrich (1990): Postmoderne Concierge: Die Tagesschau. Wort und Weltbild der Fernsehnachrichten. Opladen: Westdeutscher Verlag.

SCHATZ, Heribert/IMMER, Nikolaus/MARCINKOWSKI, Frank (1989): Der Vielfalt eine Chance? Empirische Befunde zu einem zentralen Argument für die »Dualisierung« des Rundfunks in der Bundesrepublik Deutschland. In: Rundfunk und Fernsehen 37, S. 5–24

SCHATZ, Heribert/SCHULZ, Winfried (1992): Qualität von Fernsehprogrammen. Kriterien und Methoden zur Beurteilung von Programmqualität im dualen Fernsehsystem. In: Media Perspektiven, Nr. 11, S. 690–712.

SCHOLZ, Esther (1998): Vergleich von Wissenschaftssendungen im deutschen Fernsehen 1992 und 1997 – quantitativ und qualitativ –. Magisterarbeit, Institut für Publizistik- und Kommunikationswissenschaft, Arbeitsbereich Wissenschaftsjournalismus, Freie Universität Berlin.

SCHULZ, Winfried (1976): Die Konstruktion von Realität in den Nachrichtenmedien. Analyse der aktuellen Berichterstattung. Freiburg/München: Alber.

SNOW, Charles Percy (1967): Die zwei Kulturen. Literarische und naturwissenschaftliche Intelligenz. Stuttgart: E. Klett Verlag (engl. Erstausgabe 1959).

STRASSNER, Erich (1975) (Hrsg.): Nachrichten. Entwicklungen – Analysen – Erfahrungen. München: Fink.

STRASSNER, Erich (1982): Fernsehnachrichten. Eine Produktions-, Produkt- und Rezeptionsanalyse. (Medien in Forschung + Unterricht 8) Tübingen: Max Niemeyer.

STUBER, Andre (2005): Wissenschaft in den Massenmedien. Die Darstellung wissenschaftlicher Themen im Fernsehen, in Zeitungen und in Publikumszeitschriften. Aachen: Shaker Verlag.

TASCHWER, Klaus (2004): Populärwissenschaft für alle. Aus der Frühzeit des Wissenschaftsjournalismus. In: Müller, Christian (Hrsg.): SciencePop Wissenschaftsjournalismus zwischen PR und Forschungskritik. Graz/Wien: Nausner&Nausner Verlag, S. 79–87.

UTARD, Jean-Michel (2001): Zwischen Politik und Kultur: das französische Fernsehen. Deutsch-französische Parallelen. In: Weber, Thomas / Woltersdorff, Stefan (Hrsg.): Wegweiser durch die französische Medienlandschaft. Marburg: Scüren Presseverlag, S. 89–113.

VÉRON, Eliséo (1981): Construire l'événement. Les médias et l'accident de Three Miles Island. Paris: Les Editions de Minuit.

VÉRON, Eliséo (1983): Il est là, je le vois, il me parle. In: Communications. Nr. 38, S. 98–120.

WACHAU, Tatjana (1999): Wissenschaft: Abenteuer oder Langeweile? Die Darstellungsformen von Wissenschaft im Fernsehen und ihre Rezeption. Magisterarbeit, Institut für Publizistik- und Kommunikationswissenschaft, Arbeitsbereich Wissenschaftsjournalismus, Freie Universität Berlin.

WALDEGRAVE, Wiliam (1993): Un élément capital de la culture européenne. In: Alliage: Science & Culture en Europe. N°16–17 Eté Automne 1993, Paris: Seuil, S. 13–15.

WEMBER, Berward (1983): Wie informiert das Fernsehen? Ein Indizienbeweis. 3. erweiterte Auflage. München: List Verlag.

WEINGART, Peter (2006): Die Wissenschaft der Öffentlichkeit. Essays zum Verhältnis von Wissenschaft, Medien und Öffentlichkeit. Zweite Auflage, Weilerwirst: Velbrück Wissenschaft.

WITTWEN, Andreas (1995): Infotainment. Fernsehnachrichten zwischen Information und Unterhaltung. Bern/Berlin/Frankfurt am Main/New York/Paris/Wien: Peter Lang.

WIX, Volkar (1996): Abgrenzung und Angleichung von TV-Präsentationsformen? Eine Untersuchung der Haupt-Nachrichtensendungen von ARD, ZDF, RTL und SAT.1. Bochum: Universitätsverlag, Dr. N. Brockmeyer.

ZERGES, Kristina (1992): Science, Technology and European Public Opinion. In: Zerges, Kristina / Becker, Werner (Hrsg.): Science and the Media – A European Comparison. University Public Relations in a United Europe. Berlin: Sigma Rainer Bohn Verlag, S. 117–130.

ZERGES, Kristina / BECKER, Werner (Hrsg.) (1992): Science and the Media – A European Comparison. University Public Relations in a United Europe. Berlin: Sigma Rainer Bohn Verlag.

ZUBAYR, Camille / GEESE, Stefan (2005): Die Informationsqualität der Fernsehnachrichten aus Zuschauersicht. In: Media Perspektiven Nr. 4, S. 152–162.

Internetquellen

EUROPÄISCHE KOMMISSION (2005): Europeans, Science and Technology. Special Eurobarometer 224/ Wave 63.1-TNS Opinion & Social Juni 2005, letzter Zugriff 23.3.2007.
http://ec.europa.eu/public_opinion/archives/ebs/ebs_224_report_en.pdf
http://ec.europa.eu/public_opinion/index_en.htm

I. N. A. (2006a): Ina'stat. Le baromètre thématique des journaux télévisés. Les stats de avril, mai, juin 2006. Nr. 2 September 2006. Paris, letzter Zugriff: 8. 7. 2007.
http://www.ina.fr/inatheque/inastat/lettre_trimestrielle/lettre_trimestrielle2.fr.html

I. N. A. (2006b): Ina'stat. Le baromètre thématique des journaux télévisés. Les stats de juillet, août, septembre 2006. Nr. 3 Dezember 2006. Paris letzter Zugriff: 8. 7. 2007.
http://www.ina.fr/inatheque/inastat/lettre_trimestrielle/lettre_trimestrielle3.fr.html

I. N. A (2007).: Ina'stat. Le baromètre thématique des journaux télévisés. Les stats de octobre, novembre, décembre 2007. Nr. 4 März 2007. Paris, letzter Zugriff: 8. 7. 2007.
http://www.ina.fr/inatheque/inastat/lettre_trimestrielle/lettre_trimestrielle4.fr.html

MEDIAMETRIE (2007): Médiamat Hebdo Communiqué de Presse. Audience nationale des journaux télévisés d'information. Semaine 20/2007, letzter Zugriff: 3. 6. 2007.
http://www.aduf.org/docs/2007_05_21MMHebdoS20_2007.pdf
RUSS-MOHL, Stephan (2003): Wie Wissenschaft mediatisiert wird. Erheblicher Umbruch in der Wissenschaftskommunikation. In: Neue Zürcher Zeitung, 25. Juli 2003, letzter Zugriff 15. 12. 2006
http://www.ejo.ch/analysis/sciencejournalism/Wissenschaftsmediat.html
SCHULTHEIS, Heinz (2003): Akzeptanzprobleme von Wissenschaft und Technik in der Öffentlichkeit. Dissertation zur Erlangung des Doktorgrades der Naturwissenschaftlichen Fachbereiche. Justus Liebig-Universität Giessen, letzter Zugriff: 13. 6. 2007
http://deposit.d-nb.de/cgi-bin/dokserv? idn=967797497&dok_var=d1&dok_ext=pdf&filename=967797497.pdf

Anhang I – Wissenschaftssendungen in Deutschland und Frankreich

Wissenschaftssendungen im deutschen Fernsehen

Sendung	Sender	Uhrzeit	Länge (Min.)	Tag
täglich:				
Abenteurer Leben	Kabel Eins	17:45	30	Mo–Fr
Galileo	ProSieben	19:00	60	Mo–Fr
Lexi TV	MDR	14:30	60	Di–Fr
Nano	3sat	18:30	30	Mo–Fr
N24 Wissen	N24	21:05 / 22:50	30	Mo–Sa
Planet Wissen	WDR/SWR/BR	15:00 / 14:00 / 16:15	60	Mo–Fr

wöchentlich:				
Abenteuer Erde	HR (bis Juni 2006)	20:45	30	Mi
Abenteuer Leben	Kabel Eins	22:00	55	Di
Abenteuer Wissen	ZDF	22:15	30	Mi
Faszination Wissen	BR	19:30	45	Do
Joachim Bublath	ZDF	22:15	30	Mi
nature/future trend	RTL	23:15	45	Mo
Odysso	SWR	22:03	30	Do
Planetopia	SAT.1	22:55	50	So
Plietsch	NDR	18:15	30	Do
Prisma	NDR	23:00	45	Di
Q 21	WDR	21:00	45	Di
Quarks & Co	WDR	21:00	45	Di
W wie Wissen	ARD	17:03	25	So
Welt der Wunder	RTL II	19:00	60	So
Wunderwelt Wissen	ProSieben	19:00	60	So

Tabelle 33: Auswahl großer regelmäßiger Wissenssendungen im deutschen Fernsehen. Nicht berücksichtigt sind Magazine zu Themen wie Gesundheit, Technik, Natur oder Tiere oder für Kinder. Quelle: MEIER (2006: 50 f.).

Wissenschaftsmagazine in Frankreich

Sendung	Sender	Uhrzeit	Länge (Min.)	Tag
täglich:				
Le magazine de la santé au quotidien	France 5	13:40	17	Mo–Fr
C'est pas sorcier	France 3	17:30	26	So–Fr
wöchentlich:				
Question science	France2	21:50	52	Do
e=m6	M6	20:10	26	So
Alle 2 Wochen:				
Savoir plus sciences / Savoir plus santé	France2	13:50	52	Sa
Monatlich:				
Les grands énigmes de la science	France2	13:45	52	Sa

Tabelle 34: Wissenschaftssendungen der Hauptsender in Frankreich. Quelle: Eigene Darstellung.

Anhang II – Codebuch

ID	fortlaufende Nummer
V1	**Name der Sendung**

    1. Tagesschau
    2. RTL aktuell
    3. TF1
    4. France2
    5. ARTE Info

A1   **Sendedatum**

A2   **Nummer des Beitrags**
Fortlaufende Nummer, die der Beitrag in der gerade zu codierenden Sendung erhalten hat.

V 2.1   **Länge des Beitrags**
Bei kurzen Beiträgen: Gesamtdauer des Beitrags. Bei langen Beiträgen: Beitragsdauer ohne Moderation.

V 2.2   **Länge der Moderation**
Es wird dabei sowohl die An- als auch die Abmoderation berücksichtigt. Gilt nur für lange Beiträge.

V3   **Platzierung**
Die Position des Beitrags in den tageweise aufgezeichneten Sendungsinhalten.
    1. erster bis dritter Beitrag
    2. letzter Beitrag
    3. an sonstiger Stelle platzierter Beitrag

V4   **Präsentationsform**
    1. Sprechermeldung
    2. Kurzbeitrag, Nachrichtenfilm, NiF (Studiosprecher im Off) vom Nachrichtensprecher kommentierter Beitrag aus dem off. Der Nachrichtensprecher ist am Anfang oder Ende der Meldung kurz zu sehen (ca. 20–60 Sekunden)

3. Filmbeitrag vom Nachrichtensprecher anmoderierte Beiträge (ca. zwei Minuten Länge)
4. bebilderte Meldung (unter 20 Sekunden)
5. Kommentar

V5 wissenschaftliches Thema

1. Natur

   Naturgeschichte, Erdgeschichte, Lebenswissenschaften, Biologie, Ökologie, Geologie, Geografie, Meteorologie, Paläontologie

2. Medizin

   Erforschung von Krankheit und Gesundheit, Epidemiologie, Genetik, medizinische Diagnose und Behandlungsverfahren, Medizintechnik, gentechnisches Verfahren, Pharmakologie, Präventionsverfahren, Public Health, Ernährung, Veterinärmedizin

3. Technik

   Technikwissenschaften, angewandte Wissenschaften, Industrieproduktionstechnologien, landwirtschaftliche Produktionstechnologien, Biotechnologie, Energieversorgung, Informationstechnologie, Verkehrstechnologien, Militärtechnologien

4. Sozialwissenschaften

   Soziologie, Politikwissenschaft, Betriebs- und Volkswirtschaftslehre, Psychologie, Psychiatrie (soziale Aspekte), Publizistik- und Kommunikationswissenschaft, Erziehungswissenschaft, Anthropologie, Ethnologie, Archäologie, Sozialgeographie, Verkehrswissenschaft (soziale Aspekte), Technologiefolgen-Abschätzung, Friedensforschung, Parapsychologie (soziale und psychologische Aspekte)

5. Umwelt

   Ausbeutung von Ressourcen, Abfall- und Müllbeseitigung, Natur- und Artenschutz, Schutz der Biosphäre, Bevölkerungswachstum, Erderwärmung, Stadt- und Landschaftsplanung, gefährliche Substanzen, Strahlenrisiko

6. Grundlagenforschung (naturwissenschaftlich):

   Grundlagenforschung, Grundprinzipien der Naturwissenschaften, Ideen und Theorien, Physik, Chemie, Biochemie

7. Wissenschaft (System)
   Methodenlehre, Leben und Werk von Wissenschaftlern, Wissenschaftsgeschichte, Wissenschaftswissenschaft, wissenschaftliche Ethik, Wissenschaftspolitik, Forschungsförderung, Wissenschaftsdidaktik, Wissenschaftspublizistik, Wissenschaftsberichterstattung, öffentliches Verständnis von Wissenschaft
8. Weltall
   Weltraumforschung, Satellitentechnik, Kosmologie, Astronomie, Weltraumsfahrt
9. Umweltkatastrophe
   Naturkatastrophen, etc.
10. technische Katastrophe
11. Sonstiges
    sonstige Wissenschaftsdisziplinen

Die Inhaltskategorien für die Themenbereiche der Wissenschaft sind aufgrund der Vergleichbarkeit mit anderen Studien in Anlehnung an GÖPFERT (1996a: 363 f.) entstanden (vgl. auch SCHOLZ 1998: 215 f.). Es erschien allerdings sinnvoll bei Hauptfernsehnachrichten die neuen Kategorien Umweltkatastrophe und technische Katastrophe aus den Hauptkategorien zu extrahieren und somit Verzerrungen in den Verteilungen der Themen zu vermeiden, denn bei Fernsehnachrichten ist durch die starke Ausrichtung an den Nachrichtenfaktoren eine stärkere Berichterstattung über Katastrophen zu erwarten als in anderen Formaten wie zum Beispiel bei Wissenschaftssendungen.

V 6.1 Handlungsort
1. National (Bei ARTE Deutschland oder Frankreich)
2. Europa
3. Nordamerika
4. Südamerika
5. Asien
6. Australien
7. Afrika

V 6.2 Bezug zu anderen Ländern
1. National (Bei ARTE Deutschland oder Frankreich)
2. Europa
3. Nordamerika
4. Südamerika
5. Asien
6. Australien
7. Afrika

V 7 Akteursspektrum
1. Persönlichkeiten aus der Politik, Behörden, staatliche Institutionen
Rangordnung hoch, mittel und niedrig
Eine hohe Rangordnung wird zum Beispiel bei Staatsoberhäuptern, Vertretern der Bundes- oder EU-Regierung codiert.
Eine mittlere Rangordnung wird bei Vertretern einer Partei notiert und eine niedrige Rangordnung bei lokalen Politikern.
2. Experten
Eine hohe Rangordnung haben Wissenschaftler in Positionen wie zum Beispiel Chefarzt, leitende Persönlichkeiten einer Hochschule oder einer Forschungseinrichtung; eine mittlere Codierung erfolgt bei unspezialisierten Experten, die ein Hochschulstudium abgeschlossen haben; Experten die niedrig codiert werden sind ausübende eines Berufszweigs, wie zum Beispiel Krankenschwestern, Laborangestellte etc.
3. Verbände, Umweltgruppen, Interessengruppen
Hierbei erfolgt eine hohe Codierung bei Vorsitzenden, eine mittlere bei allen anderen die im Verband eine Funktion inne haben und eine niedrige bei einfachen Aktivisten.
4. Unternehmen: Vertreter von Unternehmen aus dem privaten Sektor
Eine hohe Codierung erfolgt bei Unternehmensleitern und Personen in der Unternehmensleitung, eine mittlere bei andren Positionen im Unternehmen, die jedoch nicht in die niedrig zu codierende Position von Angestellten fallen, dazu gehören zum Beispiel Verkäufer, Arbeiter etc.

5. Bürger, Einzelpersonen Betroffene, vox populi, gewöhnliche Menschen, Patienten, etc.
   Eine obere Rangordnung wird bei Prominenten codiert.
6. Korrespondent
   Bei Korrespondenten und dem vox populi wird keine Codierung nach Rangordnung vorgenommen, denn sie ergibt auch keinen Sinn.
   Bei allen befragten Personen wird notiert ob sie weiblich oder männlich sind. Zudem wird auf einer speziellen und gesonderten SPSS Tabelle erfasst wie lange die Einzelnen Statements einer Person sind. Daran kann man eine durchschnittliche Länge der Statements berechnen und zusätzlich die gesamte Redezeit pro Person. Diese Einteilung erscheint sinnvoll, da sonst zum Beispiel fünf kurze Statements einer Person, die jeweils zehn Sekunden dauern, mit 50 Sekunden Redezeit codiert werden würden. Dieses wäre am Stück in einem Beitrag nicht möglich und würde die Dynamik zerstören. Da man zudem davon ausgehen kann, dass sich die Dauer der Statements in den Fernsehnachrichten verkürzt, ist diese getrennte Codierung sehr sinnvoll.
   Die Codierung nach den Akteuren erfolgt in Anlehnung an CHEVEIGNÉ. (2000: 65). Allerdings wird ihre Aufteilung durch die Codiereinheit Unternehmen und Korrespondent ergänzt. Darüber hinaus wird die spezielle SPSS Matrix entwickelt um Informationen wie durchschnittliche Dauer eines Statements, durchschnittliche Rededauer pro Person und befragte Personen pro Beitrag auf einfache Weise berechnen zu können. Aus diesem Grund wird die Kategorie V7 Akteursspektrum auf einem separaten Codierbogen erfasst, denn in vielen Beiträgen kommen mehrere Akteure vor.

V8 **Bild des Wissenschaftlers**
1. Retter/Erlöser
2. herzloser Forscher
3. leicht verrückter Professor, skurille Persönlichkeit
4. sonstiges stereotypes Symbolbild

V9	Darstellung des Wissenschaftlers
	1. natürliche Situation, wissenschaftlicher Kontext
	2 territorial (öffentlich)
	3 domestikal (privat) (vgl. CHERVIN 2003, BABOU 2004)

CHERVIN geht davon aus, das eine Entwicklung hin zu einer privaten Darstellung des Wissenschaftlers stattfindet. Mit Hilfe dieses Kriteriums soll diese Behauptung überprüft werden.

V10	Tendenz des Ereignisses
	1. negativ
	2. positiv
	3. neutrale Tendenz
	4. nicht eindeutig

»Um die Tendenz eines Beitrags zu erfassen, werden dabei die positiven, negativen und neutralen Bemerkungen zusammengezählt. Eine negative Codierung erfolgt bei der Feststellung eines Misserfolges, Versäumnisses oder Rückschrittes. Ebenso verhält es sich bei bestimmten Verben, Adverbien und Adjektiven, die im allgemeinen Sprachgebrauch eine negative Einstellung bedeuten (zum Beispiel: gefährlich, unverantwortlich, inkonsequent, verfehlt, missbrauchen, misslingen, unzuverlässig, unglaubwürdig, undurchdacht, konfus). Eine positive Bewertung erfolgte, wenn von einem Erfolg, erfüllten Erwartungen oder von einem Fortschritt die Rede war. Eine Codierung erfolgte auch bei Bemerkungen mit positiver Bedeutung (wie z. B. ; erfreulich, günstig, vorteilhaft, gelungen, verbessert, verbessern, durchdacht, logisch, konsequent, förderlich, hervorragend). Als neutral gelten doppeldeutige oder abwägende Formulierungen (wie z. B. sowohl ... als auch, zwar ... aber, obwohl ... trotzdem, einerseits ... andererseits)« (HÖMBERG/YANKERS 2000: 588).

V11	Zukunftsvision
	1. Fortschritt
	2. Risiko/Gefahr
	3. keine erkennbar (in Anlehnung an CHERVIN 2003)

V12	Rolle der Wissenschaft
	1. helfend, problemlösend
	2. hilflos, problemschaffend
	3. ohne Tendenz
	4. Tendenz uneinheitlich (in Anlehnung an HOPF 1995: 142)
V13	wissenschaftliche Hintergrundinformation
	1. vorhanden
	2. nicht vorhanden (in Anlehnung an HOPF 1995: 142)
V14	Schwerpunkt
	1. wissenschaftliche Information
	2. anderes Thema, das mit Hilfe von Wissenschaft erklärt wird: unterhaltende Elemente/soft news
	3. anderes Thema, das mit Hilfe von Wissenschaft erklärt wird: politische o. wirtschaftliche Informationen/hard news (in Anlehnung an HOPF 1995: 142)
V15	Didaktische Hilfsmittel
	Länge (in Sekunden)
	1. Animation
	2. Schema, Grafik
	3. Computerbildschirm
	4. spezielle Landkarte
	5. Archivmaterial

Ähnlich wie bei V7 Akteursspektrum wird V15 Hilfsmittel auf einem zusätzlichen Codierbogen erfasst, um der Tatsache gerecht zu werden, dass ein Beitrag mehrere Hilfsmittel haben kann und zudem dessen Gesamtlänge von der Schnittlänge abweichen kann.

V16	Visualisierung der Themen nach Ingrid HAMM (1985)
	1 Insgesamt oder überwiegend abbildbare Gegenstände oder Vorgänge
	2 Zentrale Teilaspekte des Sachverhalts sind visuell umsetzbar
	3 Es können nur periphere Teilaspekte visualisiert werden

V17 **Länge der Visualisierung in Sekunden**
»Als Rede- und Sprechakte wurden alle Sendungsteile eingestuft, in denen sich das Filmgeschehen auf die Abbildung eines oder mehrerer Sprechender beschränkt. Dies ist der Fall bei Statements und Interviews, auch innerhalb von Berichten, Diskussionen, Moderationen und Nachrichten, soweit die sprachliche Präsentation nicht durch Demonstrationen oder Filmbilder (z. B. auf einer Blue-Screen-Wand) begleitet wird. War letzteres der Fall wurde die Sequenz der Klasse Filmhandlung zugerechnet. Einfache Dekorationen und Schrifttafeln (...) wurden dagegen nicht gewertet.

Als Filmhandlung oder ›Visualisierung‹ wurden (...) alle Sendeteile klassifiziert, in denen die Bildinformation über die Abbildung des Sprechers hinausging und die Information über den Sachverhalt in irgendeiner Form optisch dargestellt wird. In diese Kategorie fallen szenische Handlungen, Realdarstellungen ohne Spielhandlung sowie Filmsequenzen, die mit anderen visuellen Mitteln (z. B. Trickfilm, Zeichnungen usw.) gestaltet wurden« (HAMM 1985: 78).

Die Visualisierung wird gemessen um den Visualisierungsgrad berechnen zu können. Die Berechnung des Visualisierungsgrades erfolgt folgendermaßen Filmhandlung/Visualisierung (in Sekunden): Gesamtdauer (in Sekunden) = Visualisisierungsgrad

V18 **Emotionalisierung des Themas**
1. extrem
2. vorhanden
3. nicht vorhanden

Als extrem emotionalisierende Bilder werden solche codiert, die in der Lage sind Angst zu erzeugen. Dazu gehören Bilder von Operationen, Nahaufnahmen von Verletzungen und Wunden und andere Bilder, die einen sensiblen Zuschauer zum Wegsehen zwingen.

V18.1 **Länge der Emotionalisierung**
In Sekunden

Die Emotionalisierung wird gemessen um den Emotionalisierungsgrad berechnen zu können. Die Berechnung des Emotionalisierungsgrades erfolgt folgendermaßen: Emotionalisierung (in Sekunden)/Gesamtdauer (in Sekunden) = Emotionalisierungsgrad.

V19　Art der Berichterstattung nach der Expertenrolle von SCHOLZ / Rolle des Médiateurs

1. Bewerter
   Diese Art der Berichterstattung zeichnet sich durch eine eindeutige Stellungnahme für oder gegen einen wissenschaftlichen Sachverhalt aus. Im Gegensatz zum Erklärer oder Lehrer wird eine wertende und subjektive Position eingenommen.
2. Berater
   Er transferiert Informationen an die Rezipienten, wobei er Hinweise, Analysen und Diagnosen gibt.
3. Lehrer
   Er lässt interessierte Laien am Erkenntnisfortschritt der Wissenschaft teilhaben.
4. Beispielgeber
   Er erläutert einen Sachverhalt an konkreten, praktischen Beispielen.
5. Erklärer
   Er übersetzt wissenschaftliche Erkenntnisse in Alltagssprache und vereinfacht Phänomene.
6. Aufklärer
   Er verdeutlicht Gefahr, mögliche Folgen und Risiken möglichst wertneutral.
7. Beschwichtiger
   Er beschwichtigt ein Problem und schwächt so durch seine Argumentation die Problematik ab.
   (vgl. SCHOLZ 1998: 221).

V20 Dominierender Nachrichtenfaktor
1. Zeit

Zu dieser Dimension gehören Faktoren wie Dauer, Kontinuität und Thematisierung.

2. Nähe

Dazu zählt räumliche Nähe (geographische Entfernung zwischen Ereignisort und Sitz der Redaktion), politische Nähe (bündnis- und wirtschaftspolitische Beziehungen zum Ereignisland) kulturelle Nähe (sprachliche, religiöse, literarische, wissenschaftliche Beziehungen zum Ereignisland) und Relevanz (Betroffenheit und existenzielle Bedeutung des Ereignisses).

3. Status

Aufgegliedert in die vier Einzelfaktoren regionale Zentralität (politisch-ökonomische Bedeutung der Ereignisregion bei innerdeutschen Ereignissen), nationale Zentralität (wirtschaftliche, wissenschaftliche und militärische Macht des Ereignislandes bei internationalen Nachrichten), persönlicher Einfluss (politische Macht der beteiligten Personen) und Prominenz (Bekanntheit der Personen bei unpolitischen Meldungen). Bei GALTUNG/RUGE nennt sicht dieser Nachrichtenfaktor:»Bezug auf Elite-Nationen/Elite-Personen«.

4. Dynamik

Dazu gehören Überraschung, Struktur (bei GALTUNG/RUGE »Eindeutigkeit«) und Intensität

5. Valenz

Dazu gehören Konflikt, Kriminalität, Schaden und Erfolg.

6. Identifikation

Personalisierung, Ethnozentrismus (SCHULZ 1976).

V21 Aktualität
1. aktuell
2. nicht aktuell

V22 Kommentar

Um die Auswertung zu erleichtern, wird in V23 Land und V24 Organisationsform separat erfasst.

Anhang III – Musterkodierbogen

Hauptdatensatz

Codiereinheit:	Beitrag		
ID	Fortlaufende Nummer des Beitrags	→	

a 1	Sendedatum	Tag – Monat – Jahr	→	

a 2	Fortlaufende Nummer im Beitrag	→	

v 1	Name der Sendung		
	1	Tagesschau	O
	2	RTL aktuell	O
	3	TF1	O
	4	France 2	O
	5	ARTE Info	O

v 2	Länge des Beitrags			
	Messeinheiten	Sekunden	→	

v 2.1	Länge der Moderation			
	Messeinheiten	Sekunden	→	

v 3	Platzierung		
	1	erster bis dritter Beitrag	O
	2	letzter Beitrag	O
	3	an sonstiger Stelle	O

v 4	Präsentationsform		
	1	Meldung	o
	2	Kurzbeitrag	o
	3	Filmbeitrag	o
	4	bebilderte Meldung	o
	5	Kommentar	o

v 5	Wissenschaftliches Thema		
	1	Natur	o
	2	Medizin	o
	3	Technik	o
	4	Sozialwissenschaften	o
	5	Umwelt	o
	6	Grundlagenforschung	o
	7	Wissenschaft (System)	o
	8	Weltall	o
	9	Umweltkatastrophe	o
	10	Technische Katastrophe	o

v 5.1	Spezifierung des Themas	
	→	

v 6.1	Hauptbezug zu einem Land		o
	1	National	o
	2	Europa	o
	3	Nordamerika	o
	4	Südamerika	o
	5	Asien	o
	6	Afrika	o

v 6.2	Bezug zu anderen Ländern		
	1	National	O
	2	Europa	O
	3	Nordamerika	O
	4	Südamerika	O
	5	Asien	O
	6	Afrika	O

v 8	Stereotypes Bild des Wissenschaftlers		
	1	Retter/Erlöser	O
	2	herzloser Forscher	O
	3	leicht verrückter Professor	O
	4	sonstiges stereotypes Symbolbild	O

v 9	Darstellung des Wissenschaftlers		
	1	wissenschaftlicher Kontext	O
	2	territorial (öffentlich)	O
	3	domestikal (privat)	O

v 10	Tendenz des Ereignisses		
	1	negativ	O
	2	positiv	O
	3	neutrale Tendenz	O
	4	nicht eindeutig	O

v 11	Zukunftsvision		
	1	Fortschritt	O
	2	Risiko/Gefahr	O
	3	keine erkennbar	O

v 12	Rolle der Wissenschaft		
	1	helfend, problemlösend	o
	2	hilflos, problemschaffend	o
	3	ohne Tendenz	o
	4	Tendenz uneinheitlich	o

v 13	Wissenschaftliche Hintergrundinformation		
	1	vorhanden	o
	2	nicht vorhanden	o

v 14	Schwerpunkt		
	1	wissenschaftliche Information	o
	2	anderes Thema – soft news	o
	3	anderes Thema – hard news	o

v 16	Visualisierung der Themen		
	1	überwiegend abbildbar	o
	2	zentrale Teilaspekte abbildbar	o
	3	nur periphere Teilaspekte abbildbar	o

v 17	Länge der Visualisierung		
	Messeinheiten	*Sekunden*	→

v 18	Emotionalisierung des Themas		
	1	extrem	o
	2	vorhanden	o
	3	nicht vorhanden	o

v 18.1	Länge der emotionalisierenden Bilder		
	Messeinheiten	*Sekunden*	→

v 19	Art der Berichterstattung		
	1	Bewerter	O
	2	Berater	O
	3	Lehrer	O
	4	Beispielgeber	O
	5	Erklärer	O
	6	Aufklärer	O
	7	Beschwichtiger	O

v 20	Dominierender Nachrichtenfaktor		
	1	Personalisierung	O
	2	Nähe	O
	3	Zeit	O
	4	Valenz	O
	5	Status	O
	6	Dynamik	O

v 21	Aktualität		
	1	aktuell	O
	2	nicht aktuell	O

v 22	Kommentar		
	→		

v 23	Land		
	1	Deutschland	O
	2	Frankreich	O
	3	Deutschland und Frankreich	O

v 24	Organisations-form		
1		öffentlich-rechtlich	o
2		privat	o

Zusatzdatensatz 1

Codiereinheit:	**Akteursspektrum**		

v 7	Fortlaufende Nummer der Person	→	
	ID Person	→	

v 7.1	Bezugsgruppe		
1		Politiker	o
2		Experten	o
3		Interessengruppen	o
4		Private Unternehmen	o
5		Bürger	o
6		Korrespondent	o

v 7.2	Rangordnung		
1		obere	o
2		mittlere	o
3		untere	o

v 7.3	Geschlecht		
	1	männlich	o
	2	weiblich	o

	Länge der einzelnen Statements			
v 7.4	Messeinheiten	*Sekunden*	→	
v 7.5	Messeinheiten	*Sekunden*	→	
v 7.6	Messeinheiten	*Sekunden*	→	
v 7.7	Messeinheiten	*Sekunden*	→	
v 7.8	Messeinheiten	*Sekunden*	→	

Zusatzdatensatz 2

Codiereinheit:	Hilfsmittel

v 15	Fortlaufende Nummer der Hilfsmittel	→
	IDHilfsMI	→

v 15.1	Typ des Hilfsmittels		
	1	Trickfilm	o
	2	Schema, Grafik	o
	3	Computerbildschirm	o
	4	spezielle Landkarte	o
	5	Archivmaterial	o

	Länge des Hilfsmittels			
v 15.2	Messeinheiten	*Sekunden*	→	
v 15.3	Messeinheiten	*Sekunden*	→	
v 15.4	Messeinheiten	*Sekunden*	→	

Anhang IV – zusätzliche Tabellen

Handlungsort und Bezug zu anderen Ländern (V6)

		Hauptbezug zu einem Land		Bezug zu anderen Ländern	
Name der Sendung		abs.	[%]	abs.	[%]
Tagesschau	National	16	42,11	4	57,14
	Europa	8	21,05	2	28,57
	Nordamerika	4	10,53	1	14,29
	Asien	9	23,68		
	Afrika	1	2,63		
RTL aktuell	National	33	51,56	10	62,50
	Europa	9	14,06	5	31,25
	Nordamerika	14	21,88	1	6,25
	Asien	7	10,94		
	Afrika	1	1,56		
TF1	National	67	70,53	2	25,00
	Europa	11	11,58	4	50,00
	Nordamerika	4	4,21	1	12,50
	Asien	13	13,68		
	Afrika			1	12,50
France 2	National	56	65,88	5	38,46
	Europa	9	10,59	5	38,46
	Nordamerika	3	3,53	2	15,38
	Südamerika	1	1,18	1	7,69
	Asien	15	17,65		
	Afrika	1	1,18		

ARTE Info	National	8	22,86	2	28,57
	Europa	4	11,43	3	42,86
	Nordamerika	5	14,29		
	Asien	17	48,57	2	28,57
	Afrika	1	2,86		

Tabelle 35: Prozentuale Verteilung und absolute Zahlen von Handlungsort und Bezug zu anderen Ländern. Basis: alle erfassten Beiträge im Untersuchungszeitraum. Wegen geringer Zellhäufigkeiten keine statistische Überprüfung möglich.

Akteursspektrum (V7)

Bezugs-gruppe	Rang-ordnung	Tagesschau	RTL aktuell	TF1	France 2	ARTE Info	Gesamt
Politiker	obere	28,6	15,4		10,0	50,0	20,5
	mittlere	71,4	53,8	53,3	40,0	38,9	47,9
	untere		30,8	46,7	50,0	11,1	31,5
	gesamt	100,0	100,0	100,0	100,0	100,0	100,0
Experten	obere	60,0	51,7	50,6	44,6	70,0	50,0
	mittlere	40,0	41,4	29,6	33,8	20,0	32,6
	untere		6,9	19,8	21,5	10,0	17,4
	gesamt	100,0	100,0	100,0	100,0	100,0	100,0
Interessengruppen	obere	33,3		15,0	29,2	9,1	19,0
	mittlere	66,7	60,0	70,0	62,5	90,9	69,8
	untere		40,0	15,0	8,3		11,1
	gesamt	100,0	100,0	100,0	100,0	100,0	100,0

Private Unternehmen	Obere			18,2	25,0	25,0	19,4
	mittlere		80,0	45,5	68,8	75,0	63,9
	untere		20,0	36,4	6,3		16,7
	gesamt		100,0	100,0	100,0	100,0	100,0
Bürger	obere			6,7	1,7		6,7	2,2
	keine Differenzierung	100,0		93,3	98,3	100,0	93,3	97,8
	gesamt	100,0		100,0	100,0	100,0	100,0	100,0
Korrespondent	keine Differenzierung	100,0		100,0	100,0	100,0		100,0

Tabelle 36: Prozentuale Verteilung der Rangordnung. Basis: alle Akteure der erfassten Filmbeiträge im Untersuchungszeitraum (n=563).

Bezugsgruppe	Rang	Geschlecht	Tagesschau	RTL aktuell	TF1	France 2	ARTE Info
Politiker	obere	männlich	6	25	12		143
		weiblich	14	7	7		
	mittlere	männlich	68	43	66	61	91
		weiblich	17	38	18		16
	Untere	männlich		44	82	105	20
		weiblich				16	
Experten	obere	männlich	50	174	586	289	79
		weiblich	42	106	83	25	
	mittlere	männlich	18	179	267	272	18
		weiblich	11	11	37	51	
	untere	männlich		20	160	138	
		weiblich		19	48	61	18
Interessengruppen	obere	männlich	16		24	76	12
		weiblich			18	6	
	mittlere	männlich	29	18	110	186	106
		weiblich		7	73	23	47
	Untere	männlich		21	41	14	
Private Unternehmen	Obere	männlich			27	57	12
	mittlere	männlich		42	47	97	37
		weiblich				21	18
	Untere	männlich		9	52	14	
Bürger	Obere	männlich			9	11	9
	keine Differenzierung	männlich	31	134	214	467	88
		weiblich		54	291	389	70

Korrespondent	keine Differenzierung	männlich	63	45	16	55
		weiblich		47		49

Tabelle 37: Aggregierte Redezeit nach Bezugsgruppe/Rang/Geschlecht pro Sendung in Sekunden. Basis: Aussagen aller Akteure der erfassten Filmbeiträge im Untersuchungszeitraum.

Visualisierung der Themen (V16)

Name der Sendung		überwiegend abbildbar	zentrale Teilaspekte abbildbar	nur periphere Teilaspekte abbildbar
Tagesschau	abs.		20,00	5,00
	%		80,00	20,00
RTL aktuell	abs.		45,00	8,00
	%		84,91	15,09
TF1	abs.	12,00	59,00	14,00
	%	14,12	69,41	16,47
France 2	abs.		61,00	16,00
	%		79,22	20,78
ARTE Info	abs.	11,00	17,00	4,00
	%	34,38	53,13	12,50
Deutschland	abs.		65,00	13,00
	%		60,19	12,04
Frankreich	abs.	12,00	120,00	30,00
	%	6,67	66,67	16,67

Tabelle 38: Visualisierung der wissenschaftlichen Themen. Absolute Zahlen und Prozentuale Verteilung. Basis: alle codierten Kurzbeiträge und Filmbeiträge im Untersuchungszeitraum wegen fehlender Zellhäufigkeiten keine statistische Überprüfung möglich.

Anhang V – Datensatz zum Exkurs Tagesschau versus Tagesthemen

Präsentationsform	Tagesschau	Tagesthemen
Meldung	13,3	21,4
Kurzbeitrag	13,3	7,1
Beitrag	66,7	57,1
bebilderte Meldung	6,7	
Kommentar		14,3
Total	100 % (15)	100 % (14)

Tabelle 39: Prozentuale Verteilung der Präsentationsformen in der Fallstudie Tagesschau versus Tagesthemen. Basis: alle wissenschaftlichen Beiträge in der Zusatzstichprobe (n=29).

Länge der Beiträge	Tagesschau	Tagesthemen
Länge des Beitrags in Sek.	69,4	82,2
Gesamtlänge mit Moderation	84,4	100,1

Tabelle 40: Durchschnittliche Länge der wissenschaftlichen Beiträge und durchschnittliche Länge der Moderation in der Fallstudie Tagesschau versus Tagesthemen. Basis: alle wissenschaftlichen Beiträge in der Zusatzstichprobe (n=29).

Visualisierungsgrad	Tagesschau	Tagesthemen
	70,2	69,9

Tabelle 41: Visualisierungsgrad der wissenschaftlichen Beiträge in der Fallstudie Tagesschau versus Tagesthemen. Basis: alle wissenschaftlichen Beiträge in der Zusatzstichprobe (n=29).

Akteursspektrum			
Bezugsgruppe	Tagesschau	Tagesthemen	Gesamt
Politiker	65,4	40,0	54,3
Experten	3,8	15,0	8,7
Interessengruppen	15,4	10,0	13,0
Private Unternehmen		15,0	6,5
Bürger		20,0	8,7
Korrespondent	15,4		8,7

Tabelle 42: Akteursspektrum in der Fallstudie Tagesschau versus Tagesthemen. Prozentuale Verteilung. Basis: alle Akteure der wissenschaftlichen Filmbeiträge in der Zusatzstichprobe.

VS Forschung | VS Research
Neu im Programm Kommunikation

Christian Cauers
Mitarbeiterzeitschriften heute
Flaschenpost oder strategisches Medium?
2., akt. Aufl. 2009. ca. 204 S.
Br. ca. EUR 29,90
ISBN 978-3-531-16649-0

Christine Drentwett
Vom Nachrichtenvermittler zum Nachrichtenthema
Metaberichterstattung bei Medienereignissen
2009. 264 S. Br. EUR 34,90
ISBN 978-3-531-16551-6

Hans Mathias Kepplinger
Politikvermittlung
2009. ca. 220 S. (Theorie und Praxis öffentlicher Kommunikation Bd. 1)
Br. ca. EUR 34,90
ISBN 978-3-531-16421-2

Peter Moormann (Hrsg.)
Musik im Fernsehen
Untersuchungen zum Verhältnis von Bild und Musik in verschiedenen Formaten
2009. ca. 220 S. (Musik und Medien)
Br. ca. EUR 29,90
ISBN 978-3-531-15976-8

Thilo von Pape
Aneignung neuer Kommunikationstechnologien in sozialen Netzwerken
Am Beispiel des Mobiltelefons unter Jugendlichen
2008. 305 S. Br. EUR 34,90
ISBN 978-3-531-16133-4

Lars Rademacher
Public Relations und Kommunikationsmanagement
Eine medienwissenschaftliche Grundlegung
2009. 234 S. (Organisationskommunikation. Studien zu Public Relations/Öffentlichkeitsarbeit und Kommunikationsmanagement) Br. EUR 39,90
ISBN 978-3-531-16221-8

Nicole Zillien
Digitale Ungleichheit
Neue Technologien und alte Ungleichheiten in der Informations- und Wissensgesellschaft
2. Aufl. 2009. XVI, 268 S. Br. ca. EUR 39,90
ISBN 978-3-531-16673-5

Erhältlich im Buchhandel oder beim Verlag.
Änderungen vorbehalten. Stand: Januar 2009.

www.vs-verlag.de

VS VERLAG FÜR SOZIALWISSENSCHAFTEN

Abraham-Lincoln-Straße 46
65189 Wiesbaden
Tel. 0611.7878-722
Fax 0611.7878-400

VS Forschung | VS Research
Neu im Programm Erziehungswissenschaft

Werner Helsper / Christian Hillbrandt / Thomas Schwarz (Hrsg.)
Schule und Bildung im Wandel
Anthologie historischer und aktueller Perspektiven
2009. 454 S. Geb. EUR 89,90
ISBN 978-3-531-15305-6

Ulrike Luise Keller
Quereinsteiger
Wechsel von der staatlichen Regelgrundschule in die Waldorfschule
2009. 403 S. Br. EUR 39,90
ISBN 978-3-531-16364-2

Anke König
Interaktionsprozesse zwischen ErzieherInnen und Kindern
Eine Videostudie aus dem Kindergartenalltag
2009. 296 S. Br. EUR 34,90
ISBN 978-3-531-16134-1

Mathias Lindenau (Hrsg.)
Jugend im Diskurs – Beiträge aus Theorie und Praxis
Festschrift zum 60. Geburtstag von Jürgen Gries
2009. 285 S. Br. EUR 34,90
ISBN 978-3-531-15968-3

Markus Reimer
Pädagogisches Controlling
Grundlagen – Notwendigkeiten – Anwendungen
2009. 268 S. Br. EUR 34,90
ISBN 978-3-531-16100-6

Andrea Óhidy
Lifelong Learning
Interpretations of an Education Policy in Europe
2008. 117 pp. Softc. EUR 29,90
ISBN 978-3-531-15954-6

Jörg Ramseger / Matthea Wagener (Hrsg.)
Chancenungleichheit in der Grundschule
Ursachen und Wege aus der Krise
2008. 306 S. (Jahrbuch Grundschulforschung Bd. 12) Br. EUR 39,90
ISBN 978-3-531-15754-2

Erhältlich im Buchhandel oder beim Verlag.
Änderungen vorbehalten. Stand: Januar 2009.   **www.vs-verlag.de**

VS VERLAG FÜR SOZIALWISSENSCHAFTEN

Abraham-Lincoln-Straße 46
65189 Wiesbaden
Tel. 0611.7878-722
Fax 0611.7878-400

MIX
Papier aus verantwortungsvollen Quellen
Paper from responsible sources
FSC® C105338

If you have any concerns about our products,
you can contact us on
ProductSafety@springernature.com

In case Publisher is established outside the EU,
the EU authorized representative is:
**Springer Nature Customer Service Center GmbH
Europaplatz 3, 69115 Heidelberg, Germany**

Printed by Libri Plureos GmbH
in Hamburg, Germany